중학수학
개념사전
93

중학수학 개념사전 93

지은이 | 조안호
발행인 | 성계정

2022년 2월 22일 1판 1쇄 발행
2022년 4월 25일 1판 2쇄 발행
2023년 11월 15일 1판 3쇄 발행
2024년 11월 25일 1판 4쇄 발행

이 책을 만든 사람들
책임기획 | 김민배
디자인 | 김현아
교 정 | 조안호

이 책을 함께 만든 사람들
제작 및 인쇄 | 도서출판 북크림 이진희

펴낸곳 | 폴리버스
출판등록 | 2021년 10월 8일. 제 2021-000050호
주소 | 대전 서구 문정로 22, 4층 (주)폴리버스
전화 | 042-639-7749
홈페이지 | www.joanholab.com
문의(e-mail) | joanhocrew@gmail.com

ISBN 979-11-976207-0-6

도서출판 폴리버스는 성장하는 청소년들을 위한 지식과 지혜의 길을 만듭니다.
미래는 universe가 아닌 poliverse!

"우연히 문제를 푸는 것은 거부한다." **필연!**

중학수학
개념사전

93

지은이 **조안호**

연역법이 수학을 잘하는 유일한 방법이다.

모든 사람들이 이구동성으로 수학은 개념이 중요하다고 말한다. 지금까지 다른 목소리를 내며 개념은 중요하지 않고 유형 문제 풀이의 기술이 중요하다는 학부모나 선생님들을 본 적이 없다. 필자도 역시 수학에서 가장 중요한 것이 개념이고 수학 공부를 하기 위해서는 가장 먼저 개념 습득을 해야 한다고 생각한다. 그런데 그 중요한 개념은 무엇이고 어디에 있으며, 또 그 개념으로 무엇을 한다고 말하는 사람이 없다. 단언컨대 '개념을 가지고 문제를 푸는 것'이 가장 올바른 수학 공부이다. 개념의 중요성을 인식하는 많은 초중등의 학부모님들이 내 아이에게 개념을 가르치고자 발을 동동 구르며 애타게 찾기에 이르렀다. 이때 많은 선생님들이 '교과서에 가장 많은 개념이 담겨있다.'고 말씀을 하신다. 이 말이 어딘가에는 개념이 있을 것이라 믿고 싶은 사람들에게 한 줄기 빛과 같았으리라. 학교나 학원 선생님은 물론이고 문제집이나 학습지 등 모든 교육이 교과서가 만들어낸 길을 따라서 가기에 이르렀다. 만약 이 길이 잘못된 길이라면 대한민국의 모든 사람은 수학을 잘못 배우게 되는 일이 벌어지게 된다.

개념을 가지고 문제를 푸는 것이 가장 올바른 공부 방법이다.

필자가 보기에 사람들의 믿음과 달리 초등학교와 중학교 그리고 고등학교 1학년까지의 수학 교과서에 개념이 거의 없다. 고1까지 전 국민의 80%가 수포자가 되는 현실로 볼 때, 대부분 수학의 올바른 공부를 해보지도 못하고 수학을 포기하게 되는 것이다. 수학을 올바른 공부 방법으로 하다가 개인의 역량이나 노력의 부족으로 수포자가 된 것이 아니라 단지 잘못된 공부 방법의 피해자가 많을 것이란 생각이다.

교과서에 가장 많은 개념이 있을 거라는 믿음이 있는 분들은 필자의 말이 충격적이고 믿지 못하겠다거나 필자가 과장하는 것으로 받아들일 수 있다. 학창 시절을 떠올려도 좋고 아이에게 교과서에 나와 있는 것을 이해하여 외우고 문제를 풀렸을 때 그 외운 것으로 문제가 풀리지 않는 것을 알 수 있을 것이다. 수학은 개념을 가지고 문제를 풀어야 한다고 했는데, 교과서에 나와있는 것이 개념이 아니기 때문이다. 교과서에 개념이 없더라도 최소한의 개념인 정의는 있어야 한다. 그런데 교과서는 정의라는 말을 사용하지도 않았지만, 정의처럼 보이는 대부분은 정의가 아니다. 당연히 정의가 아니니 오개념이 만들어질 가능성도 많고 정의가 없으니 정의로부터 나오는 정리도 증명 없이 외우게 시킨다. 올바른 정의가 없어도 문제는 풀려야 하니 이제 교과서가 문제 푸는 기술을 써놓았는데 이것을 사람들이 개념으로 오해한다.

집필진들이 교과서에 정의나 개념을 넣지 않는 이유는 '아직은 아이들이 연역적인 사고를 받아들일 나이가 되지 않았으니 경험적인 사고의 기회를 늘리고 수학의 개념, 원리, 법칙을 아이들이 발견하거나 선생님들이 발견하도록 유도할 수 있을 것'이라는 착각에서이다. 수학의 정의나 개념은 수학자가 만드는 것이니, 학생이나 선생님과 같은 일반인이 오랫동안 관찰, 탐구 등을 통해서 발견하는 것이 아니다. 관찰, 탐구, 창의, 발견과 같은 것은 과학 과목이 공부하는 방법이고 수학과는 공부 방법이 반대이다. 수학은 완전한 객관적인 진리체계가 존재한다고 믿고 오류 없는 완벽한 재료들인 정의, 정리들을 쌓아가는 학문이다. 그러니 적어도 학창 시절의 수학은 새로운 무언가를 발견하겠다는 것이 수학이 아니다.

개념을 가지고 문제를 푼다는 것이 연역적인 공부 방법이다.

연역법이나 귀납법이란 용어가 다소 거슬릴 수도 있을 것이다. 단순하게 설명하면, 개념을 가지고 문제를 푼다면 연역적인 공부 방법이고, 문제를 풀어서 개념이 잡힐 거라는 것은 귀납법이다. 선생님들 중에는 많은 문제들을 풀다 보면 저절로 개념을 잡게 된다고 말씀하시는 분들이 있다. 그 말씀이 맞는다면 많은 문제를 풀어서 개념이 잡힌 다음 그 개념으로 무엇을 할까? 개념이 소장용이 아니라면 결국 그것을 사용해야 하는 것이고 그 개념은 문제를 푸는 데 사용될 것이다. 그러니 개념을 가지고 문제를 푼다는 선순환의 과정을 받아들여야 할 것이다. 초등 선생님 중에는 아이가 아직은 연역적인 사고를 받아들이기 어려우니 실생활의 경험들을 통해서 '콘크리트 샘플(튼튼한 예시문제)'을 만들고, 중학교부터는 미지수를 사용하는 형식적인 사고를 하도록 되어 있다고 말씀하시는 분들이 있다. 일부는 맞지만 중학교도 교과서에 정의가 없고 정의가 없다면 개념은 없는 것이다. 초등생들에게 모든 수학을 연역적으로 가르치기 어려우니 연역적으로 가르치기 어려운 것들을 귀납적으로 가르칠 수는 있지만 지금처럼 초중등을 모두 귀납적으로 가르치는 것에 반대하는 것이다. 중학교에서는 적어도 절반은 연역법으로 전환하여 가능한 올바른 정의를 제시하고 증명을 하려는 노력을 기울여야 한다. 그런데 초등과 중등의 교과서에서 이런 노력은 없고 오히려 점점 더 나빠져만 가고 있다. 사람들은 교과서에 있는 것이 개념인 줄 알고 기술을 가르치며 개념을 가르쳤다고 착각하고는 유형 문제집을 학생에게 쥐여 준다. 결국 초등학교와 중학교 그리고 고1까지 10년간 학생들은 수학의 올바른 공부 방법과는 정반대의 공부를 하게 된다.

교과서가 고2부터는 올바른 공부 방법인 연역법으로 공부시킨다.

고1까지 10여 년간 귀납법으로 가르쳐서, 올바른 수학 공부를 접해보지도 못하고 많은 사람이 수포자가 되었다. 그런데 수학을 보는 관점이 바뀌었다는 아무런 말도 없이, 고2가 되면 지금까지의 귀납적인 공부 방법을 180도 바꿔서 연역적인 방법으로 교과서가 바뀐다. 이제 학생들의 머리가 커졌으니 교과서에 정의가 나오고 이 정의를 가지고 정리를 만들어내며, 정의와 정리만으로 증명하는 수학의 올바른 공부 방법을 교과서가 제시한다. 선생님들은 교과서에 있는 대로 가르친다. 고2부터는 교과서가 개념을 담고 있으니 선생님들이 모두 개념으로 가르친다. 그런데 학생들이 10여 년간 귀납법으로 문제만 풀어왔던 습관을 바꾸기는 어렵다. 그러면 중학교 때와 마찬가지로 문제를 열심히 풀면서 '개념은 알겠는데, 응용이 안 된다.'는 말을 남발하게 된다. 공부의 방법을 귀납법에서 연역법으로 바꾸지 못한 학생들이다. 고등수학에서 탑의 자리를 지키는 학생들의 공통점은 모든 개념을 줄줄 말할 수 있으며 하나하나 집요함을 길러온 학생들이다.

우선 이 책의 개념이 체화되도록 하라.

개념은 계속 사용해야 하니 한 줄이나 한 장의 그림으로 정리되어야 하고 입으로 줄줄 나오도록 해야 하며, 결국 언제라도 사용이 가능하도록 체화되어야 한다. 어제 한 학부모와의 대화가 생각난다. '선생님, 진짜 개념만 튼튼하면 수학을 잘할 수 있나요?', '네, 모든 문제 풀이의 목적은 개념이고, 개념을 튼튼히 하고 집요함을 길러간다면 두려울 것이 없지요.'

차례

2부
방정식 : 숙달을 필요로 하는 식 / 191

3부
부등식 : 수의 범위나 영역을 표현하는 식 / 263

4부
함수 : 수학의 최종 도착지 / 311

5부
방정식 : 고등학교를 위해 필요한 개념 / 387

초등수학
개념과 문자의 만남

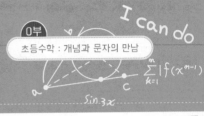
01 문자의 사용

중학교에 들어오면 아무런 사전 설명도 없이 미지수들이 사용되고 있다. 미지수란 '아직은 모르는 수, 즉 나중에는 알게 될 수'라는 뜻이다. 초등학교에서는 이 미지수를 △, □, ○, ☆, … 등과 같이 사용하였다. 초등학교에서는 한 문제에서 나오는 모르는 수가 여러 개 되지 않았으나, 중고등학교를 거치면서 여러 개가 사용될 필요가 생겼기에 문자를 미지수로 놓으면서 사용하게 된다. 미지수는 주로 x, y, z 등을 많이 사용하고, 그 밖에 a, b, c, d, …등의 알파벳을 사용한다. 어떤 학생들은 그냥 사용하던 것을 계속 사용하면 안 되겠느냐고 물을지도 모른다. 또 타임머신이 있었으면 이런 것을 만들었던 시대에 가서 이런 것을 만들지 못하게 했을 거라고 말하는 학생도 있다. 아마 수학이 어려운 사람은 대부분 이런 생각을 한 번쯤 해보았을 것이다. 하지만 좀 더 익숙해지고 잘하게 되면, 미지수를 사용하면서 간결함에 아름다움을 느끼는 사람도 있다. 아니라고요? 우선 다음 수식을 미지수를 사용하지 않고 말로만 표현한 것을 보자.

- '$x + y = 5$' ⇨ '어떤 서로 다르거나 같을 수도 있는 두 수를 더하면 5가 된다.'
- '$x^2 + 5x - 6 = 0$' ⇨ '어떤 수에 같은 어떤 수를 곱하고 역시 같은 어떤 수에 5를 곱하여 더하고 나서 6을 빼면 0이 된다.'

위의 식은 비교적 간단한 식이다. 그러나 그것을 말로 표현했을 때는 오른쪽처럼 긴 문장이 된다. 이처럼 미지수를 x나 y로 표기하기 전에는 생각하기도 싫을 만큼 복잡했을 것이다. 비록 미지수가 여러분을 괴롭힐지라도 그래도 예전에 미지수를 배우기 이전의 사람들보다는 편해졌다는데 위안을 삼을 수밖에 없을 것이다. 만약 수학책의 모든 수식이 미지수 없이 이처럼 말로 되어있다면 어떠했을까? 복잡하여 더 어려운 학문이었을 뿐만 아니라 책의 두께도 지금의 5~6배는 더 두꺼워졌을 것이다. 상황을 인식한다면, 처음 x를 사용하였다는 데카르트에게 감사해야 하는 것이 옳을 것이다.

그렇다면 이런 미지수들 간에는 어떤 관계가 있을까? x와 y라는 문자가 있을 때, '이들은 서로 다르다는 것인가? 미지수는 모두 모르는 숫자이니 같을 수도 있다. 그래서 $x+y=5$를 표현할 때, '두 수의 합'은 5라고 간단히 표현할 수도 있었겠지만 '어떤 서로 다르거나 같을 수도 있는 두 수'라고 표현한 것이다. 이 밖에도 미지수를 사용하면서 많은 의문이 든다. 예를 들어 '$x \times y$라면 모르는 숫자끼리 곱하면 어차피 모르는 수가 될 텐데 그냥 하나의 문자로 표현하지 않고 왜 이렇게 표현했을까?'하는 의문이 든다. 그에 반해 x^2은 $x \times x$을 의미하는 것으로 '같은 수'의 곱이어야만 한다. 물론 몇 달이 지나면 자연스럽게 알게 되는 학생도 있지만, 2~3년이 지나도 미지수가 갖는 특성을 여전히 모르는 학생도 많다. 정리해 보자!

• 한 문제에서 x, y는 다를 수도 있고 같을 수도 있다.
• 서로 다른 문제에서 x는 다를 수도 있고 같을 수도 있다.
• 한 문제에서 같은 문자는 같은 것이다.

그런데 한 가지 짚고 넘어가야 할 점은 미지수도 수라는 것이다. 미지수의 '수'를 자연수에 국한시켜서 생각을 많이 하는 데, 학년이 올라가면서 수의 범위가 달라지겠지만 적어도 중학교 1~2학년에서는 유리수, 즉 정수와 분수까지는 생각해야 한다. 중3이 되면 다시 무리수를 포함시켜서 생각해야 한다. 이렇게 하나하나 생각하다 보면 의문이 풀릴 것이다. 그런데 이런 고민 없이 문제만 접하다 보면 아주 사소한 것 같은 이런 것들이 문제를 푸는 데 걸림돌로 작용하게 된다. 이 장에서는 초등학교 때 배웠거나 배웠어야 하는 개념과 미지수가 서로 어떻게 연결되는지를 보려 한다. 또한 연결되었을 때 어떤 점에서 같고, 또 어떤 점에서 다른지에 대해 살펴보고자 한다.

02

개수를 세는 유일한 방법 : 수세기

I can do

$\sum\limits_{k=1}^{m} |f(x^{n-1})|$

$\sin 3x$

여러분이 부모님으로부터 가장 먼저 배운 수학이 아마도 1,2,3, …라는 수세기였을 것이다. 이런 수를 자연수(또는 아라비아숫자)라고 하며, 그 의미에 대해 배우고 확장해가야 한다고 생각한다.

- 조안호의 자연수 정의 : 자연에 있는 수
- 기수(집합수) : 양이나 개수를 나타내는 수
- 서수(순서수): 순서를 나타내는 수
- 조안호의 수세기 정의 : 1, 2, 3, …로 출발하여 마지막 수가 총 개수다.

유치원 아이들에게 어떤 물건이 몇 개인지를 물어보면 아이는 '하나, 둘, 셋, 넷, 다섯'이라고 세어 보고는 '5개요.'라는 대답을 한다. 다섯까지 세어 본 것과 전체의 개수가 다섯 개라는 데에는 어떤 관계가 있는가? 여기에는 두 가지 의미가 담겨 있다. 첫째, 다섯(5)에는 다섯 개라는 양의 의미(기수)와 다섯 번째라는 순서의 의미(서수)를 동시에 가지고 있다. 둘째, 어떤 것의 개수를 알려면 항상 1,2,3, …로 직접 차례로 헤아려야 하고, 또 이 방법대로 헤아리는 방법 이외에는 없다. 물론 둘, 넷, 여섯, …이나 3, 6, 9, 12, …처럼 배수를 이용하여 좀 더 빠르게 셀 수도 있지만, 이것도 결국은 1, 2, 3, 4, 5, … 을 기본 바탕으로 이루어지는 것이다. 수학이 수천 년간 발전하였지만, 수세기는 이것밖에 없으니 문제에서 '몇 개냐?'라고 물을 때는 항상 수세기를 생각하고 그 정의를 떠올려야 할 것이다. 예를 들어 몇 문제만 풀어보자!

🌟 다음 수의 개수는 몇 개인가?
(1) 5, 6, 7, 8, …, 125
(2) 3, 6, 9, 12, …, 99
(3) 6, 11, 16, …, 101

답 (1) 121개 (2) 33개 (3) 20개

몇 개냐고 물었다면 항상 수세기의 정의를 생각해야 한다. (1) 5, 6, 7, 8, …, 125를 1,2,3, …로 출발하지 않았으니 125개라고 한 사람은 없었겠지요? 1,2,3, …로 출발하기 위해서 각 수에서 4씩 빼면 1(5-4), 2(6-4), 3(7-4), …, 121(125-4)이니 121개이다. (2) 3 씩 커지고 있고 첫 수가 3의 배수이니 3, 6, 9, …은 모두 3의 배수이다. 1,2,3, …로 출발하기 위해서 각수를 각각 3씩 나누면 1,2,3, …, 33으로 33개이다. (3) 6, 11, 16, …, 101는 5씩 커지고 있지만, 첫 수가 5의 배수가 아니니 5의 배수는 아니다. 5의 배수를 만들기 위해서 각 수에서 각각 1을 빼면, 5, 10, 15, …, 100이다. 이제 다시 각 수에서 5씩 나누면, 1,2,3, …, 20으로 20개이다. 간단하게 설명해서 이해하기 어렵다면 필자의 유튜브 동영상 중에서 수세기와 배수판별법의 동영상을 참고하기 바란다. 여기까지가 필자가 초등학생들에게 가르치는 필수적인 수세기 내용이었다. 이제 중학생이니 미지수를 통해 업그레이드를 해야 한다.

$$\bullet\ x \begin{cases} ①\ x개 \\ ②\ x번\ 째 \end{cases}$$

1, 2, 3, 4, 5,…, 27이라면 27이 순서수이면서 기수이니 27개가 되는 것은 이제 이해할 수 있겠지? 그렇다면 1, 2, 3, 4, 5,…, x는 몇 개일까요? x가 어떤 수인지 모르니 몇 개인지 모른다고? 그렇다. 그런데 군이 개수를 나타낸다면 x개라고 할 수 있다. 내친김에 학생들이 많이 헷갈려 하는 것을 하나만 더 언급한다. x가 어떤 수도 될 수 있으니 무수히 많다는 데로 생각이 흘러가면 안 된다. x가 어떤 수

도 될 수 있지만 그 수까지의 개수이니 끝이 있는 개수 즉 유한개이
다.

★ 다음 수의 개수는 몇 개인가?

(1) 1, 2, 3, 4, ⋯, $2x$

(2) 2, 4, 6, 8, ⋯, x

(3) x, $x+1$, $x+2$, $x+3$, ⋯, y

답 (1) $2x$개 (2) $\dfrac{x}{2}$개 (3) $(y-x+1)$개

(3)만 설명한다. 'x, $x+1$, $x+2$, $x+3$, ⋯, y'의 각각에서 x를 빼면,
0, 1, 2, ⋯, $y-x$이다. 수세기의 정의에 의하여 1, 2, 3, ⋯이 되기
위하여 각각에 1을 더하면 1, 2, 3, ⋯, $y-x+1$이니 $(y-x+1)$개다.
조금 어려웠겠지만, 여기가 아니면 가르치는 곳이 없으니 반드시
이해하고 사용이 가능하도록 연습하기 바란다.

03 더하기를 할 수 있는 유일한 방법·곱하기(×)

더하거나 빼는 연산기호로서의 +, −를 초등학교에서 배웠다. 부호로서의 의미를 정수에서 다루고 있고 어렵지 않으니 연산기호는 곱하기와 나누기만 다룬다.

• 조안호의 곱하기(×) 정의 : 같은 수의 더하기가 귀찮아서 만든 기호

'2+2+2+2+2+2+2+2+2+2'를 해보아라. 혹시 꼼꼼하게 푼다고 히 나하나 더해간 학생이 있는가? 하나하나 더해야 할 필요가 있는가? '같은 수의 더하기'가 곱하기임을 아는 학생이라면 당연히 2가 10개 더해져 있으니 '2×10=20'이란 식으로 풀었을 것이다. 이번에는 0

을 더해보자. '0+0+0+0+0'의 답은 0이다. 역시 곱하기로 바꾸면 0×5이다. 0에 몇 번이고 0을 더해도 0이다. 0×5의 자리를 바꾸어서 5×0으로 본다면 5를 0번 더한 것이고 이 역시 0이 된다. 그래서 어떤 수(나중에 배우는 음수도)든 0을 곱하면 모두 0이 된다. 같은 수의 더하기를 곱하기로 만드는 것보다 곱하기를 같은 수의 더하기로 바꿔보는 것이 중학 수학을 이해하는 데 도움이 된다.

$2 \times 3 \Rightarrow 2+2+2$

$\dfrac{1}{2} \times 3 \Rightarrow \dfrac{1}{2}+\dfrac{1}{2}+\dfrac{1}{2}$

$5^2 \times 3 \Rightarrow 5^2 + 5^2 + 5^2$

$3\sqrt{2} \Rightarrow \sqrt{2} \times 3 \Rightarrow \sqrt{2}+\sqrt{2}+\sqrt{2}$

$3x \Rightarrow x \times 3 \Rightarrow x+x+x$

$3x^2 \Rightarrow x^2 \times 3 \Rightarrow x^2+x^2+x^2$

$3xy \Rightarrow xy \times 3 \Rightarrow xy+xy+xy$

위처럼 곱하기는 모두 '같은 수의 더하기'로 표현할 수 있다.
그렇다면 '$x \times y$'를 더하기로 표현할 수 있을까? 당연히 있다.
'$x+x+x+\cdots+x$'로 x를 y개 더했다는 뜻이다. 그런데 학생들에게 '$x+y$'와 '$x+x$'를 물어보면 x와 y는 더할 수 없지만 x와 x를 더할 수 있다고 대답하는 경우가 많다. 그래서 더하면 무엇이냐고 물어보면 $2x(=2×x=x×2$ / 나중에 배우겠지만, 문자와 숫자 사이의 곱셈 기호는 생략이 가능하다.)라고 한다. 이것은 더한 것이 아니라 간단하게 만든 것뿐이다. 모르는 두 수를 설사 같다고 하여도 더할 수는 없다. 이렇게 볼 때, $2x+3x$는 '$(x+x)+(x+x+x)$'로 간단히 표현하면 $5x$가 된다. 그래서 이런 문제는 '동류항 정리'나 '~를 정리하시오'처럼 문제가 나오는 것이다.

04 같은 수의 빼기 : 나눗셈기호(÷)

중학교에서 나눗셈은 하지 않는다. 왜냐하면 나눗셈을 모두 곱셈으로 바꾸어서 사용하기 때문이다. 수학에서 나오는 개념을 이해도 안 하고 무조건 외울 생각인 학생이라면 필요가 없겠지만, 개념을 이해하려고 하는 학생이라면 나눗셈 기호의 의미도 알고 있어야 한다.

• 조안호의 나누기(÷) 정의: 같은 수의 빼기가 몇 번 뺐는지 세기가 귀찮아서 만든 것

필자가 만든 나누기의 정의가 길고 촌스럽다고 말을 많이 하는데, 교과서는 나누기를 정의조차 내리지 않았다. 필자가 봐도 촌스럽기

는 하지만, 이해시키기에 더 나은 정의를 만들지 못하겠다. 나누기는 등분제(같은 크기로 분할하기)와 포함제(같은 수의 빼기)의 두 가지의 의미가 있는데, 위 나누기 정의는 포함제적 정의이다. 포함제를 가르치면 등분제가 설명되지만, 등분제로 포함제를 설명하지 못한다. 게다가 등분제는 그냥 분수를 만들면 되니 설명할 가치조차 없다. 여러분이 해야 할 일은 포함제를 이해하고 문제가 요구하는 것이 포함제인지 등분제인지를 구분하는 일이다. 포함제는 보통 나머지를 문제 삼고 있으니 꼭 구분하기 바란다. 많은 학생들이 문제에서 이를 구분하지 못하여 엉뚱한 곳에서 헤매고 있다. 예를 들어 '8÷3'을 등분제로 생각하면, '8을 같은 크기로 3개로 만들면 한 개는 얼마의 크기이냐?'는 질문이 된다. 그러나 포함제로 생각하면, '8에서 3을 몇 번 뺄 수 있을까?'라는 질문이 된다. 등분제는 $\frac{8}{3}$과 같은 분수나 2.666⋯란 소수로 나오게 되어 곧장 수로써 사용하게 되지만 포함제는 다르다. '8−3−3=2'로 8에서 3을 2번 빼고 2가 남는다. 즉 '8÷3=2 ⋯ 2'이 되어 '나머지'라는 것이 생기게 된다. 참고로 '8÷3=2 ⋯ 2'와 같은 식은 좌변과 우변이 같지 않아서 등식이 아니다. 8 안에 3이 얼마나 포함되고 있는가를 연습하기 위해서 만든 불완전한 식이며 잘못된 식이다. 이것을 보완하기 위해서 만든 것이 검산식 즉 8=3×2+2이란 등식이 된다. 일반화해보자!

- 등분제 : $a \div b = \dfrac{a}{b} \, (b \neq 0)$
- 포함제 : $a \div b = Q \, \cdots \, R \, (b \neq 0, \, 0 < R < b) \; \Rightarrow \; a = b \times Q + R$

$16 \div 3 = 5 \cdots 1$과 같은 식은 나머지가 1이니 나누어떨어지지 않는다. 이것을 '나누어떨어지게 하려면 어떻게 해야 할까?'란 생각을 해야 한다. 나누어떨어지려면 나머지가 0이어야 한다. 그래서 위 식을 $(16 - \square) \div 3 = 5$ 로 변형하는 문제를 연습해야 한다. 역시 일반화하면,

$$a = b \times Q + R \Rightarrow a - R = b \times Q$$

$a-R$는 b나 Q의 배수가 되고, 다시 b와 Q는 $a-R$의 약수가 된다. 나눗셈을 배수와 약수의 문제로 변형할 수 있으려면 포함제를 알아야 하고 이것은 수분해, 정수의 나눗셈의 이해 그리고 고등학교의 식 나누기 즉 '인수정리'와 '나머지정리'에서 사용하게 될 것이다.

일반적으로 문제에서 별도의 조건이 주어지지 않는다면 등분제로 여기면 무리가 없다. 그러나 나누어서 '나머지'가 '있다, 없다'처럼 나머지를 얘기한다면 반드시 포함제로 이해하고 문제를 풀지 않으면 안 된다. 왜냐하면 등분제에서 나머지라는 것이 존재할 수 없기 때문이다.

05 0으로 나누기

수학이 어려워질 때, 그 수는 아마도 0을 다루게 될 때이다. 그러니 0을 자세하게 다룬다면 아마도 0만으로 한 권의 책이 나올 만큼 분량이 많다. 그러니 여기에서는 단순히 0의 정의만 다루고, 이 꼭지의 주제인 '0으로 나누기'를 다룬다.

• 조안호의 0의 정의: 원래부터 없는 것이 아니라 있다가 없는 것

0이 없다는 뜻은 맞지만, '없다'를 분류하면 '원래부터 없다'와 '있다가 없다'라는 2가지로 분류된다. 그런데 인간은 원래부터 없는 것이 무엇인지 모르며 그것은 신의 영역이다. 따라서 있다가 없는 것

이라고 한 것이다. 예를 들어 '3-3='이란 질문에, 없으니 아무것도 안 써도 된다는 생각에서 벗어나 '0'이란 답을 쓰게 되는 이유가 된다. 초중고의 교과서는 0의 정의가 없음은 물론이고 0과 관련된 것은 하나도 설명 없이 모두 약속이라며 외우게 시킨다. 웬만하면 필자가 모두 설명하겠지만, 그렇지 않더라도 여러분이 스스로 '있다가 없는 것'이란 정의로 이해하면 대부분 이해의 단초가 될 것이다.

이제 '0으로 나누기'를 다루어보자. 보통 어떤 수를 0으로 나누면 0이 될 거란 생각을 많이 한다. 초등학교에서 무수히 많은 나눗셈을 하였겠지만 0으로 나눈 적은 없었고, 0과 관련된 대부분의 문제의 답이 0이었기에 막연한 생각이 이런 답을 만드는 것이다. 답은 0이 아니라 특수한 경우가 만들어지며 많은 고등의 문제가 이것과 관련되니 정확하게 이해하기 바란다. 앞으로 많은 문제에서 0으로 나누기를 피하는 것을 문제의 단서로 보게 될 것이다. 예를 들어 분수에서도 분모가 0이 되면 안 된다고 하였고, 나중에 등식의 성질에서도 0으로 나누면 안 된다고 배운다. 그런데 0으로 나누면 왜 안 되는 걸까?

0으로 나누기는 등분제로는 설명할 수 없다. 그래서 이 부분에 대한 설명으로 계산기에서 0으로 나누면 에러(E) 표시가 된다든지 나눗셈의 역연산으로 이를 설명한다. 예를 들어 7÷0=□에서 나눗셈의 역연산인 곱셈으로 바꾸면 □×0=7 이 된다. 이때 □를 만족시키는 수는 없다. 어떤 수라도 0을 곱하면 0이 되어 7이 될 수 없기 때문이다. 위처럼 설명할 수밖에 없는 이유는 등분제밖에 모르기 때문이다. 이제 나누기가 '같은 수의 빼기(포함제)'란 것을 배웠으니 나누기의 의미를 살려 직접적으로 이해해 보자.

$0 \div 7 = 0$

$7 \div 0 = \Rightarrow$ (없다) $\Rightarrow$ 불능(不能)

$0 \div 0 = \Rightarrow$ (무수히 많다) $\Rightarrow$ 부정(不定)

'$7 \div 0 =$'을 포함제의 의미로 바꾸면 '$7-0-0-0-0-\cdots=$'이 된다. 7이 0이 될 때까지 빼야 하는데, 7에서 0을 아무리 빼도 7이라는 것이 줄지 않는다. 그래서 등호의 우변에 쓸 수 있는 수가 없다. 그래서 답은 '없다'이며, 0으로 빼서는 7을 0으로 만들 능력이 안 된다는 의미인 '불능(不能)'이란 말을 사용하게 된다. '$0 \div 0 =$'을 해보자! '$0-0=0$'처럼 0에서 0을 한 번만 빼도 0이다. 즉, $0 \div 0 = 1$이 된다. 또 0을 두 번 뺀 '$0-0-0=0$'도 되니 $0 \div 0 = 2$도 된다. 이처럼 0에서 0을 몇 번이고 빼도 되니 어떤 수를 우변에 써도 된다. 그래서 답은 '무수히 많다'가 답이 된다. 우변에 쓸 수 있는 수가 무수히 많게 되어 어떤 수를 써야 할지 정할 수 없는 상태 즉, 부정(不定)이라고 한다. 그런데 부정에서 '정(定)' 자가 '정할 정'자인데 '바를 정(正)' 자로 착각해서 부정과 불능이란 용어의 혼란을 겪는다. 이 부분을 헷갈리면 영어의 'To 부정사' 얘기를 하면 혼동을 피하기도 하였다. 부정사에서도 '정' 자가 '정할 정' 자이다. 명사, 형용사, 부사의 역할 중에 어느 것을 할지 몰라서 품사를 정할 수 없다는 뜻이다.

06 괄호와 부등호

초등학교의 주된 개념은 +, −, ×, ÷의 연산기호와 >, <의 부등호와
등호(=) 그리고 괄호([{( )}])라는 몇 개 되지는 않지만 기호들에
있었다. 이중 초등학생들을 가장 괴롭힌 것은 곱하기와 나누기의 혼
동이었다. 미지수를 포함하지 않는 부등호와 괄호는 연습의 대상이
되지 않을 만큼 쉽다. 그러나 중학교에 와서 나누기를 모두 분수로
고치고 −부호가 항으로 들어가면 결국 모든 식은 '곱하기'와 '더하
기'로만 되어있다. 따라서 당장 여러분이 이해하기는 어려운 말이겠
지만, '곱하기'와 '더하기'의 구분이 중고등학교에서 가장 어려운 일
이 된다. 또한 미지수를 포함한 부등식과 괄호는 설명을 들으면 이
해되지만 막상 사용하기에는 어려움이 많다. 특히 중 1~2학년에서

는 이 부분에 대한 이해를 철저히 해서 더 이상 문제가 되지 않도록 해야 한다.

부등호(<, >, ≤, ≥)는 크기를 비교하기 위해서 만든 기호이다. $4+x>5$ 란 식이 있을 때 먼저 (좌변)>(우변)으로 전체의 식을 두 개로 갈라서 볼 수 있어야 한다. '4'와 '$x>5$'의 합으로 보아서는 안 된다. 이것은 간단해 보이지만 나중에 식이 길어지면 역시 생각해야 할 대목이다. 우선 미지수를 포함했을 때의 읽기부터 보자!

$$5>x$$

읽는 방법 ① 5는 x 보다 크다

② x 는 5보다 작다

①과 ②는 모두 읽는 방법으로는 맞다. 그러나 미지수인 x보다는 5가 익숙하다고 ①처럼 5를 주어로 시작하면 부등식이 갖는 수의 범위가 헷갈리게 된다. 중학교의 대다수 문제는 미지수를 기준으로 하는 ②로 읽어야 머릿속 정리가 잘 된다. 본격적으로 부등식을 배우는 2학년이 될 때까지 위에서 제시한 2번처럼 읽어야 한다. '크지 않다' '$3≤3$ 은 맞는 표현 방법인가?' 등 더 자세한 것은 부등식편을 보기 바란다. 부등식은 중학교 때보다 고등학교에서 많은 어려움을 주는 곳이다. 이 책에서 많은 분량을 할애한 것은 바로 이 때문이다.

괄호는 초등학교 이후 별도로 배우지 않고 있어 혼동이 된다면 피할 수 있는 방법이 많지 않다.

• 조안호의 괄호 정의: 먼저 계산하라는 명령 기호

괄호가 있으면 먼저 계산해야 한다는 것을 혼동하는 학생들은 적다. 문제는 괄호가 없는데 괄호가 있는 것처럼 처리해야 하거나 괄호를 직접 만들어 사용해야 하는 데 어려움이 있다. 다음 문제를 보자!

$x+1$ 의 3배 $\Rightarrow$ $(x+1)$의 3배 $\Rightarrow$ $(x+1) \times 3$ $\Rightarrow$ $3(x+1) \cdots$①

$x+1$ 의 반 $\Rightarrow$ $(x+1)$의 반 $\Rightarrow$ $(x+1) \div 2$ $\Rightarrow$ $\dfrac{(x+1)}{2}$ $\Rightarrow$ $\dfrac{x+1}{2} \cdots$②

x에 1을 먼저 더하고 나서의 계산이기에 괄호가 있는 것으로 보아야 한다. 많은 학생들이 배가 곱하기임을 알면서도
①의 식으로 $3(x+1)$로 놓는 것에 두려움을 느낀다.
②의 '반'을 의미로는 알지만 '$\div 2$'나 '$\times \dfrac{1}{2}$'을 사용하지 못한다.
수학에서 '반'은 중요하니 정확하게 이해하기 바란다.
이걸 알면서도 $x+1 \times \dfrac{1}{2}$이라고 쓰는 학생이 많은 이유는
괄호를 스스로 만들지 못해서이다.
$(x+1) \div 2$는 $\dfrac{(x+1)}{2}$이다.

그런데 분자에는 $x+1$ 밖에 없는데 먼저 계산하라고 괄호를 사용하는 것은 이상하다.

그래서 $\dfrac{(x+1)}{2}$ 는 $\dfrac{x+1}{2}$ 로 쓴다.

 이 부분을 자세하게 쓰는 이유는 이런 문제가 매우 많은 문제에서 사용되고 오답을 일으키는 많은 원인이 되기 때문이다. 분모나 분자에 미지수를 포함할 때는 반드시 괄호가 있는 것으로 생각해야, '분수의 위대한 성질'에서 오답을 피할 수 있게 된다.

분수의 정의

07

자연에는 자연수만 있고 나머지는 모두 인간이 만들어냈다는 말이 있다. 0도 자연에 없으니 자연수가 아니고 먹다만 사과나 쓰다만 연필도 한 개로 생각하는 게 일상생활이다. 그러나 먹다만 사과를 원래의 크기와 비교하기 위해서는 1보다 작은 수 즉 분수가 필요하게 되었다. 그래서 분수는 전체를 항상 1로 생각한다.

- 조안호의 초등 분수의 정의: 분모만큼 나누어 분자만큼 표시한 수 (전체와 부분의 의미)
- 중학교 이상의 분수 정의: $\dfrac{b}{a}$(a, b는 정수이고 a는 0이 아니다.)

초등학교에서 거의 3년 가까이 '20의 $\frac{3}{4}$'과 같은 문제에 시달렸을 것이다. 분수의 뜻으로 보면 20을 분모인 4로 나누었을 때, 그중에 3개는 얼마냐는 문제이다. 20÷4×3(20을 분모인 4만큼 나누고 같은 크기가 3개가 더해지니 3을 곱해서 식을 만들었다.)처럼 풀다가 분수의 곱셈을 배우면서 $20×\frac{3}{4}$으로 풀게 되었다. 중학교에서 비교하는 양을 구하기 위해서는 여전히 이 방법을 사용해야 한다. 그런데 여전히 분수가 뭔지 잘 모르는 경우가 많다. 다음 문제를 보자!

🖌 다음 중 분수는 몇 개인가?

① $\frac{0}{x}(x≠0)$　　② $\frac{y}{x}(x≠0)$　　③ $\frac{y}{x}(x, y$ 는 정수$)$　　④ $\frac{x}{1}$

⑤ $\frac{x}{0}$　　⑥ $\frac{0.2}{0.3}$　　⑦ $\frac{3}{\frac{1}{2}}$　　⑧ $\frac{\sqrt{2}}{1}$

답 없다

분수가 무엇이냐고 물었으니 분수의 중학교적 정의를 생각해야 한다. 분모가 0이 아닌 정수이어야 하고 분자가 정수이어야 하는 조건을 모두 만족시키지 못해서 위 보기는 모두 분수가 아니다. 하나하나 정의에 입각해서 생각해 보면 모두 분수가 아닌 이유를 찾을 수 있을 것이다.

간혹 0을 분수로 바꾸지 못하는 학생들이 있는데, $\frac{0}{1}, \frac{0}{2}, \frac{0}{3}, \cdots$등으로 고칠 수 있어 무수히 많다.

분수의 종류와 의미는 다음과 같다.

- 조안호의 진분수 정의: 진짜 분수
- 조안호의 가분수 정의: 가짜 분수
- 대분수: (자연수)+(진분수)

0과 1 사이는 참으로 가깝고도 먼 거리이다. 왜냐하면 모든 진분수가 이 사이에 있기 때문이다. 1 이상인 분수는 가분수이고 항상 1보다 큰 분수는 대분수이다. 초등학교에서 배웠던 '진분수는 분자보다 분모가 크다', '가분수는 분모가 분자보다 크거나 같다'든지 하는 것은 분수의 생김새이지 뜻이 아니다.

진분수는 반이나 $\frac{1}{2}$과 같이 현실에서 사용하는 진짜 분수이고 가분수는 $\frac{2}{2}$나 $\frac{3}{2}$과 같이 현실에서는 사용하지 않는 가짜 분수이다. 현실에서는 가분수 $\frac{2}{2}$나 $\frac{3}{2}$ 대신에 1, $1\frac{1}{2}$처럼 자연수나 진분수가 보이는 대분수를 사용한다. 많은 중학생들이 $3+\frac{1}{2}$을 $3\frac{1}{2}$이라고 하지 못하고, 3을 가분수로 고쳐서 계산한 $\frac{7}{2}$을 쓰게 되는 것도 실생활과 연결을 짓지 못했기 때문이다.

대분수에서 대는 '연결'한다는 뜻으로 '자연수와 진분수를 연결한 분수'란 뜻이다. 대분수의 연결은 '더하기'이며, 그마저도 생략한다. 그러나 수학에서 '더한다'라는 의미의 +는 이 경우 외에는 생략해서 사용하지 않는다.

$3 + \dfrac{1}{2}$ 을 $3\dfrac{1}{2}$ 로 더하기를 생략하는 것이 더하기를 생략하는 유일한 경우라고 보아야 한다. 대분수에 미지수가 사용될 때, 주의해야 할 것이 있다. 예를 들어

$$a + \dfrac{2}{3}, \ 4 + \dfrac{1}{a} \ \Rightarrow \ a\dfrac{2}{3}, \ 4\dfrac{1}{a} \ (\times)$$

$$a + \dfrac{2}{3}, \ 4 + \dfrac{1}{a} \ \Rightarrow \ \dfrac{3a+2}{3}, \ \dfrac{4a+1}{a} \ (\bigcirc)$$

정의에 의하면, 대분수는 '(자연수)+(진분수)'이다. $a + \dfrac{2}{3}$ 에서 a 가 자연수인지 알 수 없고, $4 + \dfrac{1}{a}$ 에서는 $\dfrac{1}{a}$ 이 진분수인지 알 수 없다. 게다가 $a\dfrac{2}{3}$ 나 $4\dfrac{1}{a}$ 처럼 사용하면 더하기를 사용하려는 의도와는 달리 곱하기로 사용된다. 그래서 초등학교와 달리 중학교에서는 미지수가 사용되는 분수의 연산에서 그 결과가 항상 '가분수 꼴'로 사용되는 것이다.

초등수학 : 개념과 문자의 만남

I can do

필자가 초중고의 분수에서 관통하는 성질에 '분수의 위대한 성질'이라는 이름을 붙여서 오래전부터 가르쳐왔다. 그냥 간단하게 '분수의 성질'이라고 사용하려다가 분수의 사칙계산에서부터 고등학교에 이르기까지 분수가 나온다면 항상 생각하라는 의미로 이렇게 명명하였다.

• 조안호의 '분수의 위대한 성질': 한 분수에서 분모와 분자에 0이 아닌 같은 수를 곱하거나 나누어도 그 크기는 같다.

초등 교과서에서 제시한 분수의 덧·뺄셈에서의 통분이나 분수의 곱셈과 나눗셈의 알고리즘은 원리나 개념이 아니라 기술이었다. 기술은 휘발성이 높고 그래서 중학생의 절반이 분수의 사칙계산이 안 된다. 이 책을 읽는 독자가 $\frac{1}{2}+\frac{1}{3}$ 의 답으로 곧장 $\frac{5}{6}$ 가 나오지 않고 생각해야 했다면 분수 부족을 스스로 인정하고 연습을 해야 할 것이다. 분수 연산의 목적은 단순히 연산을 하자는 것이 목표가 아니라 7~8개의 암산을 목표로 하는 연습 때문이다. 이 정도가 되지 않으면 중3의 인수분해에서 분수가 부족한 사람들은 모두 수포자가 될 것이다. 초등학교에서 배운 분수의 사칙계산을 일반화해보자!(단, a, c, d는 0이 아니다.)

① $\dfrac{b}{a}+\dfrac{d}{c}=\dfrac{b\times c}{a\times c}+\dfrac{a\times d}{a\times c}=\dfrac{b\times c+a\times d}{a\times c}$

② $\dfrac{b}{a}-\dfrac{d}{c}=\dfrac{b\times c}{a\times c}-\dfrac{a\times d}{a\times c}=\dfrac{b\times c-a\times d}{a\times c}$

③ $\dfrac{b}{a}\times\dfrac{d}{c}=\dfrac{1}{a}\times\dfrac{1}{c}\times b\times d=\dfrac{b\times d}{a\times c}$

④ $\dfrac{b}{a}\div\dfrac{d}{c}=\dfrac{b\times c}{a\times c}\div\dfrac{a\times d}{a\times c}=\dfrac{b\times c}{a\times d}$

초등에서처럼 연산을 기계적으로 외우면 똑같이 잊어버리게 되니 그 이해를 귀찮더라도 '분수의 위대한 성질'로 하기 바란다. 위 사칙계산 모두는 기준을 같게 하기 위해서, 단위분수를 같게 하고 있으며 그 방법이 분수의 위대한 성질이다. 분수의 위대한 성질은 크게 배분과 약분이 있다. 배분은 교과서에 소개되지 않은 말로 중학교의

'분배법칙'이란 말과 혼동될까 봐서 도입하지 않은 걸로 보인다.

- 배분: 분모와 분자에 0이 아닌 같은 수로 곱해도 크기는 같다.
- 약분: 분모와 분자에 0이 아닌 같은 수로 나누어도 크기는 같다.

분수는 분모와 분자에 0이 아닌 같은 수로 곱해도 나누어도 크기가 같은 분수가 된다. 역으로 다른 수를 곱하면 크기가 달라진다. 또한 분모와 분자에 같은 수를 더하거나 빼면 크기가 다른 분수가 된다. 약분과 배분은 무척 간단해 보이지만, 분모나 분자에 미지수가 있거나 다항식이 되면 많은 혼동을 일으킨다. 특히 오답을 많이 일으키는 약분에 대한 생각을 명확히 해야 한다. 예를 하나 든다.

$$\frac{x}{x} \text{가 1이 되는 이유}$$

문제를 풀어가다가 $\frac{x}{x}$를 처음 접하는 많은 학생들이 답을 x라 하거나 없어졌다는 오답을 낸다. 모르는 수에서 모르는 수를 나누었으니 여전히 모르는 수라고 생각한 것이다. 분모와 분자가 약분되어 없어졌다고 하는 것은 분수의 위대한 성질을 알지 못하고 연습하지 않아서이다. 모르는 수를 어떻게 약분하며 어떻게 아는 수로 만들 수 있는가에 대한 막연한 두려움이 가세한다. $\frac{x}{x}$를 나눗셈으로 바꾸면 $x \div x$이고 x에서 x를 한 번 뺄 수 있으니 1이다.

물론 x는 모르는 수이다. 그러나 한 문제 안에서 같은 문자는 같으니 분모의 x와 분자의 x는 같은 수이다.

$\frac{2}{2}$, $\frac{3}{3}$ 등에서처럼 분모와 분자가 같으니 1이라고 생각하면 쉽게 수긍하다가도 $\frac{x+1}{x+1}$ 나 $\frac{3}{x+1} \times (x+1)$과 같은 문제에서 여전히 약분을 하지 못해서 1이나 3을 쓰지 못하는 학생이 많다.

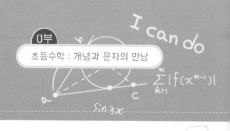

I can do

백분율과 할푼리

09

$8 \div 3$을 $\frac{8}{3}$(몫), $8 : 3$도 $\frac{8}{3}$(비의 값) 등 분수의 의미는 다양하게 사용된다. 초등학교 6학년에서 배운 것들이 분수의 일차적인 확장이었는데, 이것을 사용하는 중학교에서는 미지수와 같이 사용함으로써 개념이 확실하지 않은 학생들을 괴롭힌다. 이 파트에서는 비율, 비례식, 비례배분 등에 미지수가 사용될 때의 다른 점을 짚어보고 그동안 배우지 않았던 몇 가지 개념을 추가로 소개하고자 한다.

소수나 분수를 백분율로 고치려면 100을 곱하고, 할푼리로 고치려면 소수점 아래 첫 번째 자리의 수를 '할', 두 번째 자리를 '푼', 세 번째 자리를 '리'라고 한다. 예를 들어 0.375를 백분율로 고치면

'37.5%', 할푼리로 고치면 '3할 7푼 5리'라고 쓴다는 것까지는 알고 있을 것이다. 그런데 왜 백분율로 고치려면 100을 곱하는지를 아는 학생들은 많지 않다. 그것은 다음과 같은 기준 때문이다.

• 소수나 분수의 기준: 1
• 백분율의 기준: 100
• 할푼리의 기준: 10, 100, 1000

우선 알아야 할 내용은 '백분율'과 '할푼리'는 수가 아니라는 것이다. 수학에서 수는 자연수, 분수, 소수, 정수, 유리수 등 끝에 수자가 들어있다(예외: π). 이들만이 수이고 수만이 계산을 할 수 있다. 당연히 수가 아닌 백분율이나 할푼리는 기준이 1인 수인 분수나 소수로 바꾸어야 계산을 할 수 있다.

$$a\% \Rightarrow \frac{a}{100}$$
$$a할 \Rightarrow \frac{a}{10}$$
$$a할\ b푼\ c리 \Rightarrow \frac{a}{10} + \frac{b}{100} + \frac{c}{1000}$$

$\frac{a}{10}$ 나 $\frac{a}{100}$ 를 소수로 나타낼 때는 주의하여야 할 것이 있다. $0.a$나 $0.0a$로 쓸 수 없다는 것이다. $\frac{a}{10}$ 는 $\frac{1}{10} \times a = 0.1 \times a$이다. 보통 $1 \times a = a \times 1 = a$로 쓴다. a에 1을 곱한다는 것은 a를 한 번 더한다는 것과 같기에 당

연히 a이다. 그러나 1과 0.1은 같은 수인가? $0.1 \times a$에서 곱하기를 생략하면 $0.1a$로 써야 한다.

10 비례식

먼저 '비'부터 보자! 2 : 3에서 2를 전항, 3을 후항이라고 하며 읽을 때, '2 대 3'이라고 읽는다. 이 중 '대(:)'는 예전에는 분수를 사용하는 표기 방법이었다. 2 : 3을 비의 값으로 나타내면 $\frac{2}{3}$가 되는데 분수에서는 분모가 기준이다. 후항이 기준이고 분모가 기준이고 기준에 '~에 대한'이란 말이 붙는다.

2 : 3 ⇨ 2 대 3

⇨ 2의 3에 대한 비

⇨ 3에 대한 2의 비

⇨ 2와 3의 비

위 읽기에서 보듯이 '기준량(후항)'에 대하여 '비교하는 양'이 전항이 된다. 그런데 보통 기준량에다 비의 값을 곱하여 비교하는 양을 구한다. 그런데 역시 이유를 모르는 학생이 많다.

$$(기준량) \times (비의 값) = (비교하는 양)$$

2 : 3에서 기준량 3이 비교하는 양 2가 되려면 비의 값 $\frac{2}{3}$를 곱하여야 한다. 즉 3(기준량)$\times \frac{2}{3}$(비의 값)=2(비교하는 양)가 된다.

2 : 3을 수로 나타내면 $\frac{2}{3}$이니 전항과 후항에 '분수의 위대한 성질'을 모두 이용할 수 있게 되며 이것이 '비의 성질'이다. 그래서 전항에 2를 곱했으면 후항에도 2를 곱하면 비가 같아진다.

예를 들어 2 : 3=4 : 6 과 같은 식이 되는데 이것을 비례식이라고 한다. 즉, 비례식은 두 비를 등호(=)로 연결한 식이다.

• 조안호의 비례식 정의: 두 비를 등호로 연결한 식
• 비례식의 성질: 내항의 곱과 외항의 곱은 같다.

2 : 3=4 : 6에서 비를 비의 값으로 바꾸면 분수의 등식 $\frac{2}{3} = \frac{4}{6}$이 된다. 이때 분모의 최소공배수가 아닌 공배수 18을 곱하면 $\frac{2}{3} \times 18 = \frac{4}{6} \times 18$이고 약분만 하면 2×6=4×3이 된다. 분수의 등식에서 대각선으로 서로 엇갈려 곱한 결과와 같게 된다. 그래서 '내항의 곱과 외항의 곱

은 같다.'라는 성질이 생겨난 것이다.

$$x : y = a : b \Rightarrow \frac{x}{y} = \frac{a}{b} \Rightarrow a \times y = b \times x$$

미지수를 포함하는 비례식은 방정식으로 바꾸는 문제나 약분의 문제가 생기는데 여기에서 다루면 혼란스러울 것 같아서 직접 사용하는 단원에서 각각 분리하여 다루려고 한다.

11 비례배분

비례배분이란 비례적인 배분을 줄인 말로 수나 양을 주어진 비로 나누는 것이다. 예를 들어 2000원을 2 : 3으로 나누면 800 : 1200이 된다. 이것을 비의 성질에 따라 전항과 후항을 각각 400으로 나누면 역시 2 : 3이 된다. 이때 800 : 1200=2 : 3이란 비례식이 성립하기에 비례배분이라고 한 것이다. 그런데 이렇게 설명한 것은 이론적인 설명이고 비례배분을 하려면 결국 분수의 의미를 살려야 한다. 아이디어는 간단하다. 2 : 3의 비가 되도록 하려 할 때, 전항과 후항의 수를 더한 수인 5개가 있다면 쉽게 나누어줄 수 있을 것이라는 것이다. 비가 무엇인지를 모르는 어린아이일지라도 만약 사탕 5개가 있을 때, 2 : 3으로 나누어 줄 수 있을 것이다. 기준이 되는 2000을 5개로 나누면 한 덩어리가 400인 수가 된다. 이것을 2개와 3개로 갈라놓는 것이다. 그러면 분수의 의미에 따라 5개 중에 2개인 $\frac{2}{5}$와 5개 중에 3개인 $\frac{3}{5}$이 된다. 그러면 '기준량' 2000에 '비의 값'을 곱하여 '비교하는 양'을 만들었듯이 $2000 \times \frac{2}{5} = 800$과 $2000 \times \frac{3}{5} = 1200$으로 가를 수 있게 된다.

- x 를 $a : b$로 비례배분 $\Rightarrow x \times \dfrac{a}{a+b}, \ x \times \dfrac{b}{a+b}$
- x 를 $a : b : c$로 비례배분 $\Rightarrow x \times \dfrac{a}{a+b+c}, \ x \times \dfrac{b}{a+b+c}, \ x \times \dfrac{c}{a+b+c}$

비례배분은 대체로 도형에서 많이 나온다. 각을 비례배분하거나 선분을 비례배분하는 것으로, 항상 분수를 염두에 두어서 오답이 나오는 일을 막아야 할 것이다.

번분수

중학 수학이 어려운 학생은 분수에 대한 것을 항상 생각하고 반복하여 언제라도 꺼내 쓸 수 있도록 연습하여야 한다. 항상 보는 것이 분수이고 안다고 생각하여 대충 보다 보면 문제의 조건에서 기약분수라고 했는데, 기약분수가 진분수일 거라고 착각을 한다든지 하는 실수를 하게 된다. 분수에 대한 계산은 많이 해보았지만, 개념을 정리해 볼 기회는 많지 않았을 것이다. 평소에 '분모가 다른 두 기약분수를 더하면 정수가 되는 경우가 있을까?', '서로소인 a, b, c, d에 대하여 $\dfrac{b}{a} \times \dfrac{d}{c}$는 정수가 되는 경우가 있을까?' 등을 명확하게 정리할 수 있어야만 직접 계산하기도 전에 답을 유추해 볼 수 있게 된다. 이밖에 '반으로 만들기'를 연습하는 것도 좋은 방법이다. $\dfrac{7}{8}$의 반을 $\dfrac{7}{16}$

이 아닌 $\frac{7}{4}$로 말하거나, 아니면 $\frac{2}{3}$의 반을 곧장 $\frac{1}{3}$로 쓰는 것이 아니라 $\frac{2}{6}$로 했다가 다시 약분하는 과정을 거치는 중학생이 많다.

다음으로 교과과정에는 아직 안 나온 것이 문제풀이 과정에서는 사용되는 경우가 있어 몇 가지만 소개한다.

- 번분수: 분수 나누기 분수를 '분수 분의 분수의 꼴'로 나타낸 것
- 두 분수의 나누기: 분모끼리 분자끼리 나누기

'분수의 나눗셈에서 분모끼리 분자끼리 나누어도 되나요?'라는 질문을 받고 싶은데, 실제로는 거의 이런 질문을 받아본 적이 없다. 초등학교 때 분수의 곱하기는 분모끼리 분자끼리 곱하면 된다고 배웠다. 그렇지만 분모끼리 나누어도 된다는 말은 듣지 못했을 것이다. 곱하기와 나누기는 역연산의 관계이니 곱해서 만들어진다면 다시 나눌 수도 있는 것이다.

예를 들어 $\frac{2}{3} \times \frac{5}{7}$의 계산은 $\frac{10}{21}$이 된다. 그렇다면 $\frac{10}{21}$을 $\frac{2}{3} \times \frac{5}{7}$로 분리할 수도 있고 다시 $\frac{10}{21} \div \frac{5}{7} = \frac{10 \div 5}{21 \div 7}$을 하여 $\frac{2}{3}$를 만들어 낼 수 있다. 그런데 위 분수는 분모끼리 분자끼리 나눌 때 나누어떨어지기에 상관없지만 대다수의 분수의 나누기는 나누어떨어지지 않는다. 그렇다면 그 분수는 '번분수'라는 것이 만들어진다.

$$\frac{\dfrac{b}{a}}{\dfrac{d}{c}} = \frac{b}{a} \div \frac{d}{c} = \frac{b}{a} \times \frac{c}{d} = \frac{b \times c}{a \times d}$$

번분수를 '분수 분의 분수'라고 알고 있는 사람이 많다. 번분수에서 번은 '번잡하다', '복잡하다'에서 나온 것이다. '분수 분의 분수'의 경우, 가운데의 것끼리 곱해서 분모, 밖에 것끼리 곱해서 분자에 놓는다고 하면 다른 복잡한 것을 풀 때는 혼동스러울 때가 있다. 좀 더 복잡해지면, 원칙대로 '분수의 위대한 성질'을 사용할 생각을 해야 한다. 번분수는 교과과정이 아니지만,

현실적으로 중학교부터 나오게 된다.

예를 들어 $a = \dfrac{1}{3}$, $b = \dfrac{1}{2}$ 일 때, $\dfrac{b}{a}$의 값을 구하라고 하면

$\dfrac{\dfrac{1}{2}}{\dfrac{1}{3}}$ 와 같은 번분수를 풀어야 하는 경우가 생긴다.

물론 나누기로 바꾸어서 풀어도 되지만 첫 번째 두려움을 갖는 것이 문제이고, 고등학교에서는 더 복잡한 번분수식을 풀게 되니 미리 공부하는 것도 나쁘지 않을 것이다.

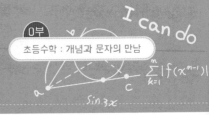

13 가비의 이

'가비의 리'라고 배웠으나 한글맞춤법에 따라 '가비의 이'라고 정정했다. 필자가 처음 접했을 때 '가비'가 사람의 이름인 줄로만 알았다. 가비에서 '가'는 '더할 가'라는 한자이어서 비를 더해도 된다는 뜻이다. 그런데 비는 곧 분수이어서 문제는 보통 분수에서 사용된다.

예를 들어 $\frac{1}{3}$과 같은 크기의 분수를 아무거나 몇 개 열거하면

$\frac{1}{3} = \frac{3}{9} = \frac{100}{300}$이다. 이때 분수의 분모끼리 더하고 분자끼리 더하면

$\frac{104}{312}$란 분수가 만들어진다.

그런데 $\frac{104}{312}$를 다시 약분하면 원래의 분수인 $\frac{1}{3}$이 된다.

가비의 이가 문자를 만날 때를 보자!

- 조안호의 '가비의 이': 크기가 같은 분수의 분모끼리 분자끼리 더하여도 크기가 같다.

$$\frac{b}{a} = \frac{d}{c} = \frac{f}{e} \ \Rightarrow \ \frac{b+d+f}{a+c+e}$$

(단, a, c, e와 $a+c+e$는 0이 아니어야 한다.)

a, c, e와 $a+c+e$는 0이 아니어야 한다는 말은 음수이어도 된다는 말이다. 이것보다 증명이 더 중요하고 더 쓰임새가 많을 것이나 이것을 이해하려면 중2는 되어야 할 것이다. 당장 어려우면 나중으로 넘겨도 된다.

$\frac{b}{a} = \frac{d}{c} = \frac{f}{e}$가 모두 같은 수이니 k와 같다고 하면,

$\frac{b}{a} = k$, $\frac{d}{c} = k$, $\frac{f}{e} = k$가 된다. 그러면 $b=ak$, $d=ck$, $f=ek$가 되는데, 이것을 각각 $\frac{b+d+f}{a+c+e}$에 대입하면 $\frac{ak+ck+ek}{a+c+e}$가 되어 $\frac{(a+c+e)k}{a+c+e} = k$ 이다. 관련한 초등 문제를 하나 풀어보자!

⭐ $\frac{5}{6}$의 분모에 72를 더했다면, 분자에 어떤 수를 더해야 같은 분수가 될까요?

🔲답 60

$\frac{5}{6} = \frac{\square}{72} = \frac{5+\square}{6+72}$이니, $\frac{5}{6} = \frac{\square}{72}$로부터 $\square = 60$이다.

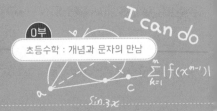
14 부분분수

이항분리라고도 불리는 부분분수는

$$\frac{1}{1\times2} + \frac{1}{2\times3} + \frac{1}{3\times4} + \cdots + \frac{1}{2021\times2022}$$

와 같은 문제를 푸는 과정에서 '하나의 분수를 두 개의 분수로 만드는 기술'이다. 기술이고 고등 문제이지만, 중요해서 초등부터 가르치고 싶은 것이다. 초등이나 중학교의 어려운 문제로 간혹 나오고 있다. 몇 년 전까지만 해도 중1의 학교 시험문제에서 종종 출제되었는데, 요즈음에는 출제가 되고 있지는 않다. 그러나 중요하고 수능에서도 자주 출제되니 반드시 익혀두었으면 한다.

• 많은 분수의 더하기가 나오면 모두 부분분수의 문제이다.

많은 수의 더하기가 사용되는 문제는 크게 3가지가 있다. 곱하기로 바꾸거나 소거(없애는 것)하거나 10, 100, 1000 등을 만드는 방법이다. 이 중에 10, 100, 1000 등을 만드는 방법은 쉬워서 문제가 되지 않는다. 결국 많은 곱하기로 만들거나 소거의 방법이 주력이다. 소거의 방법 중 하나로 부분분수가 있다. 그런데 많은 분수의 더하기는 곱하기로 만들 수가 없으니 100% 부분분수의 문제라고 하는 것이다. 부분분수의 문제는 보통 항이 많아 계산하는 과정이 길어서 보기에는 복잡해 보이지만, 알고 보면 초등의 분수 빼기를 거꾸로 하는 것이니 하나하나 이해해 보자. 이 기술을 익히기 위해 먼저 다음 문제부터 풀어보자.

✍ $\dfrac{1}{6} = \dfrac{1}{x} - \dfrac{1}{y}$ 에서 x, y 의 값을 구하여라.(x, y 는 양수)

🔲답 $x=2, y=3$

$\dfrac{1}{x} - \dfrac{1}{y} = \dfrac{y-x}{xy}$ 이고 $\dfrac{y-x}{xy}$ 가 만약 약분이 되지 않는다면 $xy = 6$ 이고 $y-x=1$ 이 된다. 즉, 두 수를 곱해서 6이 되고 빼면 1이 되는 수를 찾으면 된다. 그런데 두 수의 차가 1이 되는 수는 무수히 많다. 차가 1이 되는 수들에서 곱해서 6이 되는 수들을 찾으려 한다면 예를 들어 x, y 가 자연수라고 가정한다 해도 $2-1=3-2=4-3=5-4=\cdots=1$ 이 되어 무수히 많은 수들을 갖게 되어 정신이 혼미하게 된다. 역으로

곱해서 6이 되는 수를 찾으면 $(1, 6)$, $(2, 3)$란 두 쌍이 되어 간단히 차이가 1이 되는 두 수를 2와 3으로 한정할 수 있게 된다. 여기까지 해놓고 다시 방심해서 $x=3$, $y=2$라고 해서는 안 된다. '$\frac{1}{2}$과 $\frac{1}{3}$ 중에 어느 것이 더 큰가?'를 생각해야 x, y의 값을 정확하게 정할 수 있게 된다. 이렇게 해서 답이 맞았다면, 사실 절반만 맞은 것이다. 문제에서 $(x, y$는 양수)라는 조건은 왜 주었을까? '곱해서 6'이라는 말에서 '6의 약수'를 생각했어야 하고, 6의 약수에서 음의 약수까지 생각했어야 이 문제를 올바르게 이해한 것이다. 6의 약수는 $(1, 6)$, $(2, 3)$ 이외에도 $(-1, -6)$, $(-2, -3)$이 있다. 곱해서 6, 빼서 1이라는 조건만으로는 $x=-3$, $y=-2$도 만족하니 답이 될 수 있었으나 양수이어야 한다는 조건 때문에 배제된 것이다.

- $\dfrac{1}{n \times (n+1)} = \dfrac{1}{n} - \dfrac{1}{n+1}$ ⋯⋯⋯⋯⋯①

- $\dfrac{1}{n \times (n+2)} = \dfrac{1}{2}\left(\dfrac{1}{n} - \dfrac{1}{n+2} \right)$ ⋯⋯⋯⋯⋯②

①과 ②를 직접 계산해 보면 다소 어렵겠지만 이해할 수 있을 것이다.

이제 '$\dfrac{1}{1 \times 2} + \dfrac{1}{2 \times 3} + \dfrac{1}{3 \times 4} + \cdots + \dfrac{1}{2021 \times 2022}$'를 이항분리해서 즉 부분분수로 만들면

$\left(\dfrac{1}{1} - \dfrac{1}{2} \right) + \left(\dfrac{1}{2} - \dfrac{1}{3} \right) + \left(\dfrac{1}{3} - \dfrac{1}{4} \right) + \cdots + \left(\dfrac{1}{2021} - \dfrac{1}{2022} \right)$ 가 되는데

괄호 앞의 부호가 모두 플러스이니 괄호를 풀어서 소거시켜보면

맨 앞의 $\frac{1}{1}$ 과 마지막 항인 $-\frac{1}{2022}$ 만 남겨지고 모두 없어지게 된다.

그래서 $\frac{1}{1} - \frac{1}{2022}$ 만 계산하면 되니 답은 $\frac{2021}{2022}$ 이다.

수와 식
수와 식을 보는 방법

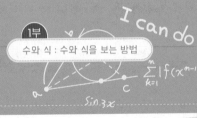

15 양수와 음수

중학교에 들어가면 새롭게 정수라는 수를 배우게 되는데, 탄생 배경을 보자! 자연수끼리 더하거나 곱하면 항상 자연수가 된다. 그런데 자연수끼리 뺐을 때, 5−2=3처럼 다시 자연수가 나오기도 하지만 5−5=0처럼 0이 나온다. 뿐만 아니라 2−5를 계산하면 3개가 부족한 상태를 새로운 수 −3이라고 하였고, 이런 수들을 통틀어서 음의 정수라 한다. 자연수끼리 빼서 나오는 수들을 '정리하여 만들어진 수'이다 보니 정수라는 이름을 붙였고, 그동안 불러왔던 자연수도 또 하나의 이름인 양의 정수라 불리게 되었다.

• 조안호의 정수 정의: 자연수끼리 빼서 나온 수들을 정리한 수

- 정수의 종류 ← 양의 정수(=자연수)
  ── 0
  ── 음의 정수
- 교과서의 수직선: 직선에 일정한 간격으로 점을 잡고 차례로 정수에 대응시킨 직선을 수직선이라고 한다.
- 조안호의 수직선 정의: 직선에 있는 점들을 각각 수로 보는 직선

교과서의 수직선 정의는 완전히 틀렸다. 뒤늦게 모든 유리수는 수직선에 대응시킬 수 있다고 했으나 오해를 불러일으키기에 충분하다. 직선에 있는 점들이 모두 수라는 필자의 정의를 직접적으로 외워서 사용해야 앞으로 실수의 연속성 등 다양한 확장을 받아들이게 된다. 교과서의 정의는 많은 사람들로 하여금 수직선은 '수직으로 만나는 선'이라는 오류를 만들었다. 참고로 수직으로 만나는 선은 수직선이 아니라 '수선'이다. '직선에 있는 특정한 점'을 표현하는 방법이 여러 가지가 있으나 그중 '수직선에 작은 수선을 그어서 만나는 점'으로 표현한 것이다. 이것을 '데데킨트의 절단'이라고 이름을 붙일 만큼 일반학생들에게 설명하지 않으면 알 수 없는 것이라는 것을 방증한다. 정수는 양의 정수, 0 음의 정수로 나뉘는데, 이를 일상생활에서 가장 손쉽게 볼 수 있는 것이 온도계인 듯싶다. 세로로 되어있는 온도계를 가로로 놓으면 곧바로 수직선에 이정표를 세운 것과 같은 모양이 된다. 이런 것을 사용하는 예로 영상과 영하, 동쪽과 서쪽, 위와 아래, 수입과 지출 등이 있다.

조안호쌤: 양의 정수는 자연수와 같은 거야. 그렇다면 자연수에는 0이 포함될까?

학생: 아니요.

조안호쌤: 왜, 아니지?

학생: 자연수는 양의 정수라고 했는데 양의 정수 바깥에 0이 있잖아요.

조안호쌤: 어쭈 제법인데. 그렇다면 1보다 작은 자연수는 뭐야?

학생: 0이요.

조안호쌤: 0은 자연수가 아니라며?

학생: 그러네. 그럼 뭐예요?

조안호쌤: '없다'가 답이야. 자연수 중에서 가장 작은 수가 1인데 더 작은 것이 어디 있니?

학생: 그런 문제가 어디 있어요.

조안호쌤: 0이 자연수가 아니라고 알고 있지만, 1보다 작은 자연수가 무어냐고 물어보니 자꾸 0이 생각나지! 이처럼 흔들리는 개념에는 항상 함정이 있게 된단다. 그러니 개념 공부를 하려면 확실하게 해야 한다.

중고등 교과서의 내용은 아니지만, 연산을 하다 보면 '닫혀있다'와 '닫혀있지 않다'를 알아야 할 필요가 있게 된다.

• 자연수는 덧셈과 곱셈에 대하여 닫혀있다.

• 정수는 덧셈과 뺄셈, 곱셈에 대하여 닫혀있다.

자연수끼리 더하거나 곱하면 항상 다시 자연수가 나오는 것을 가리켜, 자연수는 덧셈과 곱셈에 대하여 '닫혀있다'고 한다. 앞서 말했듯이 자연수끼리 빼면 자연수를 벗어나서 수가 정수로 확장되었다. 앞으로 정수의 연산을 하게 되면 자연히 알게 되겠지만, 정수끼리의 덧셈, 뺄셈, 곱셈은 모두 다시 정수가 된다. 그래서 정수는 덧셈과 뺄셈, 곱셈에 대하여 '닫혀있다'한다.

• x, y 가 자연수일 때, $x+y$, xy, $x+3$ 등은 모두 자연수이다.
• x, y 가 정수일 때, $x-y$, xy, $x(y-2)+3$등은 모두 정수이다.

정수를 더하거나 빼거나 곱하여도 다시 정수가 된다는 말이다. 그렇다면 정수끼리의 나눗셈은 어떨까? 정수끼리의 나눗셈을 하면, 0으로 나누지 않는 한 다시 정수가 되기도 하고 정수가 아닌 수가 나오게 된다. 이때 '정수가 아닌 수'를 '정수가 아닌 유리수'라고 하고, 정수와 정수가 아닌 유리수를 통틀어서 유리수라고 한다.

• 조안호의 유리수 정의: 분수로 만들기 유리한 수
• 유리수 ⎰ ① 정수
　　　　 ⎱ ② 정수가 아닌 유리수
• 유리수는 덧셈, 뺄셈, 곱셈, 나눗셈(0제외)에 대하여 닫혀있다.

유리수끼리의 연산은 항상 다시 유리수가 된다는 말이다. 그런데 실제로 사용될 때는 구체적인 수들끼리가 아니라 문자들의 연산에서 이루어지는 일이라서 정확하게 이해하고 있지 않으면 알아보지 못할 수가 있어서 언급하는 것이다. 이것은 교과서가 가르치지 않으니 중고등의 문제를 풀면서 상식으로 받아들여야 하는 것들이다.

덧셈과 뺄셈의 기호와 부호로서 의미의 차이

초등학교에서 계속해서 사용하여왔던 더하거나 빼는 기호를 부호라고 한다. 그러니 부호에는 +부호와 −부호라는 2개가 있다. 중학교에서는 연산기호로서의 +, − 이외에 추가로 기준인 0과의 비교를 하는 부호로서의 +, −의미를 새롭게 배우고 사용하게 된다.

$$
\bullet \ 부호 \begin{cases} + \begin{cases} ① \ 더한다 \\ ② \ 남는다 \end{cases} \\ - \begin{cases} ① \ 뺀다 \\ ② \ 부족하다 \end{cases} \end{cases}
$$

부호의 의미를 정리하면, 위와 같은 표로 만들 수 있다. 학생들이 한참을 배우고 나서야 비로소 깨우치는 것이지만, 필자는 직접적으로 배우는 것이 안전하다는 생각이다. 구체적으로 '+3'이란 '0보다도 3이 크다'는 의미이고, '−3'이란 '0보다 3이 작다'는 의미가 추가된 것이다. 연산 기호와 부호로서 기호가 혼재되어 나타난다. 그것을 구분하는 것은 앞에 더해지는 수나 빼지는 수가 있다면 연산기호로 보고 앞에 그런 수가 없다면 부호로서의 기호로 보면 된다. 연산기호로만 사용한 초등학교에서는 항상 더해지거나 빼지는 수가 있었던 것을 기억하면 좀 더 쉬울 것이다. 예를 들어 '+5+7'에서 5앞에 있는 +는 부호이고, 7앞에 있는 +는 연산기호이다. '−5−7'에서도 5 앞에 있는 −는 부호이고, 7앞에 있는 −는 연산기호이다.

더하기로 읽어야 해요, 플러스로 읽어야 해요?

읽을 때는 수 '+7'에서 +는 부호이니 '더하기 7'이라고 읽어서는 안 된다. 이때는 부호이기에 '양의 정수 7' 또는 '플러스 7'이라고 읽어야 한다. 연산기호와 부호로서의 읽기가 혼동되면 그냥 '−5−7'과 같은 수를 '마이너스 5 마이너스 7'이라고 읽으면 읽는 혼동에서 벗어날 수 있다. 그런데 간혹 양의 정수와 양수 또는 음의 정수와 음수를 혼동하는 경우가 생긴다. 또한 양의 정수와 양수는 구분해야 한다. 양의 정수는 +1, +2, +3, …을 가리키지만, 양수는 양의 정수를 포함하고 $+\frac{1}{2}$, +0.3 등 0과 음수를 제외한 모두를 칭한다. 머릿속으로는 알지만, 양의 정수라는 말이 길어서 짧게 양수라고 대충하다가 혼동을 겪는다.

수직선 위의 정수의 개수

정수는 모두 1씩 커지면서 수를 만들어낸다. 따라서 정수가 연속한다고 했을 때는 작은 수에 1을 더하면 다음 수가 만들어진다.

- 5 바로 앞에 오는 정수는 4다.
- 5 바로 앞에 오는 유리수는 알 수 없다.
- 5 바로 앞에 오는 실수는 알 수 없다.

연속하는 두 정수에서 작은 수를 a라 할 때, 그다음 수는 $a + 1$이 된다. 이 말에는 a가 정수일 때, a와 $a + 1$사이의 정수는 없다는 말이다. 또 '$a - 1$과 $a + 1$ 사이의 정수는 a 한 개 뿐이다'란 말을 하고 있는 것이다. 하지만 유리수나 실수의 범위에서는 이와 달리 수들이 무수히 많다. 모든 문제들에서 수의 범위를 눈여겨보아야 한다.

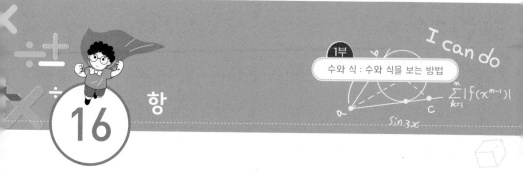

16

항

중학교는 크게 보면 수식을 배우는 단계로 수식에 대한 이해가 잘 되어야 한다. 수식의 기본단위가 항이기 때문에 항의 의미를 정확하게 잡는 것은 중요하다고 생각한다. 항을 제일 먼저 설명하는 이유는 학교에서 식의 계산에서 배우는데, 실제로는 '수의 혼합계산'에서도 적용되기 때문이다.

- 교과서의 항: 숫자 또는 문자의 곱으로 이루어진 식
- 조안호의 항 정의: 곱하기로 뭉쳐진 덩어리이며, 항과 항 사이에는 더하기로 연결되어 있는 것으로 보아야 한다.

식 $-2x + 3x -4$는 $(-2x) + (+3x) + (-4)$처럼 덧셈의 식으로 나타낼 수 있고 이렇게 볼 수 있어야 한다. 이때 $-2x, +3x, -4$를 각각 항이라고 한다. 이처럼 하나의 항 안에서는 모두 곱하기로 연결된 것이다. 앞으로 배우겠지만 $-2x$와 같은 식은 $-2 \times x$로 곱셈이 생략되어 있지만 곱셈으로 연결된 것이다. 그렇게 보면 위 식은 항이 3개인 식이 된다. 항과 항 사이에 더하기로 연결시키는 것을 조금만 더 연습해 보자. '$2-3$'란 식이 있다고 하자. 이것을 2에서 3을 빼는 것으로 보는 것이 그동안 초등학교에서부터 계속된 생각이었다. 새로운 관점에서 보자. '$2-3$'은 앞서 말한 것처럼 항이 2개 있는 다항식이다. 이제 음의 부호로 보면 '-3'을 3을 빼는 것으로 보는 것이 아니라 2에 -3을 더하는 것으로 볼 수 있다. 각각의 항을 말하면 2와 -3이란 항이고 이들 사이는 $+$로 연결되어 있는 것으로 '$2-3$'를 '$2+(-3)$'으로 볼 수 있다. 이런 관점에서 보면 모든 항들 사이는 $+$로 연결되어 있다고 볼 수 있다. 이제 항을 정리해 보자. 항 내부에는 곱하기로 연결되어 있으나 생략되어 있고, 항과 항 사이에는 더하기로 연결되어 있다. 따라서 모든 식은 합과 곱으로 보아야 하며 합과 곱을 구분하는 것이 식을 이해하는 기본이 된다.

그런데 항의 정의 중 '숫자 또는 문자의 곱'이란 말 자체를 이해하지 못하여 혼동을 겪는 경우가 많다. 수학에서 '또는'이란 말은 '그리고'라는 말과 비교하여 정확하게 이해하여야 한다. '숫자 또는 문자'란 말을 생각 없이 '숫자 그리고 문자'란 말로 받아들이면 큰일 난다.

'숫자 또는 문자'란 말은 '숫자와 숫자', '숫자와 문자', '문자와 문자'를 모두 의미하는 말이다. 그래서 '숫자 또는 문자의 곱'은 숫자와 숫자, 숫자와 문자, 문자와 문자 등 조합할 수 있는 모든 것의 곱이란 말을 하고 있는 것이다. 수학에서 '또는'과 '그리고'를 구분하지 못하면 복잡한 문제를 대부분 못 풀 정도로 중요한 구분이다.

🧑 조안호쌤: '$x+3$'은 항이 몇 개니?

👧 학생: 2개요.

🧑 조안호쌤: 그럼 $2(x+3)$은 항이 몇 개니?

👧 학생: 2개요.

🧑 조안호쌤: 아니.

👧 학생: 그럼 3개요.

🧑 조안호쌤: 아니.

👧 학생: $2(x+3)$은 $2x+6$으로 항이 2개 맞아요.

🧑 조안호쌤: 앞으로 너도 늙을 거니까 지금부터 할아버지라고 해도 돼?

👧 학생: 무슨 말이에요?

🧑 조안호쌤: $2(x+3)$의 항의 개수를 묻는데, 왜 전개한 $2x+6$의 항의 개수를 말하느냐고.

👧 학생: 알았어요.

🧑 조안호쌤: $2x+6$은 항이 2개 맞지만, $2(x+3)$은 항이 1개야.

👧 학생: 왜요?

🧑 조안호쌤: 괄호를 한 개로 보아야 하기 때문이지. 그럼 $2(x+3)$

$(x+4)$는 항이 몇 개니?

🙂 학생: 그렇게 보면 한 개요.

🧑 조안호쌤: $2(x+3)(x+4)-1$은 항이 몇 개니?

🙂 학생: 이제 알았어요. 2개요.

다항식과 분수식

- 다항식: 하나 이상의 항의 합으로 이루어진 식
- 단항식: 다항식 중 하나의 항으로 이루어진 식
- 조안호 분수식 정의: 분모에 미지수가 있는 식

유리수를 사용하는 식을 유리식이라고 하고, 유리식에는 다항식과 분수식이 있다. 그런데 교과서는 다항식만 가르치고 분수식에 대해서는 가르치지 않는다. 그러나 문제에서는 다항식과 분수식의 구분을 묻는 문제를 출제하여 오답을 만든다. 쉽게 말해서 교과서에서 다루는 것은 모두 다항식에 대한 것이었고 이것을 분수식에 적용하면 모두 틀린다는 것을 알아야 한다. 우선 학생들이 가장 혼동하는 것은 다항식과 단항식의 관계이다. 많은 학생들이 단항식은 항이 하나이고 다항식은 항이 2개 이상인 것으로 알고 있는데, 잘못 알고 있는 것이고 반드시 교정해야 한다. 항이 있는 것은 모두 다항식이고, 다항식 중에 특별히 항의 개수가 하나인 것을 단항식이라고 한다. 즉, 위의 정의처럼 단항식은 다항식의 부분집합 즉 특수한 꼴로 보아야 한다. 가장 혼동하는 것은 분수식인 것 같다. 분수식에 대해서는 정식으로 고등학교에서 배우지만, 중학교에서 이미 문제로 다루고 있어 제대로 공부하려는 학생들을 괴롭히고 있다. 그 원인은 배우지 않은 것 때문이었다. 다음 두 문제를 한 번 풀어보면서 혼동을 피해 보자.

🌠 (1) 다음 중 단항식은?

① 2　　　② 2+x　　　③ $\dfrac{2}{x}$　　　④ 2+x²　　　⑤ 2+x²+$\dfrac{1}{2}$x³

🌠 (2) 다음 중 다항식이 아닌 것은?

① 2　　　② 2+x　　　③ $\dfrac{2}{x}$　　　④ 2+x²　　　⑤ 2+x²+$\dfrac{1}{2}$x³

답 (1) ①, (2) ③

(1)에서 ③번이 헷갈리기는 했어도 답을 찾기는 어렵지 않았을 것이다. ③은 분모에 미지수를 가지고 있으니 다항식이 아니고 분수식이며, 분수식은 다항식의 용어들이 적용되지 않는다. (2)에서 답이 여전히 ①과 ③, 2개라고 생각하는가? ①은 단항식이지만 큰 범위에서 다항식이 맞다. 문제는 분수식이 다항식이 아닌 이유가 많이 고민될 것이다. 다항식의 정의가 곱해져서 만들었다고 했는데 나눗셈 역시 곱셈으로 만들 수 있으니 다항식이 아니겠는가? 가 주된 생각이었을 것이다. 항이라는 관점에서 바라보니 모두 다항식 같아 보이는

것이다. 유리식은 다항식과 분수식으로 나누고, 분수식은 다항식과는 다른 체계를 가지고 있다고 생각해야 한다. 분수식은 다항식이 아니니 다항식 용어인 항, 계수, 차수, 몇 차식, 동류항 등의 용어를 적용할 수 없다.

예를 들어 $\dfrac{x^2+3x+4}{x+5}$ 와 같은 분수식을 항이 하나니 세 개니 하는 구분 기준으로 나누지 않는다.

이 문제는 함수의 관계식

$y=\dfrac{3}{x}$ (반비례 그래프)과 같은 곳에서

위 관계식을 일차식이나 이차식이라고 하지 않으며, 고등학교에 가서는 분수함수라는 이름으로 다른 분류체계를 갖게 된다.

17 교환법칙과 결합법칙

교환법칙은 초등학교에서 자연스럽게 이루어졌다. 예를 들어 3+5
와 5+3은 답이 같고 또 3×5와 5×3이 같다. 처음에는 이것을 우연
인 듯 접하지만 결국 이것이 이제 일반화된 법칙으로 즉 어떤 수에
서도 적용된다는 것을 중학교에서 배우게 된다.

- 덧셈의 교환법칙 $a+b=b+a$
- 곱셈의 교환법직 $a×b=b×a$
- 덧셈의 결합법칙 $(a+b)+c=a+(b+c)$
- 곱셈의 결합법칙 $(a×b)×c=a×(b×c)$

💬 조안호쌤: 2−3에 교환법칙을 적용하면 어떻게 되니?

😎 학생: 3−2요.

💬 조안호쌤: 아닌데.

😎 학생: 교환법칙이 바꾸는 것 아니에요?

💬 조안호쌤: 맞아! 아직도 항이 뭔지 잘 안되는구나? 항이 몇 개 있니?

😎 학생: 알아요. 두 개요.

💬 조안호쌤: 각 항을 말해봐라.

😎 학생: 2하고 −3이요.

💬 조안호쌤: 그래 2와 −3를 바꿔야 해! 그러면 −32가 돼서는 안되겠지?

😎 학생: 에이, 2앞에 +가 생긴다는 것 정도는 알아요. −3+2죠.

💬 조안호쌤: 그래! 2−3=−1이고 3−2는 1인데 값이 달라지잖아. 수학에서 바꾼다고 할 때는 항상 같을 때만 바꿀 수 있어!

💬 조안호쌤: 그럼 $a-b$를 교환하면?

😎 학생: $-b+a$요.

교환법칙과 결합법칙은 초등학교에서부터 계속 사용하였다. 다만 그것이 이러한 법칙을 사용하는지를 몰랐을 뿐이다. 예를 들어 23+45를 세로셈으로 계산하면 다음과 같다.

	2	3
+	4	5
	6	8

이것을 교환법칙과 결합법칙을 적용하여 다시 계산하여 보면
$(20+3)+(40+5) \Rightarrow (20+40)+(3+5) \Rightarrow 60+8=68$이 되는데, 이것
을 세로셈으로 바꾸고 십의 자리와 일의 자리끼리 계산하여 해결한
것이다.

교환법칙과 결합법칙을 잘 사용하면 여러 개의 계산을 차례대로 계
산하는 것보다 훨씬 수월하게 된다. 다음 문제를 차례대로 계산하여
보고 다시 교환법칙과 결합법칙을 사용하여 계산해 보자.

$$12-(-6)-7-6+2-5$$

차례대로 하는 것보다 $-(-6)-6=0$과 $12-(7+5)=0$을 이용하여 풀
었다면 답인 2를 훨씬 빨리 풀 수 있었을 것이다. 처음 분수를 접할
때 $\frac{2}{3}$가 하나의 숫자로 다가오지 않고 2와 3이 따로따로 보였지만,
이제 $\frac{2}{3}$가 하나의 분수인 숫자로 사리하였을 것이다. 이것처럼 -6
에서 $-$와 6를 분리하지 않고 반드시 하나의 수로 인식하여야 한다. 이
말을 허투루 듣지 말기 바란다. 만약 $-$와 숫자를 분리하는 순간, 고등
까지 무수히 많은 오답에 시달리게 될 것이다.

초등 5학년의 혼합계산의 순서에 의하면, 덧셈과 뺄셈이 여러 개 나

오면 앞에서부터 차례대로 계산하라고 배웠을 것이다. 항이 그 의미를 갖게 되고 교환법칙을 배웠으니, 이제 업그레이드를 해야 한다. 덧셈과 뺄셈이 여러 개 혼합돼 있을 때, 항과 항 사이에는 덧셈밖에 없으니 아무거나 먼저 해도 된다. 곱셈과 나눗셈이 여러 개 있을 때, 나누기를 곱하기로 바꾸면 모두 곱하기로만 되어 있으니 아무거나 먼저 해도 된다는 것은 사실 초등학교 6학년에서 업그레이드를 했어야 한다. 많은 선생님이나 학부모님들이 순서대로 하는 것을 강요하다 보니 무조건 차례대로 해야 오답이 나오지 않는다는 믿음을 여전히 갖고 있는 경우가 많을 것이다. 언제나 그렇듯이 법칙은 깨지게 마련이다. 순서를 익혔다면 이제 다시 순서를 깨야만 한다. 이것이 개인적인 수학 실력의 발전이다. 대학교의 행렬 단원에 가서 다시 교환법칙의 무소불위가 다시 깨어질 때까지는 고등학교까지의 모든 계산에서 교환법칙이 성립하게 된다.

절댓값

18

중학교의 수식을 이해하기 위해 가장 중요한 것들을 꼽으라고 한다면, '음의 부호', '등호', '절댓값', '거듭제곱'이고, 이들을 감히 4대 천황이라 부르고 싶다. 나머지 분수나 괄호 등도 중요하지만 중학교에 들어와서 새롭게 배우는 것들만을 말하는 것이다. 이 4개의 기호를 가지고 3년간의 중학 수학식을 거의 모두 만들어낸다. 그리고 이 4가지를 중학교에 입학하자마자 교과서는 한두 달 만에 가르치는데, 정의도 가르치지 않고 설명이 부실하기 짝이 없다. 사전식 편찬이라 길게 설명하는 데는 한계가 있겠지만, 특히 4가지를 설명할 때 주의를 기울이기 바란다.

- 교과서의 절댓값: 수직선에서 원점과 어떤 수에 대응하는 점 사이의 거리
- 조안호의 절댓값 정의: 절댓값 기호의 안에 있는 수를 양수(0포함)로 바꾸라는 명령 기호

교과서의 정의가 불필요하게 길어서 간단히 '원점으로부터의 거리'라고 표현한다. 예전의 교과서는 '부호를 떼어낸 것'과 '원점으로부터의 거리', 2개가 기재되어 있었다. 필자가 미지수의 부호를 떼어보라며 비판하였더니, 현재는 '원점으로부터의 거리'만이 남아있다. 교과서의 정의로 풀리는 문제는 중1의 몇 개의 문제에 국한되고 그나마도 어려우면 설명이 되지 않는다. 절댓값의 문제가 중학교에서는 비중 있게 다루어지지 않지만, 고등학교에 가서는 3년이나 연습한 후이기에 튼튼한 줄로 알고 다항식, 방정식, 부등식, 함수 등 모든 단원에서 쏟아져 나온다. 중2부터 고등까지 '원점으로부터의 거리'로 풀리는 문제는 없다. 그러니 절댓값을 필자의 정의로 정확하게 이해하고 3년간 연습하여 고등의 많은 문제를 해결하는 데 불편함이 없기 바란다.

우선 정의에 '명령 기호'라고 한 것부터 이해해 보자! 많은 선생님들은 '약속'이라는 말을 사용하는데, 필자는 '명령'이라는 말을 더 자주 사용한다. 명령도 약속의 일종이지만, 이것을 강제로 수행해야 하는 학생의 입장에서는 반발심이 생겨날 수도 있고, 의미상으로 더

맞아 보이기 때문이다. 초등학교 저학년에서는 '—를 계산하세요.', 고학년에서는 '—를 계산하시오.'처럼 존댓말을 사용하더니 이제 중학생이 되더니 '—를 계산하여라.'처럼 명령조로 바뀌어 있다. 기분이 나쁜가요? 수학의 기호들은 대부분 명령 기호라서 수학적 의미에 맞게 점차 바뀌고 있는 것이다.

필자가 보기에 '원점으로부터의 거리'라는 말은 기하학적 정의이다. 따라서 이 말을 올바르게 설명하려면 수직선과 거리의 정의가 있어야 하는데, 교과서가 이런 사전 작업을 하지 않았다. 게다가 식이 많거나 복잡해지면, 이미지화해서 푸는 것이 한계에 이른다. 절댓값을 포함하는 식에서 절댓값을 도구화시키는 훈련을 시킬 수 있는 정의가 필요하다고 보고 필자가 만든 것이다.

$$|+3| = 3$$
$$|-3| = -(-3)$$

정의대로 할 때, 절댓값 기호 안의 수가 양수이면 그냥 절댓값 기호를 쓰지 않으면 되지만, 음이면 양수로 만들어야 한다. 많은 중학생들이 아는 수에서는 음수를 양수로 만드는 것이 부호를 없애는 것과 같아서 편의상 계산을 하다 보니 정의에 맞게 연습하지 못하는 경우가 많다. 예를 들어 $|-3|$을 그냥 $|-3| = 3$이라고 만하면 개념을 충실히 연습하지 못해서 미지수가 절댓값 안에 들어갈 때 어려움에 처하게 된다. -3을 양수로 만드는 방법은 $(-)$를 곱하는 것이다. $|-3|$를

연습할 때는 귀찮아도 당분간 개념에 입각하여 |−3|=−(−3)이라는 과정을 거쳐야 한다.

$$\bullet\ |x| \begin{cases} ①\ x \geq 0 \text{이면, } |x|=x \\ ②\ x < 0 \text{이면, } |x|=-x \end{cases}$$

절댓값 기호 안의 수가 양수이면 그냥 기호를 없애주기만 하면 되지만, 음수이면 −의 부호를 곱해서 나가야 한다.

절댓값을 필자의 정의대로 하면 기존의 방법보다 귀찮음을 동반할 것이다. 새로운 수학의 길 때문이니 참고 이겨내기 바란다. 필자의 절댓값 정의대로 풀면, 필연적으로 절댓값 기호 안의 미지수를 0 이상인 수와 0 미만인 수로 분류하게 된다. 초등학교에서 어떤 수를 □로 놓았고, 중학교에서는 미지수를 x라고 놓았다. 지금까지는 모르는 수를 모른다고 표기하였으면 되었다는 말이다. 그런데 절댓값을 배우면서 모르는 것을 모르는 것에 그치지 않고, 모르는 수가 갖고 있을 범위를 분류하게 된다. 고등수학의 가장 어려운 문제들이 갖고 있는 공통적인 접근 방식과도 통한다. 수학적으로 절댓값은 어려운 문제로 향하는 첫발이라고 본다.

🧑 조안호쌤: |+3|의 답은 3이니 +3이니?

👦 학생: 3이요.

조안호쌤: 왜?

학생: 부호를 뗐는데요.

조안호쌤: 쉽더라도 처음에는 정의대로 하라고 했지.

학생: 정의대로 하니 +3이요.

조안호쌤: 아까는 3이라고 하고 이제는 +3이라고 하고 어떤 게 맞냐니까?

학생: 그러게요.

조안호쌤: ㅎ. +3=3이라는 것을 모르고 있었구나!

학생: 진짜, 바보 같은 것을 고민했군요.

조안호쌤: 부호를 떼라는 말에 빠져서 그래. 그럼, x는 양수야? 음수야?

학생: x는 모르는 수인데, 양수인지 음수인지 알 수 없지요.

조안호쌤: 맞아. 그렇다면 $-x$는 양수야, 음수야?

학생: 그 정도는 속지 않아요. x가 양수인지 음수인지에 따라서 $-x$도 양수인지 음수인지 갈라지니 알 수 없다가 답이에요.

조안호쌤: 맞아. $-x$를 $-$부호가 있다고 음수라는 애들이 많아.

학생: 사실 저도 처음에는 $-x$가 음수인 줄 알았어요.

조안호쌤: 이제 미지수가 있는 절댓값을 다루어보자! 절댓값은 기호 안의 수를 양수로 바꾸라는 것이었지? $|x|$에서 x가 0이나 양수라면 양수로 만들라는 명령이 아무 의미가 없는 말이 된다. 이미 양수인데 뭘 양수로 바꾸냐? 이럴 때는 $|x|$ 그냥 x야! 그런데 문제는 x가 음수일 때야. x가 음수일 때, $|x|$는 뭐니?

😊 학생: x요.

😎 조안호쌤: 아냐.

😊 학생: 양수가 되라고 했으니 x는 양수가 된 거 아녜요?

😎 조안호쌤: 그건 네 생각이고. x는 여전히 음수야. x가 음수라고 하지 않았니? 예를 들어 $|x|=x$이라고 한 것은 x가 -3이라고 할 때, $|-3|=-3$이라고 한 것과 같아! 양수로 만들라는 명령 기호이고 이것을 수행해야 하는 것은 문제를 푸는 사람이야. 즉 $|-3|=-(-3)$이라고 해야 된다는 말이야.

😊 학생: x가 음수일 때, $|x|=-x$라고 해야 한다는 말이잖아요. 그런데 아는데도 자꾸 $-x$가 음수 같아요.

😎 조안호쌤: x가 음수일 때, $-x$는 양수야. 자꾸 연습해야 익숙해질 수 있을 거야. 그럼 $|x-3|$의 절댓값을 풀어보렴!

😊 학생: $x-3$이 양수일 때, $|x-3|=x-3$요.

😎 조안호쌤: $x-3$이 0일 때도 포함해야 한다. 그리고?

😊 학생: $x-3$이 음수일 때, $|x-3|=-x-3$요.

😎 조안호쌤: 아니, x에만 $-$를 붙이면 어떡하니? $x-3$을 하나로 보고 즉 괄호를 사용해서 $-(x-3)$이라고 해야 된다.

😊 학생: 선생님 너무 복잡해요.

😎 조안호쌤: 복잡하냐? 할 수 없다. 중요하니 정식으로 자꾸 연습해라!

절댓값에서의 오류는 절댓값의 기호로 이미 양수가 되었을 것이라는 생각에서 발생한다. 양수로 만드는 것은 문제를 풀어야 하는 사람의 몫이다. 수학의 명령 기호를 오해하지 말기 바란다.

'절댓값이 $\frac{4}{5}$인 두 수의 차이는?'이란 문제에서

절댓값이 $\frac{4}{5}$인 수를 x로 놓으면 $|x|=\frac{4}{5}$가 된다.

x가 양수라면 $x=\frac{4}{5}$이고, x가 음수라면 $-x=\frac{4}{5} \Rightarrow x=-\frac{4}{5}$가 된다.

교과서에 '차이'의 정의가 없다.

필자가 내린 '차이'의 정의는 '큰 수에서 작은 수를 빼는 것'이니

이를 적용하면 답은 $\frac{4}{5}-\left(-\frac{4}{5}\right)=\frac{8}{5}$이다.

중학교에서의 절댓값은 대부분 중3의 루트 안의 수를 벗기는 과정
즉, $\sqrt{a^2}=|a|$와 같은 문제에서 발생하는데, 이것을 교과서나 대부분의 문제집에서 정의로 풀지 않아서 절댓값을 연습할 절호의 기회를 놓친다. 귀찮아도 절댓값의 정의대로 하라는 말이다. 약간 어려울 수도 있는 다음의 문제를 보자!

🖋 $|x-3| \div (x-3) = -1$일 때, x가 취할 수 있는 값의 범위는?

① $x=3$ ② $x<3$ ③ $x>3$ ④ $-3<x<3$ ⑤ 알 수 없다.

답 ②

$|x-3| \geq 0$인데 분자가 0이면 분수의 값이 0이어야 하는데 -1이니 0을 제외한 $|x-3|>0$이다. 역시 분모 $x-3$가 0이 아니어야 하니 $x-3 \neq 0 \Rightarrow x \neq 3$으로 3을 제외해야 된다.

분수의 값이 -1로 음수인데 분자가 양수라면 분모인 $x-3$은 음수이어야 한다. 즉 $x-3<0 \Rightarrow x<3$. 다른 방식으로 접근해 보자! 계산한 값이 -1이 되려면 분모와 분자의 절댓값은 같되 부호가 달라야 한다.

또는 $\dfrac{|x-3|}{x-3}=-1(x-3 \neq 0)$의 양변에 $x-3$을 곱하여 만든 $|x-3|=-(x-3)$를 해석해도 된다. $|x-3|=-(x-3)$이기 위해서는 $x-3 \leq 0$과 $x-3 \neq 0$을 모두 만족해야 하니 답은 $x-3<0 \Rightarrow x<3$이다.

19 거듭제곱

거듭제곱은 그것이 숫자이든 문자이든 '거듭해서 제 자신을 곱'하겠다는 뜻이다. '7×7×7×7×7×7×7×7×7×7×7×7×7'란 식이 있을 때 이것을 직접 곱해서 수를 나타내기에는 무척 커진 수가 될 뿐만 아니라 계산기를 사용하더라도 너무 귀찮고 그렇다고 매번 이 식을 쓰기에는 번거롭게 된다. 이를 표현하여 7^{13}라 하면 아주 간단한 식이 되어 여러 가지 번거로움을 피할 수 있게 된다. 이때 곱해지는 수인 7을 '밑'이라 하고 거듭해서 곱하는 개수는 '지수'라고 한다. 그렇다고 항상 지수로만 사용하는 것은 아니고 간단한 숫자의 거듭제곱은 외워 놓아야 한다. 다음 2, 3, 5 등의 거듭제곱과 20까지의 제곱은 확실하게 외워 놓아야 한다.

외워야 하는 거듭제곱 수

$2^3=2\times2\times2=8$

$2^4=2\times2\times2\times2=(2\times2)\times(2\times2)=16$

$2^5=2\times2\times2\times2\times2=(2\times2\times2)\times(2\times2)=8\times4=32$

$2^6=2\times2\times2\times2\times2\times2=(2\times2\times2)\times(2\times2\times2)=8\times8=64$

$2^7=2^6\times2=64\times2=128$

$2^8=2^7\times2=128\times2=256$

$2^9=2^8\times2=256\times2=512$

$2^{10}=2^9\times2=512\times2=1024$

$3^3=3\times3\times3=27$

$3^4=3\times3\times3\times3=(3\times3)\times(3\times3)=9\times9=81$

$5^3=5\times5\times5=125$

$5^4=(5\times5\times5)\times5=125\times5=625$

외워야 하는 제곱수

$1\times1=1^2=1$	$2\times2=2^2=4$	$3\times3=3^2=9$	$4\times4=4^2=16$
$5\times5=5^2=25$	$6^2=36$	$7^2=49$	$8^2=64$
$9^2=81$	$10^2=100$	$11^2=121$	$12^2=144$
$13^2=169$	$14^2=196$	$15^2=225$	$16^2=256$
$17^2=289$	$18^2=324$	$19^2=361$	$20^2=400$
$60^2=3600$			

위 거듭제곱 수들을 완벽하게 외울수록 좋다. 대신 더 이상의 거듭제곱은 조금도 더 외울 필요가 없다. 필자가 곱하기를 할 줄 아는 초등 3~4학년에서 60 이전의 소수(약수가 2개인 수), 위와 같은 거듭제곱, 7개의 소수 등을 외우라고 했다. 그랬더니 많은 학습지나 문제집들이 필자의 의견을 받아들이는 데까지는 좋았으나 더 큰 수들의 연산까지 외우게 시켜서 부작용을 유발하고 있다.

• 교과서의 거듭제곱: 2^2, 2^3, …을 통틀어 2의 거듭제곱이라고 한다.
• 조안호의 거듭제곱 정의: 거듭해서 제 자신의 수를 곱한 것

🧑 조안호쌤: '1×1×1×1'은 얼마니?
👧 학생: 1이요.
🧑 조안호쌤: '1×1×1×1×1×1×7'은 얼마니?
👧 학생: 7이요.
🧑 조안호쌤: 그럼 1을 37번 곱 하면 얼마니?
👧 학생: 37요.
🧑 조안호쌤: 그래 그럼 1을 37번 곱해봐!
👧 학생: 아~ 알았어요. 1이요.
🧑 소안호쌤: 늦었어. 빨리 안 곱해!
👧 학생: 다시는 안 틀릴게요.
🧑 조안호쌤: 네가 37이라고 한 것은 1을 37번 더한 거야. 중학교에서는 가장 헷갈리는 것이 '더하기'와 '곱하기'의 구분이란다.

2^3을 8이 아닌 6으로, 3^3을 27이 아닌 9로, 5^3을 125가 아닌 15로 답을 내는 경우가 많다. 물론 '같은 수의 더하기'와 '같은 수의 곱하기'를 혼동하는 것이 원인이지만 무엇보다 의미를 모르고 문제만 풀었거나 말로 의미를 연습하지 않으면서 안다고 생각한 탓이다.

특히 분수의 거듭제곱에서 이런 실수를 한다.

$\left(\dfrac{2}{3}\right)^4$의 답을 $\dfrac{8}{12}$이라고 생각하는 학생이 많다.

$\dfrac{8}{12}$과 같은 답을 쓴 학생은 약분을 해서 잘못 계산한 것을 깨닫고, 아래처럼 직접 곱해봐야 할 것이다.

$$\left(\frac{2}{3}\right)^4 = \frac{2\times2\times2\times2}{3\times3\times3\times3} = \frac{16}{81}$$

20 혼합계산순서의 업그래이드

초등 5학년에서 혼합계산순서는 '괄호 ⇨ 곱셈, 나눗셈 ⇨ 덧셈, 뺄셈'의 순서로 해야 한다고 배웠다. 그리고 곱셈, 나눗셈이 여러 개 있으면 앞에서 나온 것부터 해야 한다고 배웠다. 그러나 나눗셈을 곱셈으로 바꾸어 모두 곱셈이 되면 아무거나 먼저 해도 된다. 덧셈, 뺄셈이 여러 개 있으면 역시 앞에서부터 차례대로 계산해야 한다고 배웠지만 이 역시 항이란 것으로 구분하여 음의 부호(−)를 챙길 수 있다면 역시 아무거나 먼저 해도 된다. 그런데 거듭제곱을 배웠으므로 순서에 맞게 끼워 넣어야 한다. 거듭제곱은 혼합계산 순서의 제일 처음이다. 다시 정리하면

• 혼합계산순서 업그레이드: 거듭제곱 ⇨ 괄호 ⇨ 곱셈, 나눗셈(나
  누기를 곱하기로 바꾸면 모두 곱하기이니 아무거나 빠른 것부터)
  ⇨ 덧셈, 뺄셈(항의 관점에서 보면 아무거나 빠른 것부터)

이것을 안다 해도 문제를 풀 때면 혼동하게 된다. 혼합계산을 할 때
에는 항상 먼저 항의 개수를 세는 것부터 생각하게 되면 비록 복잡
한 식이라 해도 혼동을 피할 수 있게 된다.

조안호쌤: 2+3×7의 값은 얼마일까?

학생: 35요.

조안호쌤: 틀렸어.

학생: 아! 23요.

조안호쌤: 초등학교 5학년 때, '혼합계산순서'란 이름으로 +보
다는 ×를 먼저 계산한다고 했는데 잊어버렸구나.

학생: 이제는 잘 할 수 있어요. 다시 한 문제만 더 내보세요.

조안호쌤: 싫어! 이제는 잘 맞추는 거 알아. 오히려 더 복잡한 문
제였으면 더 잘 맞추었을 거야. 너 이 문제 왜 틀렸는지 아니?

학생: 방심하는 바람에 틀렸어요.

조안호쌤: 방심한 탓도 연습부족도 한 원인이겠지만, 사실은 항
이란 것을 모르기 때문이야.

학생: 항이 뭐예요?

왜 더하기보다 곱하기를 먼저 해야 하는 걸까?

괄호는 먼저 하라는 뜻이니 문제가 없지만, 더하기보다 곱하기를 왜 먼저 해야 하는지 궁금하다. 선생님들이 약속이고 규칙이라며 외우라고 하지만, 약속도 규칙도 그렇게 하게 된 이유가 있다.

🧑‍🦱 학생: 비웃지 말고 대답해 주세요. 왜, 더하기보다 곱셈을 먼저 해야 하는 거예요?

👨‍🦱 조안호쌤: 좋은 질문이다. 이유도 모르면서 문제를 풀 수는 없지! 먼저 곱하기가 무엇인가부터 출발해 보자. 곱하기가 뭐야?

🧑‍🦱 학생: '같은 수의 더하기'요.

👨‍🦱 조안호쌤: 좀 더 정확하게 말하면 같은 수의 더하기가 귀찮아서 한꺼번에 더하려고 만든 거야. 예를 들어 '2+3×4'와 같은 문제에서 3×4를 더하기로 바꾸면 2+3+3+3+3이다. 이 상태라면 모두 더하기이니 아무거나 먼저 더해도 상관없다. 그런데 3×4는 먼저 3을 4번 더했다는 것이지!

🧑‍🦱 학생: 이미 3을 4번 더해서 어쩔 수 없다는 뜻이에요?

👨‍🦱 조안호쌤: 그래! 만약 동생이 네 사과를 먹었는데, 사과를 내놔라 해도 소용없는 것과 같다.

🧑‍🦱 학생: 이제 알겠어요.

👨‍🦱 조안호쌤: 이번에는 내가 물어볼게. 2×3^2의 값은 얼마야?

🧑‍🦱 학생: 36이라고 할 줄 알았나요? 거듭제곱을 먼저 계산해야 하니

18이요.

🧑 조안호쌤: 맞아. 그런데 곱하기보다 거듭제곱을 먼저 하는 이유가 뭘까?

😎 학생: 또 약속이겠지요.

🧑 조안호쌤: 약속도 이유가 있어야 한다고 했지?

😎 학생: 모르겠어요.

🧑 조안호쌤: 힌트 줄게. 더하기보다 곱하기를 먼저 하는 이유와 같아.

😎 학생: 혹시 거듭제곱은 이미 곱해버렸기 때문이에요?

🧑 조안호쌤: 빙고!

복잡한 식

항을 구분해야 복잡한 식이 단순하게 보인다. 하나의 항의 내부는 모두 곱하기로 연결되어야 한다. '2+3×7'은 2와 3×7이란 항을 더해서 만든 '2개의 항을 가진 식'이다. 보통 항을 배울 때가 미지수를 포함해서 배우고, 정수의 혼합계산은 초등학교에서 배운 혼합계산 순서라는 것에 의존하는데, 이것이 정수의 혼합계산에서 혼동을 일으키는 원인이 되고 있다. 항을 구분하는 것이 어렵지 않으나 문제는 괄호가 나왔을 때이다. 만약 $x+2$는 항이 2개인 식이다. 그런데 $3(x+2)$는 괄호를 하나로 보았을 때, 항이 하나인 단항식이 된다. 물론 $3(x+2)$는 단항식과 다항식의 곱이고 전개시킨 $3x+6$은 2개인 다항식이 되지만 전개시키기 전의 식은 단항식으로 볼 수 있다는 말이다. 마찬가지로 $(x+3)(x+2)$도 두 다항식의 곱으로 볼 수도 단항식으로 볼 수도 있다.

★ 다음 식에서 항의 개수는?

(1) $\dfrac{2}{3} - \dfrac{5}{4} \div (5 + \dfrac{3}{2}) \times 0.3 - 2$

(2) $-(-1)^3 \times (-1)^4 \times (-1)^3 - \dfrac{1}{2}$

(3) $-3^2 \times (-\dfrac{5}{6})^2 \div (-\dfrac{5}{2})^2$

답 (1) 3개 (2) 2개 (3) 1개

위 식을 무턱대고 계산하려고 하는 경우가 많다. 그러다 보면 부호가 헷갈리거나 계산을 잘못하게 되는 경우가 많다. 그러나 항의 개수를 구분하여 식을 분절하게 되면 오답이 많이 줄어드는 것을 볼 수 있다. 같은 실력이라도 식을 어떻게 보느냐에 따라 결과가 달라진다.

21 문자를 사용한 식

문자를 사용하면서 식을 간단하게 만들기 위한 규칙이 만들어진다. 역으로 이것을 정확하게 이해해야 간단한 식의 의미를 이해하게 된다. 식이 이해가 안 되면, 앞으로 수학이 외계어가 된다.

- 수끼리의 곱이 아니면 ×를 생략할 것
- 1과의 곱은 쓰지 않는다.
- 수와 문자의 곱은 수를 먼저 쓸 것
- 문자는 알파벳 순서로 쓸 것
- 같은 문자의 곱은 거듭제곱의 꼴로 쓸 것
- 괄호는 하나로 볼 것

- 나눗셈 기호 ÷는 분수로 고치거나 곱하기로 고쳤다가 생략할 것
- 대분수 대신에 가분수를 사용할 것

조안호쌤: 식을 간단히 하기 위해 곱하기를 생략하는 연습을 해 보자. $2 \times x \times 3 \times y$의 곱하기를 생략해 보렴.

학생: $2x3y$요.

조안호쌤: '숫자 곱하기 숫자'는 이미 초등학교에서 배웠는데, 왜 사용하지 않지?

학생: 무슨 말씀이세요?

조안호쌤: 2×3을 할 줄 모르냐고.

학생: 곱해야 해요? 말씀을 해주셨어야지요.

조안호쌤: 수학에서는 한번 배운 것을 다시는 말하지 않아. 대신 항상 같은 규칙이 되도록 만들어졌어.

학생: 알았어요. $6xy$요.

학생: 그런데 선생님. 수와 문자 사이의 곱에서 곱하기를 생략할 때, 왜 수를 먼저 써야 하나요?

조안호쌤: 그런 생각이 들었다면, 수를 문자 뒤에 써보면서 왜 그런지 생각해 보자.

조안호쌤: $x \times 2$는?

학생: $x2$

조안호쌤: 그럼, $x \times -2$는?

학생: $x-2$가 되는데요. $x-2$는 $x+(-2)$이니 곱하기라는 의도와

달리 더하기가 되는군요. 결국 음수 때문에 수를 문자 앞에 쓰라고 했군요?

조안호쌤: 규칙이나 약속이나 무조건 외운다는 생각은 버려라. 무엇이든 할 때는 항상 그 이유가 있는 거야.

조안호쌤: $(x+y) \times (x+y)$에서 곱하기를 생략하면?

학생: $x^2 + y^2$요.

조안호쌤: 규칙대로 하지 않고 왜 아무렇게나 쓰는 이유가 뭐야?

학생: 그럼, $(x+y)(x+y)$란 말이에요?

조안호쌤: 당연하지.

학생: 단순하네요. 뭔가 $x^2 + y^2$이 될 것 같아요.

조안호쌤: 논리를 배워야 할 때, 근거 없이 찍으면 대부분 틀리게 돼. 괄호를 하나로 보면 $(x+y)^2$이 되는데, 이것을 전개시키는 것은 중3에서 배우게 돼. 힌트를 준다면, 분배법칙을 두 번 써야만 할 거야.

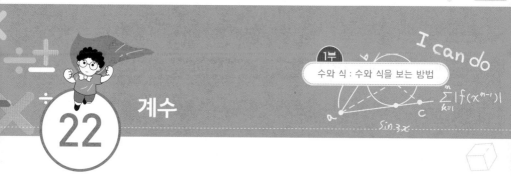

22 계수

유리식은 다항식과 분수식이 있는데, 중학교의 교과서는 다항식만을 다룬다고 했다. 앞으로 설명할 계수, 차수, 지수, 동류항 등의 용어는 모두 다항식에서만 사용하는 용어이다. 또한 앞으로 고등학교까지 계속 사용하니 정확하게 이해하고 사용할 수 있어야 한다. 그런데 대부분의 중학생들이 계수, 차수, 동류항 등의 용어를 잘못 알고 있었다. 최소한 이런 용어를 알아야 가르치는 사람과 배우는 사람 사이의 간격이 좁혀지게 된다. 계수부터 보자.

• 교과서의 계수: $6x$에서 문자 x에 곱한 수 6을 x의 계수라고 한다
• 조안호의 계수 정의: 항에서 문자의 더해진 개수

옛날의 교과서에서 계수는 '문자 앞에 있는 수'라고 해서 필자가 말도 안 되는 것이라고 비난했었다. 요즘 교과서는 옛날보다 나아졌지만, 비난을 피해 갔다는 느낌이다. 교과서의 계수에 대한 설명은 학생으로 하여금 '문자에 곱해진 상수'라고 오해할 만하다. 계수를 문자에 곱해진 수라고 외웠을 때, 중1에서는 문제가 쉬워서 틀리지 않을지도 모르지만, 당장 중3의 인수분해부터 계수가 무엇인지 몰라서 오답이 나오게 된다. 교과서의 설명을 외우면 오해가 생기거나 이해가 없었기에 용어조차도 가물가물해진다. 다소 번거롭더라도 차근차근 이해하는 것부터 시작해 보자.

'$x+x+x+x+x$'는 '같은 수의 더하기'이니 곱셈으로 바꾸면 $x×5$인데 곱하기를 생략하면 문자 앞에 써서 $5x$가 된다. 이때의 5는 'x의 더해진 개수'를 나타내는 수가 된다. 계수를 단순히 문자 앞에 있는 수나 곱한 수가 아니라 문자의 더해진 개수라는 것을 알아야 확장이 된다. 실생활에도 이해를 돕는 것들이 있다. 그중 은행에 가면 돈을 세는 기계가 있는데, 이것을 '현금계수기'라 한다. 문자의 더해진 개수를 세는 것과 돈의 개수를 세는 것을 비교하면 더 잘 이해되려나?

🧑 조안호쌤: $2xy$에서 x의 계수는 뭐야?

👦 학생: 2요.

🧑 조안호쌤: 아닌데.

👦 학생: 'x에 곱해진 수'가 계수라고 배웠어요.

🧑 조안호쌤: 아니라니까.

학생: 그럼 몰라요.

조안호쌤: 그래 '몰라요'가 답이야.

학생: 그런 게 어디 있어요?

조안호쌤: 진짜야. 답은 $2y$인데 정확하게 몇 개인지는 모르지!

학생: 무슨 말인지 모르겠어요.

조안호쌤: 알았다. 계수란 문자의 더해진 개수라고 했지? $2xy$를 x의 더하기로 표현하면 $x+x+x+ \cdots +x$ 가 돼. 여기서 x가 몇 개 더해졌을까?

학생: 아! x가 $2y$개 더해졌다는 말이군요.

조안호쌤: 그래. 알겠냐?

학생: 알았어요. $2xy$는 $x \times 2y$로 표현할 수 있으니 어렵지 않네요.

조안호쌤: 그럼, 이해하면 수학이 어려운 것은 없지.

계수가 문자일 수도 있다. 항에서 어떤 문자에 주목했을 때 그 문자 이외의 부분이 모두 계수가 된다. 이 부분을 가장 많이 혼동하기 시작하는 것은 중학교 3학년 때인 듯싶다. 예를 들어 '$x^2+6xy+9y^2$'과 같은 식에서 x의 계수로 $6y$가 보이지 않으면 이차식의 인수분해나 일반형을 표준형으로 바꿀 때 오답이 나온다.

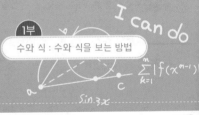

23 차수와 지수

교과서는 유리식 중에서 다항식만을 다루는데, 다항식의 용어를 학생들이 많이 헷갈려 한다. 가장 먼저 다항식과 단항식의 관계를 혼동한다. 교과서에 친절하게 다항식의 다(多)는 '많다'는 뜻이고, 단항식의 단(單)은 '하나'라는 뜻이라고 알려줌으로써 마치 다항식과 단항식으로 분류되는 듯한 착각을 더 불러일으킨다. 앞서도 설명한 바 있지만, 단항식은 다항식 중에서 특히 항이 하나인 항을 단항식이라고 부르는 것이다. 그 밖에도 다양한 것들을 헷갈려 하니 하나하나 설명해 본다.

• 교과서의 차수: 항에서 곱한 문자의 개수를 그 문자에 대한 항의

차수라 한다.

- 조안호의 차수 정의: 항에서 문자의 곱해진 개수
- 조안호의 계수 정의: 항에서 문자의 더해진 개수
- 조안호의 지수 정의: 같은 수나 문자의 곱해진 개수
- 다항식에서 차수가 가장 큰 항의 차수가 몇 차식인가를 결정한다.

교과서의 차수에 대한 설명은 차수의 좁은 의미라고 할 수 있다. 변수가 무엇이라고 결정되지 않은 다항식에서 문자는 여러 가지가 있을 수 있고 이 모든 것을 문자라고 해야 하는데, 마치 변수가 정해져 있는 듯이 설명함으로써 혼동을 유발하고 있다. 올바른 정의를 외우지 못하였기에 많은 학생들이 계수와 차수를 구분하지 못하거나 심지어는 차수와 지수를 구분하지 못하여 주어진 식이 몇 차식인지도 모르는 경우가 많다.

🧑‍🦱 조안호쌤: 차수는 '문자의 곱해진 개수'라는 것은 알고 있지?

👧 학생: 그럼요.

🧑‍🦱 조안호쌤: $3x$는 몇 차수야?

👧 학생: 3이요.

🧑‍🦱 조안호쌤: 뭐! 차수가 뭐라고 했어?

👧 학생: 아차차. 1차수요. 계수랑 헷갈렸어요.

🧑‍🦱 조안호쌤: '$xy+3$'은 몇 차식이니?

👧 학생: 일차식이요.

조안호쌤: 왜 일차식이니?

학생: 원래 x는 x^1인데 안 쓰거든요. 그러니 일차식이죠.

조안호쌤: xy에서 네 눈에는 y가 안 보이니?

학생: 보이지요. 제 말은 x에 관해서 일차식이라고요.

조안호쌤: '$xy+3$'이 몇 차식이니? 라고 물었지, '$xy+3$'이 x에 관하여 몇 차식이니? 라고 묻지 않았다.

학생: 그러게요. 왜 제 눈에는 x만 보일까요.

조안호쌤: 차수는 '문자의 곱해진 개수'라고 했으니 차수를 말할 때는 문자가 무엇이든 곱해진 개수를 모두 세어야 할 것이야.

학생: 그럼 '$xy+3$'가 이차식이에요'

조안호쌤: 그래. xy는 2차수이고 3은 0차수이니, 차수가 가장 큰 항의 차수가 2차수이니 이 식은 이차식이라고 한다.

조안호쌤: '$xy+3$'를 일차식이라고 잘못 알고 있는 학생들이 많아.

학생: 저만 그런 거는 아니었군요.

조안호쌤: 차수의 정의를 잘못 이해한 탓이 크고, 또 하나 오해하는 것이 있어. 너 x^2이 있는 것만 이차식이라고 생각했지?

학생: 예.

조안호쌤: x^2이 나오는 이차식이 많아서 그런 것만 이차식이라고 생각한 거야. 지수는 같은 문자만을 곱하지만, 차수는 문자가 같거나 다르거나를 상관하지 않는단다.

조안호쌤: 내친김에 차수의 연습을 좀 더 해보자! 그럼 xyz^3은 몇 차식이니?

🙂 학생: 9차식이요.

👨‍🦱 조안호쌤: xyz^3를 $(xyz) \times (xyz) \times (xyz)$라고 생각했구나?

🙂 학생: 그럼, 아니에요?

👨‍🦱 조안호쌤: xyz^3는 $x \times y \times z^3$란 의미야. 아까 x는 x^1라고 했으니 xyz^3을 $x^1 y^1 z^3$이라고 생각하면 되겠구나?

🙂 학생: 그럼 5차식이에요.

👨‍🦱 조안호쌤: 그래. 식이 몇 차식인지도 모르면 안 되지. 헷갈리면 나중에 다시 방정식에서 해의 개수가 헷갈리게 된단다.

🙂 학생: 알았어요.

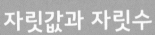

24 자릿값과 자릿수

큰 수를 10진법으로 보았을 때 자릿값을 알려면 10의 거듭제곱을 이해하면 된다. 자릿값은 … , 10^4, 10^3, 10^2, 10^1, 10^0, 10^{-1}, 10^{-2}, 10^{-3}…을 이해하면 된다. 따라서 10의 거듭제곱을 이해하면 자릿값을 이해하게 된다.

$$10^3 = 10 \times 10 \times 10$$
$$= 2 \times 5 \times 2 \times 5 \times 2 \times 5$$
$$= 2 \times 2 \times 2 \times 5 \times 5 \times 5$$
$$= 2^3 \times 5^3$$

10의 거듭제곱을 이런 식으로 이해하면 $10^6 = 2^6 \times 5^6$이 될 것이다. 이것을 일반화하면 $10^n = 2^n \times 5^n$이다.

이 식은 반대로 10의 거듭제곱을 만드는 데는 2와 5라는 소수만이 있으면 된다는 사실을 알려준다. 당연한 말이지만, 2와 5가 아닌 소수의 곱으로 10의 거듭제곱을 만들 수는 없다. 또한 이를 통해서 10의 거듭제곱이 되기 위해서 필요한 수가 무엇인지도 알게 해준다. 예를 들어 $2^7 \times 5^3$이라는 수가 있다면 지수가 같도록 여기에 5^4을 곱하여야 10^7이 된다. 이와 아울러 큰 수는 몇 자리의 수인지를 아는 것이 가장 첫 번째로 알아야 하는 것이다. 아래의 연습은 중2와 고등의 지수로그를 위한 연습이라고 볼 수 있다.

- 10^3 은 1000이기 때문에 4자릿수이다.
- 10^4 은 10000이기 때문에 5자릿수이다.
- 10^5 은 100000이기 때문에 6자릿수이다.

위로부터 10의 거듭제곱수는 지수의 수보다 1큰 수가 자릿수라는 것을 알 수 있다.

- 10^n 은 $(n+1)$의 자릿수이다.

조안호쌤: 10의 자릿수를 x라 하고 1의 자릿수를 y라고 할 때, 두 자릿수는 뭘까?

🤓 학생: 두 자릿수를 그냥 하나의 미지수로 놓지, 왜 그렇게 따로따로 놓아요?

😀 조안호쌤: 각 자릿수를 각각 미지수로 놓고 규칙을 알려주려고 하기 때문이야. 그건 그렇고, 두 자릿수가 뭐지?

🤓 학생: xy요.

😀 조안호쌤: 곱한다고? 그럼 10의 자릿수가 3이고 일의 자릿수가 7이면 21이겠네?

🤓 학생: 제가 언제 곱한다고 했어요?

😀 조안호쌤: 문자 사이에 아무것도 없으면 곱하기가 생략된 것이란 걸 잊어버렸구나!

🤓 학생: 그건 아니지만, …

😀 조안호쌤: 10의 자릿수가 3이면 얼마지?

🤓 학생: 30이요.

😀 조안호쌤: 10의 자릿수가 x면 얼마지?

🤓 학생: $10x$요. 알았다. $10xy$요.

😀 조안호쌤: 37이 30+7이라는 사실을 모르는구나.

🤓 학생: 이제 알았어요. $10x+y$요.

😀 조안호쌤: 그럼, 100의 자릿수가 a, 10의 자릿수가 b, 1의 자릿수가 c인 세 자릿수는 뭐지?

🤓 학생: 이제 알아요. $100a+10b+c$ 가 맞죠?

😀 조안호쌤: 한 개를 알려주니 두 개를 아는구나.

🤓 학생: 저, 천재죠?

두 자릿수와 두 자릿수의 곱으로 만들어지는 자릿수

(1) 한 자릿수를 제곱한 수의 자릿수: 1~2자릿수

(2) 두 자릿수를 제곱한 수의 자릿수: 3~4자릿수

(3) 세 자릿수를 제곱한 수의 자릿수: 5~6자릿수

(4) 네 자릿수를 제곱한 수의 자릿수: 7~8자릿수

∴ n 자릿수를 제곱한 수의 자릿수: $(2n-1)$~$2n$ 자릿수

예를 들어 10과 10의 곱 100은 세 자릿수이고 두 자릿수 중에 가장 큰 수인 99와 99의 곱은 9801로 네 자릿수이다. 따라서 두 자리 수끼리의 곱은 세 자릿수이거나 네 자릿수이다. 나머지도 이런 식으로 해보면 모두 이해될 것이다. 그렇다면 다음 문제를 풀어보자.

✒ 두 자릿수와 두 자릿수의 곱으로 만들어지는 자릿수를 n이라 할 때, n이 될 수 있는 수들의 합은?

답 7

두 자릿수끼리의 곱으로 문제를 내니 자칫 곱해서 네 자릿수만 만들어지는 것처럼 느낄 수 있다. 만약 세 자릿수 곱하기 세 자릿수라면 7~8자릿수가 된다. 왜 그럴까? 10을 거듭제곱하면서 그 규칙을 생각해 보자.

자연수의 연속

조안호쌤: '연속한다.'라는 말을 아니?

학생: 예. 연속극과 같은 거요?

조안호쌤: 그래. 그럼 연속된 두 자연수에서 작은 수가 m이라고 하면 큰 수는 뭐니?

학생: n요.

조안호쌤: 아니야. 자연수의 순서와 알파벳 순서하고 같니?

학생: 작은 수를 모르는데, 큰 수가 뭔지 어떻게 알아요?

조안호쌤: 그래. 나도 몰라. 그래도 규칙은 알 수 있어. 그럼 작은 수가 5라면 큰 수는 뭐니?

학생: 6이요.

조안호쌤: 맞았어. 그런데 어떻게 알았어?

학생: 그냥 알아요.

조안호쌤: 작은 수가 100이라면 큰 수는 뭐니?

학생: 101요. 알았어요. 1 커져요.

조안호쌤: 그럼 다시 물어볼게? 연속된 두 자연수에서 작은 수가 m이라고 하면 큰 수는 뭐니?

학생: '$m+1$'요.

조안호쌤: 문제에서 '자연수'라는 조건이 있었기에 가능한 것이었고 이 조건이 '정수'여도 상관없어. 그런데 '$m+1$'이 뭐냐고? 나도 몰라!

25 짝수와 홀수

중고등학생들에게 짝수가 뭐냐고 물어보면, 구구단 2단이라고 하거나 2, 4, 6, 8, …처럼 수를 나열한다. 이처럼 학생들이 짝수는 일의 자릿수가 2, 4, 6, 8, …이고 홀수는 1, 3, 5, 7, …라고 잘못 알고 있다. 그래서 '0이 짝수니 홀수이니?'라고 물어보면, 짝수도 홀수도 아니라는 말도 안 되는 소리를 한다. 수학은 정의대로 해야 히는데, 정의를 몰라서 오류가 생긴 것이다.

- 초등 교과서의 짝수: 짝이 되는 수
- 조안호의 짝수 정의: 2의 배수
- 조안호의 2의 배수 정의: 2에다가 정수를 곱한 수 또는 2로 나누

어떨어지는 정수

• 조안호의 홀수 정의: 짝수가 아닌 정수

많은 사람들이 배는 곱하기이고, 배수는 곱한 수라며 하나 마나 한 말을 한다. 배는 곱하기가 맞지만, 배수는 어떤 정수에 정수를 곱해서 만든 수이고 당연히 이 수는 정수이다.

• 2의 배수: $\cdots$, -6, -4, -2, 0, 2, 4, 6, 8, $\cdots$
• 3의 배수: $\cdots$, -9, -6, -3, 0, 3, 6, 9, 12, $\cdots$
• 4의 배수: $\cdots$, -12, -8, -4, 0, 4, 8, 12, 16, $\cdots$
• n의 배수: $\cdots$, $-3n$, $-2n$, $-n$, 0, n, $2n$, $3n$, $4n$, $\cdots$

필자의 정의에 따르면 2의 배수는 2에다가 정수 $\cdots$, -3, -2, -1, 0, 1, 2, 3, 4, $\cdots$를 곱한 수이다. 위의 규칙을 잘 살펴보면, 0은 모든 정수의 배수임을 알 수 있다. 자! 이제 문자를 사용한 짝수의 표현 방법을 익힐 때가 되었다.

• (짝수)$=2\times$(정수)인데 정수를 k라 하면
• (짝수)$=2k$

변형되어 나타나면 $2k+2$, $2(k+1)$, $2(k+1)+4$, $2k-4$, $2(k-1)$, $2(3k-1)$ 등처럼 2가 곱해지는 형태는 모두 2의 배수 즉 짝수라 할

수 있고 짝수에 짝수를 더하거나 빼도 짝수이다. $2(k+1)$ 등에서 k가 정수라면 $k+1$, $k-1$ 등도 여전히 정수이다. 정수는 덧셈, 뺄셈에 대하여 닫혀있기 때문이다. 이제 홀수를 알아보자.

🧑 조안호쌤: 짝수가 2의 배수라면 홀수는 뭐야?

👦 학생: 3의 배수요.

🧑 조안호쌤: 3의 배수는 …, −9, −6, −3, 0, 3, 6, 9, 12, …인데 이런 것들이 모두 홀수구나?

👦 학생: 아! 알았다. 1의 배수요.

🧑 조안호쌤: 1의 배수란 1씩 더해서 만들었다는 뜻인데, 그럼 …, −2, −1, 0, 1, 2, 3, 4, …가 홀수구나? 잘 모르는 모양인데 …, −2, −1, 0, 1, 2, 3, 4, …는 정수라고 한단다.

👦 학생: 그럼 뭐예요?

🧑 조안호쌤: 들어보면 허탈할 텐데. 홀수란 '짝수가 아닌 수'야!

👦 학생: 에이, 진짜예요?

🧑 조안호쌤: 그럼 진짜구 말고!

홀수가 무엇인지는 알지만 짝수가 2의 배수라니까 홀수도 무언가의 배수일 거란 생각으로 위와 같은 일이 벌어진다. 홀수란 짝수가 아닌 수로 2의 배수가 아니면 된다. 짝수에 1을 더하거나 1을 빼면 만들어진다. 즉, …, −5, −3, −1, 1, 3, 5, 7, …로 2로 나누면 나머지가 1이 되는 수이다.

문자를 사용한 홀수의 표현 방법은

- k가 정수일 때
- (홀수)$=2k+1$ 또는 $2k-1$
- (양의 홀수)$=2k-1$(이때의 k는 자연수)

역시 변형되어 문제를 푸는 과정에서 $2k+3$, $2k-3$, $2k-5$ 등으로 나타나면 홀수인지를 알 수 있게 된다.

정리해 보자. 모든 정수는 짝수와 홀수로 나눌 수 있다. 짝수라고 하면 그것을 배웠을 당시에 음의 정수를 몰랐던 시기에 배웠기에 무의식중에 자연수만을 생각한다. 음의 짝수도 짝수이다. 따라서 ±2, ±4, ±6, …과 수 0은 모두 짝수이다. 여기서 0이 짝수인가 아닌가를 혼동할 수 있다. 0÷2=0이고 나머지가 0이기에 2로 나누어떨어지는 수가 맞다. 짝수를 2의 배수로 초등학교에서 배웠는데, 0×2=0이니 0은 2의 배수이다. 일반화한 표현 방법으로 k가 정수일 때, 짝수는 $2k$, 홀수는 $2k\square1$로 나타낸다. 짝수란 양의 짝수, 0, 음의 짝수로 나눌 수 있고, 홀수는 음의 홀수와 양의 홀수로 나눌 수 있다. 이제 짝수, 홀수를 자연수에서만 생각하는 습관을 고치자.

짝수와 홀수의 계산 성질

1) (홀수) ± (홀수) = (짝수)
2) (짝수) ± (짝수) = (짝수)
3) (홀수) ± (짝수) = (홀수)
4) (홀수) × (홀수) = (홀수)
5) (짝수) × (짝수) = (짝수)
6) (홀수) × (짝수) = (짝수)

위 성질은 모두 당연한 것이지만, 증명하고 싶다면 다음 챕터인 배수판별법을 공부하고 짝수는 $2k$, 홀수는 $2k\square 1$로 놓고 전개하여 할 수 있을 것이다. 그런데 $+, -, \times$만 사용하고 $\div$는 왜 사용하지 않느냐고 물을 수 있다. 나눗셈은 정수의 범위를 벗어날 수 있기 때문이다. 수학 문제를 풀 때 짝수와 홀수의 성질을 이용한 문제를 자주 풀게 된다. 예를 들어 $(-1)^n$에서 n이 짝수이면 1이고 n이 홀수이면 -1이다. 위 6가지 계산을 당연히 이해해야겠지만, 실제로는 다음과 같이 정리되어 있어야 문제를 푸는 데 도움이 될 것이다.

• 두 수의 곱이 짝수라면 적어도 하나는 짝수이다.
• 두 수의 곱이 홀수라면 두 수는 모두 홀수이다.
• 두 홀수의 차이는 항상 짝수이다.
• 홀수와 짝수의 차이는 항상 홀수이다.

짝수와 홀수에 관련한 문제는 대부분 위 성질들을 이용하느니만큼 정확하게 이해하기 바란다. 또 두 수의 곱을 안다면 여러 개 수의 곱도 미루어 알 수 있을 것이다. 예들 들어 'm^3이 홀수다'라는 문제의 조건이 있다고 하자. 두 수의 곱이 홀수라면 각각이 홀수일 수밖에 없고 다시 이 수를 곱해야 하는 수이니, m은 홀수일 수밖에 없다.

🎙 n이 3보다 큰 홀수일 때, $(-1)^n - (-1)^{n-1} - (-1)^{n-1}$을 계산하면?

① -3 ② -1 ③ 0 ④ 1 ⑤ 3

답 ①

26 배수판별법

배수판별법이란 '배수인지 아닌지 판별하는 방법'이다. 좀 더 부연 설명하면 수가 있었을 때 어떤 수의 배수인가를 직접 나누어보지 않고도 알 수 있는 방법이자 기술이다. 기술이라 할지라도 그 원리를 이해하지 않고 외워서 사용한다면 그때뿐이고 잊어버리게 된다. 배수판별법을 교과서에서는 다루지 않고 있지만, 웬만한 문제집은 모두 다루고 있다. 우선 배수판별법을 적어놓고 출발해 보자!

- 1의 배수: 정수
- 2의 배수: 일의 자릿수가 짝수
- 3의 배수: 각 자릿수의 합이 3의 배수

- 4의 배수: 끝의 두 자릿수가 4의 배수
- 5의 배수: 일의 자릿수가 5의 배수
- 6의 배수: 일의 자릿수가 짝수이고 각 자릿수의 합이 3의 배수
- 9의 배수: 각 자릿수의 합이 9의 배수
- 10의 배수: 일의 자릿수가 0일 때
- 25의 배수: 끝의 두 자릿수가 25의 배수

많은 참고서나 선생님들이 위와 유사한 배수판별법을 외우게 시킨다. 약간 다른 이유는 많은 선생님들이 배수를 편의상 양의 배수에 국한시키기 때문이다. 이해를 시키지도 않고 학생들에게 외우게 시킨다. 간혹 증명을 시켜주시는 분들도 있으나 아이들을 설득시키는 것은 실패한 듯 보인다. 원리는 아래처럼 간단하다.

- 조안호의 배수판별법의 원리: k의 배수와 k의 배수의 합은 k의 배수이다

배수판별법의 원리는 이처럼 간단하다. 이 간단한 원리를 아이들이 몰라서 이해를 하지 못하고, 선생님들은 이것을 아이들이 몰라서 이해를 못 한다는 것을 몰라서 그냥 외우라고 한 것이다.

조안호쌤: 3의 배수와 3의 배수를 더하면 어떻게 될까?

학생: 6의 배수가 되지 않을까요?

😀 조안호쌤: 3의 배수들인 3과 6을 더하면 9인데, 9가 6의 배수니?

😊 학생: 6의 배수가 아닌 3의 배수도 있네요.

😀 조안호쌤: 맞아. 그런데 6의 배수는 모두 3의 배수야. 그러니 모두 3의 배수라고 할 수 있어.

😊 학생: 그렇겠네요. 그런데 이게 뭐 중요해요. 별거 아닌 것 같은데요.

😀 조안호쌤: 별거인지 아닌지 해보자. 7의 배수와 7의 배수를 더하면 어떻게 될까?

😊 학생: 안다니까요. 7의 배수요.

😀 조안호쌤: 좋아. 10은 2의 배수니?

😊 학생: 네.

😀 조안호쌤: 10+10은 2의 배수니? 더해서 나누어보지 말고 말해봐.

😊 학생: 알았어요. 10+10은 2의 배수끼리의 합이니, 20도 2의 배수예요.

😀 조안호쌤: 20+10은 2의 배수니? 역시 나누어보지 말고 말해봐.

😊 학생: 20+10인 30도 2의 배수예요. 왜냐하면 2의 배수끼리의 합이기 때문이에요.

😀 조안호쌤: 30+10은 2의 배수니? 역시 나누어보지 말고 말해봐.

😊 학생: 규칙을 알았으니 그만 물어보셔도 돼요.

😀 조안호쌤: 그래, 규칙이 뭔데?

😊 학생: 10씩 커진 수는 모두 2의 배수란 말이죠.

😀 조안호쌤: 맞아. 예를 들어 234560과 같은 큰 수도 10씩 더해서

만들 수 있으니 나누어보지 않더라도 2의 배수일 거야. 234560+8은 2의 배수야?

🙂 학생: 네. 2의 배수끼리의 합이라서 2의 배수죠. 아, 그래서 어떤 수이든지 일의 자릿수가 2의 배수이면 2의 배수라고 한 거군요.

👨 조안호쌤: 맞았어. 잘 깨우쳤나 보자. 10은 5의 배수니?

🙂 학생: 네. 10은 2의 배수도 5의 배수도 되니까요.

👨 조안호쌤: 10+10은 5의 배수니? 더해서 나누어보지 말고 말해봐.

🙂 학생: 알았어요. 10+10은 5의 배수끼리의 합이니, 20도 5의 배수예요.

👨 조안호쌤: 20+10은 5의 배수니? 역시 나누어보지 말고 말해봐.

🙂 학생: 아, 일의 자릿수가 5의 배수이면 본래의 수도 5의 배수라고 하려는 거예요?

👨 조안호쌤: 굿. 한 자릿수인 5의 배수에는 뭐가 있지?

🙂 학생: 5요.

👨 조안호쌤: 또 있는데.

🙂 학생: 아! 0이요.

👨 조안호쌤: 그래서 일의 자릿수가 0 또는 5이면 5의 배수라고 한 이유야.

🙂 학생: 참 쉬운 것을 어렵게 가르친다고도 생각되지만, 머릿속이 깔끔해져서 좋기도 해요.

👨 조안호쌤: 100은 4의 배수니?

🙂 학생: 네.

🧑 조안호쌤: 100+100은 4의 배수니?

👧 학생: 알았어요. 아, 100씩 더해지는 수는 모두 4의 배수라고 하려는 거예요?

🧑 조안호쌤: 똑똑한데. 345678900은 4의 배수니?

👧 학생: 아, 알아요. 그래서 끝의 두 자릿수가 4의 배수면 4의 배수라고 했군요.

🧑 조안호쌤: 맞아. 그런데 100은 25의 배수니?

👧 학생: 그러네. 끝의 두 자릿수가 25의 배수면 25의 배수라고요?

🧑 조안호쌤: 맞아. 이제 3의 배수를 공부할 때가 되었군!

235라는 숫자가 있다고 보자! 235=100+100+10+10+10+5이다. 그런데 100=99+1, 10=9+1이니 대입하면 (99+1+99+1)+(9+1+9+1+9+1)+5이다. 이것은 다시 (99+99+2)+(9+9+9+3)+5라고 볼 수 있다. 3의 배수들을 먼저 쓰면 99+99+9+9+9+2+3+5이다. 99와 9들은 모두 3의 배수이니 2+3+5만 3의 배수이면 본래의 수 235도 3의 배수이다. 그런데 2,3,5는 235의 각 자리의 수이니 각 자릿수의 합이 3의 배수이면 3의 배수라고 한 것이다. 또한 99+99+9+9+9+2+3+5에서 99와 9들은 모두 9의 배수이니 2+3+5만 9의 배수이면 본래의 수 235도 9의 배수이다. 역시 각 자릿수의 합이 9의 배수이면 본래의 수도 9의 배수라고 한 것이었다.

이것을 이해하면 배수판별법을 거의 대부분 이해했다고 본다. 따라서 3의 배수판별법은 문자를 통해서 일반화도 해보자! 세 자릿수에서 100의 자릿수를 a, 10의 자릿수를 b, 1의 자릿수를 c라 하면 $100a+10b+c$라 표시된다. $100a+10b+c=99a+9b+(a+b+c)$로 변형할 수 있다. $99a+9b$은 3의 배수이고 9의 배수이다. 따라서 각 자릿수의 합인 $a+b+c$ 만 3의 배수이면 3의 배수이고 9의 배수이면 9의 배수가 된다.

중고등학교에서 배수를 판별하는 데 위의 것만 알고 있으면 된다. 중학교에서는 6과 9의 배수가 많이 쓰이고, 고등학교에서는 3과 4의 배수를 많이 쓴다. 그런데 간혹 선생님들 중에는 쓸데없이 7의 배수와 11의 배수의 공식을 외우게 시키는 경우가 있는데, 학교 과정만 생각한다면 의미가 없어서 다루지 않는다.

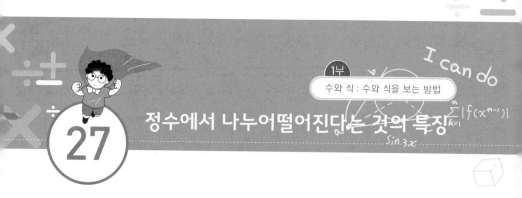

나누어떨어진다는 것은 나머지가 0이라는 말이다. 어떤 정수를 어떤 정수로 나누어서 나머지를 말한다는 것은 포함제를 의미한다고 하였다. 지나가는 김에 '정수의 나눗셈'을 잠깐 다루고 나누어떨어진다는 것의 의미를 알아보자.

- 조안호의 '정수의 나눗셈' 정의: $A \div p = q \cdots r$ 에서
  A, q는 정수, p는 양의 정수, $0 \leq r < p$

엄밀한 의미로 정수의 포함제적 나눗셈이지만, 등분제 의미로는 그냥 분수로 만들면 되는 것이니 굳이 다룰 이유조차도 없기에 정수의

나눗셈이라고 하였다. 만약 '−8÷3을 나머지가 있도록 나누어라.'라는 문제가 있을 때, 위 정의가 없다면 풀 수 있는 사람은 많지 않을 것이다. 왜냐하면 정수의 나눗셈을 학교 과정에서는 다루지 않기 때문이다. 하지만 문제들에서 알게 모르게 사용되는 것을 본다. −8÷3을 위 정의에 맞춰서 나머지가 음이 아니고 3보다 작아야 한다는 것이 핵심이다. 이것을 맞춰보면 −8÷3=−3⋯1이다. 고등학교에 들어가자마자 '나머지정리'라는 것을 배우는데, 다항식의 포함제적 나눗셈의 정의로 풀어야 한다.

- $A \div p = q \cdots r \Leftrightarrow A = p \times q + r$
  $\Leftrightarrow (A - r) \div p = q$
  $\Leftrightarrow A - r = p \times q$

정수의 나눗셈에서 나누어떨어진다는 것은 나머지 r이 0이라는 말이다. 예를 들어 '$60n+69$ 꼴의 정수를 12로 나눈 나머지는 무엇인가?'라는 문제에서 $60n$은 $12(n\times5)$로 12의 배수이다. 그렇다면 69에서만 12로 나누어서 나머지를 구하면 된다. $69=12\times5+9$ 이니 나머지는 9이다. 나누기의 정의를 모른다면, 이해가 안 간다는 학생도 있을 것이다. 나누기는 '같은 수의 빼기가 몇 번 뺐는지 세기가 귀찮아서 만든 기호'라고 하였다. 이 문제는 $60n+69$에서 12를 몇 번 뺐고 나머지가 얼마가 나올 텐데, 나머지는 얼마냐는 것이다. 12를 $5n+5$번 빼고 나머지가 9가 되었다는 말이다. 이해가 안 된다면, 못에서 $5n$과 5가 더해지는 이유에 대해서 고민해 보기 바란다.

• 어떤 수를 9로 나눈 나머지는 각 자릿수의 합을 9로 나눈 나머지
  와 같다.

4375로 예를 들어본다. 9의 배수판별법에서 각 자리의 수의 합이 9
의 배수이면 원래의 수도 9의 배수라고 하였다. 4+3+7+5=19이고
19는 9의 배수가 아니니 4375은 9의 배수가 아니다. 하지만 배수판
별법과 같은 방식으로 해보면 4375=(9의 배수)+19가 되며 19는
9×2+1이므로 다시 4375=(9의 배수)+1이 되어 4375를 9로 나누
면 나머지가 1이 된다. 같은 이유로 3의 배수에서도 같은 방법이 적
용된다. 즉 어떤 수를 3으로 나눈 나머지는 각 자릿수의 합을 3으로
나눈 나머지와 같다.

나누어떨어진다는 것은 어떤 수가 나누는 수와 몫의 곱이라는 말이
다. 나누어떨어지지 않는다면 나누어떨어지도록 해야만, 그동안 배
워왔던 약수와 배수의 개념을 사용할 수 있다. 그런 의미에서 배수
의 확장을 다루려고 한다.

• k의 배수끼리 더해도 빼도 곱해도 k의 배수이다.

예를 들어 3의 배수끼리 더해도 빼도 곱해도 3의 배수가 된다. 직접
3의 배수들을 가지고 해보는 것도 좋지만, 미지수로 일반화하여 한

다면 더 좋겠다. 두 3의 배수를 $3m$과 $3n$으로 놓고, $3m+3n=3(m+n)$처럼 증명해 보자! 공은 여러분에게 돌린다.

• 연속된 두 개의 홀수의 합은 4의 배수이다.

연속된 두 개의 홀수를 $2n+1$과 $2n+3$이라고 할 때, $(2n+1)+(2n+3)=4n+4$로 4의 배수가 된다.

• 연속된 세 정수의 합은 언제나 3의 배수이다.

연속된 세 개의 정수를 n, $n+1$, $n+2$로 놓고 이를 다시 더하면 $3n+3$으로 다시 $3(n+1)$이 되어 항상 3의 배수가 된다.

• 연속된 짝수의 곱은 8의 배수이다.

연속된 두 정수의 곱은 항상 2의 배수이고 또 연속된 세 정수의 곱은 항상 6의 배수이다. 연속된 두 정수 중에 하나는 반드시 짝수이다. 또 연속된 세 정수들에는 반드시 짝수와 3의 배수가 들어가 있기 때문이다. 이것을 이용하여 증명한다. 연속된 정수가 n, $n+1$이므로 연속된 짝수는 $2n$, $2(n+1)$이다. 이들을 곱하면 $4n(n+1)$인데, n과 $n+1$은 연속된 정수이므로 둘 중에 하나는 짝수 즉 2의 배수이다. 따라서 $4n(n+1)$는 8의 배수이다.

• 두 자리 정수에서 10의 자리와 1의 자리를 바꾼 수와 처음 정수의 합은 11의 배수이다.

두 자리 정수를 $10a+b$라 하면 10의 자리와 1의 자리를 바꾼 수는 $10b+a$이다. 처음 수와 바꾼 수를 더하면 $11a+11b$로 11의 배수가 된다.

• 같은 숫자로 된 세 자릿수는 모두 37의 배수이다.

같은 숫자로 된 세 자릿수들을 직접 열거하면 111, 222, 333, 444, 555, …, 888, 999이다. 그런데 이 수들은 모두 111의 배수들 즉 111×1, 111×2, 111×3, 111×4, …, 111×8, 111×9이다. 그런데 111은 37×3이니 세 자릿수들은 당연히 37의 배수이고 또 3의 배수이다.

28 지수법칙

지수법칙을 배우면서 원리를 이해하지 않으면, 마치 작은 수의 더하기, 빼기, 곱하기의 간단한 계산에 불과하게 된다. 그래서 열심히 공부하는 아이나 대충 공부하는 아이조차도 지수법칙은 쉽다고 한다. 그러나 앞으로 지수에 −와 분수가 들어가고, 밑 조건과 지수조건이 서로 연관관계를 갖는 고등학교에서는 정확하지 않은 지식 때문에 혼동을 겪게 된다. 따라서 지수법칙은 첫째, 지금은 별거 아니라고 보여도 밑 조건과 지수조건을 정확하게 인지해야 한다. 둘째, 밑과 지수에 의미를 부여하면서 원리를 이해하려고 해야 한다. 그래야 고등을 대비하는 올바른 공부라고 할 수 있다.

지수는 거듭제곱한 개수를 뜻한다. 밑이 같은 지수들의 곱셈과 나눗셈은 좀 더 간단히 할 수 있다. 예를 들어 $3^5 \times 3^3 = (3 \times 3 \times 3 \times 3 \times 3) \times (3 \times 3 \times 3) = 3 \times 3 \times 3 \times 3 \times 3 \times 3 \times 3 \times 3 = 3^8$인데 중간 과정을 생략하고 보면 $3^5 \times 3^3 = 3^8$이다. 이때 지수만 보면 '5+3=8'이 된다. $3^5 \div 3^3$은 나눗셈이니 분수로 바꿀 수 있다.

$\dfrac{3 \times 3 \times 3 \times 3 \times 3}{3 \times 3 \times 3}$을 약분을 하면 $3^5 \div 3^3 = 3^2$이 된다.

역시 지수만 보면 '5-3=2'가 된다. 종합해 보면 밑이 같은 거듭제곱의 곱셈은 지수를 더하면 되고 나눗셈은 지수를 빼면 된다. 괄호를 풀어주는 거듭제곱도 무조건 곱해야 하는 공식으로써 외우지 말고 하나하나 이해해야 할 것이다.

$a \neq 0$이고, m, n이 자연수일 때,

(1) $m > n$이면 $a^m \div a^n = a^{m-n}$

(2) $m = n$이면 $a^m \div a^n = a^{m-n} = a^0 = 1$

(3) $m < n$이면 $a^m \div a^n = a^{m-n} = \dfrac{1}{a^{n-m}}$

(4) $(a^2)^3 = a^2 \times a^2 \times a^2 = a^{2+2+2} = a^{2 \times 3} = a^6$

(5) $(ab)^n = a^n b^n$, $\left(\dfrac{a}{b}\right)^n = \dfrac{a^n}{b^n}$ $(b \neq 0)$

가장 먼저 밑 조건과 지수 조건을 정확하게 하라고 했다. 그런데 위 지수 조건은 자연수라고 나왔는데, 밑 조건이 없다. 수학에서 아무런 말이 없다면 그것은 실수 전체를 의미한다. 그러니 중학교에서의 지수법칙은 밑이 0이 아닌 실수이고 지수는 자연수라는 조건하에서 법칙들을 만들어 낸 것이다. 나중에 고등학교에 가서는 지수에 −와 분수가 들어간다고 했다. 그런데 이것이 고등학교에서 동시에 들어 갔을 때, 혼동을 일으키는 것을 많이 본다. 그러니 중학교의 과정을 벗어나기는 하지만, 음의 지수까지는 해놓기 바란다. 아마도 문제집 이나 선생님들이 알려주는 경우가 많을 것이다. 예를 들어 $3^6 \div 3^3$이 면 지수법칙에 따라서 밑이 같은 나눗셈은 지수끼리 빼는 것이니 $3^3 \div 3^5 = 3^{3-5} = 3^{-2}$이다. 이때 $3^{-2} = \dfrac{1}{3^2}$처럼 음의 지수가 있는 것은 분수 로 만들 수 있어야 한다는 것이다.

😀 학생: $3^6 \div 3^3$은 왜 $\dfrac{3^6}{3^3}$으로 바꿀 수 있나요?

$3^6 \div 3^3$은 $3 \times 3 \times 3 \times 3 \times 3 \times 3 \div 3 \times 3 \times 3$ 아닌가요?

🧑 조안호쌤: 아니. '$3 \times 3 \times 3 \times 3 \times 3 \times 3 \div 3 \times 3 \times 3$'이 아니고, '$(3 \times 3 \times 3 \times 3 \times 3 \times 3) \div (3 \times 3 \times 3)$'야. 3^6이란 말은 3을 6번 곱하라는 뜻도 있지만 이미 곱했다는 말도 돼! 그래서 혼합계산순서 중에 제일 먼저 계산하라는 이유이기도 하단다.

😀 학생: 아, 알았어요.

🧑 조안호쌤: 그건 그렇고 $\dfrac{3^6}{3^3}$을 간단히 하면 뭐니?

😀 학생: 3^2 요.

🧑 조안호쌤: 뭐라고? 너 지수끼리 약분했구나?

😀 학생: 아 참, 빼야 되는데 깜박했어요.

😊 조안호쌤: 게다가 $\dfrac{3^6}{3^3}$을 $\dfrac{3^2}{3^1}$으로 약분했다면 분모가 3이어야
할 텐데, 분모는 왜 1로 바꾸어서 3^2이 답이 되었니?

😀 학생: 저도 몰라요.

😊 조안호쌤: $\dfrac{3^6}{3^3}$을 $\dfrac{3\times3\times3\times3\times3\times3}{3\times3\times3}$으로 바꾸고 정식으로 약분을
자꾸 해야 혼동을 막을 수 있게 된단다.

• 조안호의 지수법칙 요약 개념: 밑 또는 지수가 같아야 정리된다.

지수법칙을 배웠다면, '밑 또는 지수가 같아야 정리된다.'는 필자의
말을 반드시 몸에 장착하였으면 한다.

😊 조안호쌤: $3^4\times3^5$은 뭐야?

😀 학생: 3^9요.

😊 조안호쌤: 이렇게 정리할 수 있었던 이유는 뭐야?

😀 학생: 밑이 같아서요.

😊 조안호쌤: $2^5\times3^5$이 뭐야?

😀 학생: 어렵네요. 지수법칙을 다 아는데, 왜 안되지?

😊 조안호쌤: 지수법칙을 거꾸로 물어봐서 안되는 거야. $(ab)^n$를
a^nb^n로 바꾸는 것은 잘 되는데, 거꾸로 a^nb^n를 $(ab)^n$로 바꾸는 것
이 안되는 거지.

😀 학생: 그러네요.

조안호쌤: 다시 물어볼게. $2^5 \times 3^5$이 뭐야?

학생: $(2 \times 3)^5$이니 6^5이네요.

조안호쌤: 이렇게 할 수 있었던 이유가 뭐야?

학생: 아, 지수가 같아서요. 이제 좀 구분이 되는 것 같아요.

조안호쌤: $5^3 \times 5^3$이 뭐야?

학생: $5^{3+3} = 5^6$요.

조안호쌤: 이렇게 할 수 있었던 이유는 뭐야?

학생: 밑이 같아서요.

조안호쌤: 다른 방법은 없어?

학생: 지수가 같으니, $(5 \times 5)^3$도 되겠네요.

조안호쌤: 또 다른 방법은 없어?

학생: 밑이 같은 것도 했고 지수가 같은 것도 했으니 다했는데요.

조안호쌤: 밑도 같고, 지수도 같은 것을 뭐라고 하니?

학생: 아, 같은 것의 곱이니 $\left(5^3\right)^2$요.

조안호쌤: 잘 했어. 하나만 더해보자! $5^3 + 5^3 + 5^3 + 5^3 + 5^3$은 뭐야?

학생: 알 듯 모를 듯하네요.

조안호쌤: 잘 보면 지수법칙이 대부분 곱하기와 나누기, 거듭제곱에서 일어나는 것들이었기 때문이야. 잘 보면 별거 아니야. 같은 수의 더하기가 뭐야?

학생: 그러네요. $5^3 + 5^3 + 5^3 + 5^3 + 5^3$은 $5^3 \times 5$이니 5^4요. 맞아요?

조안호쌤: 응 잘했어.

학생: 와, 신기해요.

지수에 0이 있을 때

29

예전의 교과서는 '$a \neq 0$ 일 때, $a^0 = 1$이라고 약속한다.', '$a = 0$ 일 때, 즉 a^0은 정의되지 않는다.'라고 비록 설명은 하지 않았지만, 다루기는 했었다. 이제 교과서는 지수에 0이 있는 것을 아예 다루지 않는다. 이처럼 다루지 않는다 해도 지수법칙의 규칙을 따르다 보면 지수에 0이 있는 경우와 음의 정수가 있는 것까지는 궁금하게 된다. 수학은 궁금할 때 알려주어야지 문제를 풀 줄 알게 되면 궁금함이 모두 사라진다. 여기에서는 지수에 0이 있는 것을 다루고자 한다.

- $a^0 = 1(a \neq 0)$이고, 0^0은 정의되지 않는다.
- 조안호의 0의 정의: 원래부터 없는 것이 아니라 있다가 없는 것이 0이다.

초중고의 교과서는 0과 관련된 것을 무시하거나 모두 약속이라고 처리한다. 0의 정의가 없다 보니 설명할 수 없기 때문이다. 어떤 약속이든 그 이유를 알아야 약속을 잊지 않거나 다소 상황이 바뀌어도 적절한 대처를 할 수 있을 것이다.

조안호쌤: 3^0이 뭐지?

학생: 0이요. 아니 1이요.

조안호쌤: 0이야, 1이야? 확실하게 말해봐.

학생: 1이요.

조안호쌤: 왜 1인데?

학생: 이유는 잘 모르겠지만, 그렇게 약속했다고 하던데요.

조안호쌤: 3^0, 3을 0번 곱했다는 것은 무엇을 뜻할까?

학생: 그렇게 생각하면 3을 안 곱했다는 거니까 3^0은 0일 것 같아요.

조안호쌤: 3^0은 3을 안 곱한 것이 아니라 3을 곱한 개수가 0개라는 뜻이야. 만약 3을 한 번 곱하고 나서 3을 한 번 나누었다면 3을 몇 번 곱한 거야?

학생: 0번요.

조안호쌤: 0의 정의를 생각해 봐! 0은 원래부터 없는 것이 아니라 '있다가 없어졌다'는 뜻이야. 3을 원래부터 곱하지 않았다는 것이 아니란 말이야. $3 \div 3 = 3^0 = 1$, $3^3 \div 3^3 = 3^0 = 1$

학생: 이제 알겠어요. 3을 0번 곱한 것은 안 곱한 것이 아니라 3

을 곱한 만큼 다시 나누어주었다는 말이죠?

조안호쌤: 그래, 그런데 의심스러운 게 있으니 하나만 더 물어보자! 3을 한 번 곱하면 얼마지?

학생: 0이요.

조안호쌤: 아닌데.

학생: 아무것도 없는 것은 0이고, 0에다 3을 곱한 거니까 0이 맞지 않나요?

조안호쌤: $3^1=3$이고 $3 \times 1=3$ 이지? 그러니까 3은 3을 한번 곱했다도 되고 3을 한 번 더했다도 된단다.

학생: 아, 그리고 보니 그렇네요.

조안호쌤: 그럼, 3×3은 3을 몇 번 곱한 거니?

학생: 3을 두 번 곱한 거요. 사실 그동안 3×3을 3이 원래 하나 있는 것에다가 3을 한번 곱한 것이니 한 번 곱한 것이라고 생각되었는데, 남들이 모두 두 번이라고 해서 이유도 모르고 따라서 했던 거였어요.

조안호쌤: 그래, 이제라도 알았다니 다행이다. 수학은 기본이 되는 것을 정확하게 하고 그것을 쌓아올리는 학문이야. 그래서 사실 초등이나 중등의 수학이 고등수학보다 더 어렵다고도 할 수 있어.

학생: 오늘 보니 작은 수가 더 어려운 수인 것 같아요.

조안호쌤: 특히 0이 어려운 것이야. 오늘 이것을 이해했다면, 진짜 어려운 것을 이해한 거야.

학생: 다행이에요. 나만 어려운 것이 아니었군요.

초등생들 중에는 3+3+3+3을 얘기하면서 3을 4번 더했다가 아니라, 맨 처음에 있는 3에다가 3을 3번 더했다고 생각해서 혼동스럽게 생각하는 경우가 있다. 이런 상태로 중학교에 들어왔다면 3×3×3×3도 3의 곱해진 개수가 똑같이 헷갈릴 것이다. 그런데 3은 3을 한 번 더한 것도 되고 한 번 곱한 것이라고 생각을 출발한다면 혼동을 막을 수 있을 것이다.

이제 마지막으로 0^0을 다루어보자. 0^0의 답을 또 아무 생각 없이 0이라고 해서는 안 된다. 수학에서 0이 나오면, 정말 어려운 것과 맞닿아 있는 경우가 많고 고등수학과 연결되는 경우가 많으니 주의를 기울여서 다루어야 한다. 정의대로 한다면 0^0은 0을 곱한 만큼 다시 0을 나누어준 상태를 의미한다. 그런데 0을 몇 번을 곱해도 0이다. 그래서 결국 0^0은 0÷0의 답을 묻는 것이다. 다시 나누기의 정의는 '같은 수의 빼기가 몇 번 뺐는지 세기가 귀찮아서 만든 기호'라고 했다. 0에서 0을 한번 빼도 된다. 0-0=0이니 0÷0=1이라고 할 수 있다. 그런데 0에서 0을 두 번 빼도 등식을 만족한다. 즉 0-0-0=0이니 0÷0=2라고 할 수 있다. 이런 식으로 생각하면 0÷0의 답은 모든 수가 답이다. 그래서 0^0은 어느 것이 답인지 알 수 없어서 정의되지 않는다고 한 것이다.

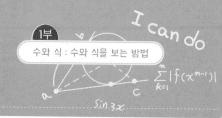

소인수분해

30

어떤 큰 자연수가 있을 때, 이 수가 갖는 특성을 알기 위해서는 물건을 분해하듯이 분해해 보겠다는 생각을 가질 수 있다. 수를 분해하는 방법은 연산밖에 없는데, 연산은 중학교부터는 합과 곱으로 분해하는 방법이 전부다. 자연수를 자연수라는 특성을 잃지 않으면서 합으로 분해하다 보면, 모든 수는 '1+1+1+1+…+1'로 표현된다. 그러나 합으로 분해하는 방법은 그 의미가 퇴색된다. 따라서 자연수를 자연수의 특성을 잃지 않으면서 곱으로 분해하다 보면, 가장 작은 알갱이라 할 수 있는 수가 나오는데, 이것을 소수라고 한다. 이처럼 자연수를 곱으로 분해하는 것을 소인수분해라고 한다.

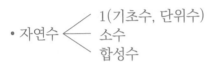

- 자연수 ⟨ 1(기초수, 단위수)
  소수
  합성수

- 소수의 정의: 약수가 2개인 수
- 교과서의 합성수: 1도 소수도 아닌 자연수
- 조안호의 합성수 정의: 소수들의 곱으로 나타낼 수 있는 수

소인수분해라는 새로운 것을 배우는데, 합성수의 정의를 명확하게 내리는 일은 무척 중요한 일이다. 소인수분해의 어려운 문제는 바로 합성수를 어떻게 바라보느냐의 관점에 달려있다고 해도 과언이 아니기 때문이다. 교과서는 합성수를 '1도 소수도 아닌 수'라고 하였는데, 이것을 가지고 풀 수 있는 문제는 거의 없다. 그 밖에도 합성수는 '합성한 수', '약수가 3개 이상인 수' 등 다양하게 표현할 수는 있지만, 이런 것들은 별 도움이 안 된다. 합성수를 '소수들의 곱으로 나타낼 수 있는 수'로 항상 인식하고 어려울수록 정의를 생각하기 바란다.

학생: 선생님, 소수는 0.5, 0.3 이런 것을 말하지요?

조안호쌤: 응 그래.

학생: 그런데 말이에요. 자연수 보고 소수래요. 이 문제 잘못된 거 맞지요?

조안호쌤: 소수는 1보다 작은 수도 있지만 자연수 중에 '약수가

2개인 수' 또는 '1과 그 자신의 수로만 나누어지는 수'를 소수라고도 해!

🎓 조안호쌤: 그런데 여태 소수를 몰랐단 말이야? 소수 중에 가장 작은 수가 뭐야?

👦 학생: 1이요.

🎓 조안호쌤: 1이 약수가 2개란 말이지? 1의 약수가 뭐야?

👦 학생: 알았어요. 2요.

🎓 조안호쌤: 가장 작은 소수는 2이고 유일한 짝수이기도 해. 나머지 2의 배수는 모두 2로 나누어떨어지니 적어도 2를 약수로 갖게 되니 2개 이상이 되지. '에라토스테네스의 체'라는 것이 있는데 이걸로 적어도 60전까지의 소수는 구분될 수 있도록 연습해야 돼. 알았니?

• 외워야 할 소수: 2,3,5,7,11,13,17,19,23,29,31,37,41,43,47,53,59

소수는 바탕이 되는 수이다. 자연수의 최소단위는 1인데 1을 소수에 포함시키지 않은 것은 합성수를 소인수분해했을 때 하나가 아닌 여러 개로 나타내지기 때문이다. 예를 들어 12를 소인수분해했을 때 $2^2{\times}3$인데 만약 1을 소수에 포함시켜서 소인수분해하면 $1=1^2=1^3=\cdots$이니 다음과 같은 일이 벌어진다.

$$2^2 \times 3 = 2^2 \times 3 \times 1$$
$$= 2^2 \times 3 \times 1 \times 1 = 2^2 \times 3 \times 1^2$$
$$= 2^2 \times 3 \times 1 \times 1 \times 1 = 2^2 \times 3 \times 1^3$$
$$= 2^2 \times 3 \times 1 \times 1 \times 1 \times 1 = 2^2 \times 3 \times 1^4$$
$$\cdots$$

그러면 12를 소인수분해했을 때 $2^2 \times 3 \times 1$, $2^2 \times 3 \times 1^2$, $2^2 \times 3 \times 1^3$, …중에 어느 것을 사용해야 하는지 혼동이 된다. 그러면 이것은 엄밀성을 강조하는 수학의 오류로 자리한다. 이것을 피하기 위해서 소수에서 1을 제외한 것이다.

소인수분해

앞서 말했듯이 소인수분해는 자연수가 갖는 특성을 알기 위해서 하는 행위이다. 그렇다면 소인수분해는 소수들의 곱으로 분해가 가능한 합성수가 소인수분해의 대상이 된다.

- 교과서의 표현: 약수는 인수이다.
- 조안호의 약수 정의: 나누어떨어지게 하는 정수
- 소인수: 소수인 인수
- 소인수분해: 합성수를 소수들의 곱으로 나타내는 것

아직도 공식적인 인수에 대한 정의는 없지만, '약수는 인수이다'라고 수학계에서 인정하였다. 그렇다고 인수와 약수가 같다는 것은 아니니 오해하지 말기 바란다. 필자의 옛날 책들을 보면 인수를 '약수들 중에서 1을 제외한 것'이라고 했었는데, 이를 위처럼 정정하여 1을 인수에 포함시킨다. 이 일로 필자의 정의들에 의문을 품을 수도 있는데, 지난 30년 동안에 처음 있는 일이니 이해해 주기 바란다. 아직도 필자의 정의가 더 설득력이 있다고 생각하지만, 실익이 없고 공식적인 입장을 따르기로 한 것이다. 소인수를 위 정의로 인식하되 좀 더 쉽게 '약수들 중에서 소수'라고 생각하면 소인수의 의미가 쉽게 다가올 것이다.

• 소수 중에 2는 가장 작은 수이자 유일한 짝수이다.
• 두 수의 곱이 소수라는 것은 둘 중에 하나가 1이라는 것이다.
• 두 수의 곱이 짝수라는 것은 둘 중에 하나가 2이거나 모두 2이다.

조안호쌤: 2^3의 양의 약수의 개수는?

학생: 2^3이 8이니까 8의 약수는 1,2,4,8로 4개요.

조안호쌤: 약수를 수인수분해한 상태에서 할 수 있다는 것을 배우고 나서 다시 초등의 방법을 쓰면 되니? 2^3의 약수를 거듭제곱으로 나타내고 몇 개인지 알아봐.

학생: $1, 2, 2^2, 2^3$으로 4개예요.

조안호쌤: $1=2^0$, $2=2^1$으로 바꿔주면, $2^0, 2^1, 2^2, 2^3$으로 지수 0, 1, 2, 3의 개수가 약수의 개수야.

👩 학생: 그래서 지수에다가 1을 더해야 약수의 개수라고 하는군요.

👨 조안호쌤: 약수에다가 1을 더하는 것을 기억하는 것이 아니라 정식으로 '소인수분해한 수에서 약수의 개수를 구할 수 있다는 것'이 더 중요해.

👩 학생: 알았어요.

👨 조안호쌤: 그럼, a^3의 약수의 개수는 뭐니?

👩 학생: 4개요.

👨 조안호쌤: 아닌데.

👩 학생: 맞아요.

👨 조안호쌤: 정의대로 했니?

👩 학생: 네, 소인수분해한 상태에서 약수의 개수를 구하는 것인데, a^3이 소인수분해 한 것이니 4개가 맞아요.

👨 조안호쌤: a^3이 왜 소인수분해한 건데?

👩 학생: 앗 a가 소수인지 모르는군요.

👨 조안호쌤: 맞아. a^3의 약수의 개수는 모르지만, 만약 a가 소수라면 4개가 맞아.

👩 학생: 수학은 진짜 정의대로 하는 것이 맞나 봐요.

소인수분해에서 분해는 소수들로 분해하여 서로 떨어뜨려놓은 것처럼 생각하기 쉽지만, 소수들이 보이도록 곱으로 나타낸 것이라고 보아야 한다. 합성수를 소인수분해한 상태에서 약수의 개수를 구할 수 있고, 최대공약수나 최소공배수를 편하게 구할 수 있다.

🎯 두 자릿수와 한 자릿수를 곱해서 나올 수 없는 수는?

① 102　　　② 103　　　③ 104　　　④ 105　　　⑤ 106

답 ②

소수만 찾으면 되니 굳이 위 보기의 수들을 소인수분해할 필요는 없다.

 1부
수와 식 : 수와 식을 보는 방법

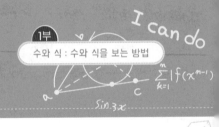

31 괄호 사용하기

괄호는 초등에서 배우기는 했지만 중학 수학을 무척 귀찮게 느끼도록 하는 기호이자 오답의 원인이다. 괄호가 이미 식에서 만들어졌다면 그것을 분배법칙으로 풀면 된다. 그러나 괄호를 만들어 써야 하거나 괄호가 있다는 가정 하에 문제를 푸는 것은 스스로 생각해야 하는 부분이기 때문에 가르치기가 어렵다. 따라서 스스로의 노력이 절실하다고 볼 수 있다.

• 조안호의 괄호 정의: 먼저 계산하라는 명령 기호이다.

괄호가 없지만 있다고 생각하거나 만들어 써야 하는 경우를 예로 들어보자.

🧑 조안호쌤: $x+2$에 -1을 곱해볼까?

😎 학생: $x+2\times-1$요.

🧑 조안호쌤: x와 2를 더하는 것이 먼저일까? 아니면 -1을 곱하는 것이 먼저일까?

😎 학생: $x+2$라고 한 것을 보면 더하는 것이 먼저 아닌가요?

🧑 조안호쌤: 그래. 그런데 더하기와 곱하기 중에 그냥 두면 곱하기를 먼저 계산하게 되므로 $x+2$에 먼저 괄호를 해야 계산 순서가 바뀌지 않게 된단다.

😎 학생: $(x+2)-1$이지요?

🧑 조안호쌤: 뭐라고?

😎 학생: 알았어요. $-(x+2)$요.

🧑 조안호쌤: 너 장난 아니지? 사실대로 말해봐!

😎 학생: $(x+2)-1$이라고 써 놓고, 이상해서 보니 곱하기가 아니더라고요.

🧑 조안호쌤: $(x+2)-1$은 항이 2개란다. 의심스러우니 하나 더 해보자.

🧑 조안호쌤: 연속하는 두 정수에서 작은 수를 m이라 할 때, 두 수의 곱을 식으로 나타내면?

😎 학생: 작은 수를 m이라 하면 큰 수는 $m+1$이므로 이것들을 곱하면 돼요.

😊 조안호쌤: 그럼, 식으로 나타내면?

😎 학생: $m \times m + 1$요

😊 조안호쌤: 뭐라구? 그럼 직접 숫자로 해보자. 작은 수가 4라고 할 때, 두 수의 곱은 뭐지?

😎 학생: 20이요

😊 조안호쌤: 어떻게 해서 20이 나왔어?

😎 학생: 4하고 5를 곱하면 20이잖아요.

😊 조안호쌤: 그런데 너는 아까 $4 \times 4 + 1$처럼 식을 세웠어, 20이 아니라 17이라고 한 것과 같지.

😎 학생: 그럼, 어떻게 해요?

😊 조안호쌤: $4 + 1$을 먼저 해야지. $4 + 1$을 먼저 계산하려면 어떻게 해야 할까?

😎 학생: 알았어요. 괄호를 사용하여 $4 \times (4 + 1)$이라고 하면 돼요. 따라서 $m \times (m + 1)$이라고 해야 해요.

😊 조안호쌤: 괄호는 먼저 계산하라는 명령 기호로, 필요하면 꺼내 쓰고 필요 없으면 버리면 된단다. 사실 없던 것을 꺼내 쓰는 일은 쉽지 않지만, 식을 자꾸 만들어봐야 혼동 없이 사용할 수 있을 거야.

괄호의 쓰임새가 가장 혼동되는 것은 분수가 아닌가 싶다.
예를 들어 $\dfrac{x}{3} - \dfrac{x+3}{2}$ 을 정리한다고 해보자. 통분도 마찬가지지만,

보통 $-\dfrac{x+3}{2}$에서 분수 앞에 있는 $-$부호를 분자에 올려줄 때 문제가 발생한다. 분자 $x+3$에 없었던 괄호를 만들어서 $\dfrac{-(x+3)}{2}$로 보아야 한다.

따라서 $\dfrac{x}{3}-\dfrac{x+3}{2}$의 통분 중에 $\dfrac{2x}{6}+\dfrac{-3x-9}{6}$라는 중간 과정을 암산하다가 오답이 나온다. 또한 분수의 약분 과정을 암산하다가 어려움을 겪는다. 오답을 피하는 길은 두려움이나 귀찮음을 이겨내고 직접 해 보는 것이다.

$\dfrac{2ab+a}{ab}$ 를 약분하여 $2+a$로 하면 틀리는가?

중학교 1~2학년에서 많은 오답을 일으키는 것이다. 두 분수로 만들고 약분하면 쉽겠지만, 굳이 더 어렵게 약분으로 설명하고자 한다. 두 분수로 만들겠다는 생각이 들진 않아도 할 수 있다는 것을 보여주려는 것이다. 분자의 다항식에서 일부의 항만 분모와 찍찍 긋고는 약분했다 해서는 안 된다. 약분은 '분수의 위대한 성질' 중 '분모와 분자에 0이 아닌 같은 수로 나누어도 그 값은 변하지 않는다'이다. 문자로 된 식에서도 마찬가지다.

만약 분모와 분자를 ab로 나누어주면 $\dfrac{(2ab+a)\div ab}{ab\div ab}$가 되어 그 값은 같다.

분모가 1이니 분자만 다시 분수로 바꿔주면 $\dfrac{2ab}{ab}+\dfrac{a}{ab}$이 되고 다시 약분하면 $2+\dfrac{1}{b}$ 이 된다. 공통인수를 배웠다면 분자를 그냥 b로 묶어주고 약분해도 결과는 같다.

조안호쌤: $\dfrac{3x}{y+1}$ 에 $2(y+1)$를 곱하면 어떻게 되니?

학생: $3x(y+1)$요.

조안호쌤: 왜 그렇게 됐지?

학생: 약분하는 거잖아요. 분모 $y+1$하고 $2(y+1)$을 약분하면 $y+1$이 되잖아요. 그래서 $3x$와 $y+1$을 곱하면 $3x(y+1)$이 되잖아요.

조안호쌤: 그러니까 $\dfrac{2(y+1)}{y+1}$이 $y+1$이 된다는 거구나?

학생: 그렇게 보니 이상하네. $\dfrac{2(y+1)}{y+1}$은 2인데! 선생님 제가 왜 그랬어요?

조안호쌤: 다행히 $y+1$를 괄호로 묶어서 하나로 생각은 했는데, 지수법칙을 하다 보니 나누기를 빼기로 생각한 것이지! 결국 약분이 확실하게 안 잡혀있으니까 그렇지! 약분을 다시 공부해라.

학생: 이상하다. 약분은 잘 안다고 생각했는데?

식의 전개

32

단항식과 항이 2개 이상인 다항식의 곱을 하나의 다항식으로 나타 낼 수 있다. 하나의 다항식으로 만드는 것을 '전개한다'고 하고 전개 하여 얻어지는 다항식을 전개식이라고 한다. '전개'라는 말은 초등 학교에서 직육면체의 전개도를 그릴 때 사용하였고 '펼쳐놓다'란 의 미를 갖고 있다. 예를 들어 $3x$와 $2x+4y$의 곱 즉 $3x(2x+4y)$를 분배 법칙에 의하여 전개하면 $3x \times 2x + 3x \times 4y = 6x^2 + 12xy$ 라는 전개식인 다항식을 얻게 된다. 결과적으로 전개는 분배법칙으로 괄호를 풀어 주는 것이라 할 수 있다. 물론 다항식을 단항식으로 나눌 때는 분수 로 놓아야 한다. 원리를 이해하기 위해 다음 그림을 보자!

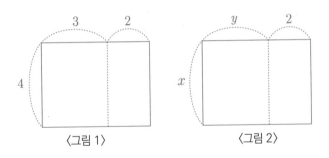

〈그림 1〉 〈그림 2〉

<그림 1>의 넓이를 구하기 위해서는 가로와 가로의 합 3+2에 세로의 길이 4를 곱하면 되고 이를 구하는 식은 4(3+2)가 된다. 이 직사각형 넓이를 구하기 위해 전개하여 4×3+4×2로 구하는 사람은 없을 것이다. 실제로는 많으니 반성하라는 말이다. 당연히 3+2=5이니 4×5=20으로 사각형의 넓이를 구한다. 그러나 <그림 2>처럼 미지수가 포함되어 계산이 안 될 때는 $x(y+2)$를 그대로 사용하거나 필요에 따라 어쩔 수 없이 전개하여 $xy+2x$로 사용하여야 한다. 더 이상의 계산은 동류항이 아니라서 계산할 수 없게 된다.

단항식과 다항식의 곱이 이해하기 쉬웠음에도 길게 설명한 이유는 바로 다항식과 다항식의 곱을 이해하기 위해서이다. 역시 도형으로 이해해 보자!

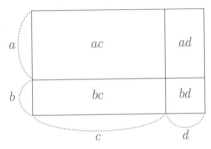

위 직사각형의 넓이를 구하기 위해 세로의 길이 $(a+b)$와 가로의 길이 $(c+d)$를 곱해야 한다. 즉 $(a+b)(c+d)$를 알고 있는 분배법칙을 이용하여 구하기 위해 먼저 $(c+d)$를 M이라고 치환해 보자.

$$(a+b)(c+d)=(a+b)M=aM+bM$$
$$=a(c+d)+b(c+d)(\because M=c+d)$$
$$=ac+ad+bc+bd$$

두 다항식의 곱은 중3에서 배우는데 처음에는 무척 번거롭다는 생각이 든다. 하지만 실제로 사용할 때는 이런 두 다항식의 곱에서 일부의 미지수가 같아서 좀 더 간단해진다. 그렇게 만든 것이 다음의 곱셈공식이고 원리는 위 전개식과 같다. 다만 다음처럼 곱하는 순서를 바꾸면 훨씬 쉬워진다.

$$(x + a)(x + b)=x^2+(a+b)x+ab$$

곱셈공식 1) $(x+a)(x+b)=x^2+(a+b)x+ab$

곱셈공식 2) $(x+a)^2=(x+a)(x+a)=x^2+2ax+a^2$

곱셈공식 3) $(x-a)^2=(x-a)(x-a)=x^2-2ax+a^2$

곱셈공식 4) $(x+a)(x-a)=x^2-a^2$

간혹 곱셈공식을 잊어버렸다고 친구들에게 공식을 물어보러 다니는 학생들이 있다. 이것은 곱셈공식을 만들어보지 않고 외워서만 사용한 결과이다. 만약 잊어버렸다면 만들어 쓰면 된다. 곱셈공식에 관한 문제는 대부분 미지수를 가지고 문제가 만들어지나 미지수의 문제보다 오히려 숫자로 되어있을 때를 더 어려워한다. 그래서 다음의 문제는 숫자를 가지고 푸는 문제를 예로 들어본다. '$123^2=15129$ 임을 이용하여 124^2을 구하여라.'라는 문제가 있을 때 123을 미지수 a로 바꾸어서 식을 만들어보면 비교적 간단하게 이해된다. 그러나 미지수로 만든다는 자체의 생각이 나지 않는 것이 문제다. $123=a$라면 $124=a+1$이다 따라서 $(a+1)^2=a^2+2a+1$가 되어 이해하기 쉬운 상태가 된다. 물론 이 문제를 풀려면 다시 a를 123으로 바꾸고 계산하면 된다. 즉 $124^2=(123+1)^2=123^2+2\times123+1=15376$이다.

33 인수분해

곱셈공식으로 전개한 다항식을 원래의 다항식들의 곱셈으로 돌려놓는 것을 인수분해라고 한다. 즉 $(x+3)(x+2)$와 같은 두 다항식의 곱을 전개하여 얻은 하나의 다항식 x^2+5x+6을 원래대로인 식 $(x+3)$ $(x+2)$로 다시 만드는 것을 인수분해라고 한다. 인수가 곧 약수라고 하였고 약수는 양의 약수와 음의 약수가 있다고 하였다. 이때 $(x+3)$ $(x+2)$의 양의 인수는 1, $x+3$, $x+2$, $(x+3)(x+2)$이다. 인수분해에서 '분해'는 인수들을 낱낱으로 흩어 놓겠다는 것이 아니고, 원인이 되는 인수들을 보이게 하고 이들의 곱으로 나타내겠다는 말이다. 그런데 $(x+3)(x+2)$가 단항식이라는 것이 생각이 드나요? 결국, 인수분해는 2개 이상의 항을 갖고 있는 다항식을 단항식으로 만드는 것이다.

- 조안호의 소인수분해 정의: 합성수를 소수들의 곱으로 나타내는 것
- 조안호의 인수분해 정의: 다항식을 인수들의 곱으로 나타내는 것
- 인수분해 했다는 것은 항이 2개 이상의 다항식을 단항식으로 만들었다는 의미이고 모두 곱의 꼴로 되어있다는 것이다.

🙍 학생: 인수분해와 소인수분해는 어떻게 달라요?

🧑‍🦱 조안호쌤: 인수분해는 인수로 분해하는 거고 소인수분해는 소수인 인수로 분해하는 거야.

🙍 학생: 그건 아는데요. 왜 인수분해 할 때 수는 소인수분해하지 않는 거예요?

🧑‍🦱 조안호쌤: 예를 들어 '$4x+8y$를 인수분해 하라.'고 하면 $4(x+2y)$까지만 하고 $2^2(x+2y)$처럼 수를 소인수분해하지 않는 것을 물어보는 거지? 수를 소인수분해하지 않는 것은 학생들이 이미 안다고 생각해서야.

🙍 학생: 그럼, 인수와 약수는 어떻게 달라요?

🧑‍🦱 조안호쌤: 같아!

🙍 학생: 너무 간단하잖아요. 뭔가 다르니까 이름도 다른 거 아녜요?

🧑‍🦱 조안호쌤: 내가 생각하기에는 약간 다르지만, 고등까지 문제를 풀면서 같다고 문제 풀면 틀리는 것이 없을 테니 같다고 생각해라. 인수가 뭐라고?

🙂 학생: 알았어요. 약수요.

😎 조안호쌤: 알겠다고 하는데 왜 나는 너를 못 믿겠지? $2(x+2y)$
의 인수가 뭐니?

🙂 학생: 2와 $x+2y$요.

😎 조안호쌤: 그럴 줄 알았다. 그럼 6의 약수는 2와 3일까?

🙂 학생: 그럼 곱한 수도 되는 거예요?

😎 조안호쌤: 그래

🙂 학생: 1, 2, $x+2y$, $2(x+2y)$가 모두 인수란 말이죠?

😎 조안호쌤: 아니. 음의 약수를 말하지 말라고 한 적이 없는데.

🙂 학생: 1, 2, $x+2y$, $2(x+2y)$에다가 -1, -2, $-(x+2y)$, $-2(x+2y)$
까지 전부 말하란 말이에요?

😎 조안호쌤: 귀찮더라도 그게 올바른 답이야.

34 인수분해를 하는 법

인수분해를 하는 법은 두 가지이다. 공통인수를 묶어내는 방법과 곱셈공식의 역연산으로 하는 법 즉 곱과 합으로 두 수를 구하는 방법이 있다.

- 가장 먼저 생각해야 하는 공통인수로 묶기: $ax+ay=a(x+y)$
- 곱과 합의 관계로 두 수를 구하기: $x^2+(a+b)x+ab=(x+a)(x+b)$

인수분해라고 하면 먼저 두 번째 방법만을 생각하기 쉽다. 그래서 인수분해를 하지 못하는 경우가 많다. 인수분해를 할 때 가장 먼저 공통인수로 묶는 것을 생각해야 한다. 중학교의 어려운 문제이거나 고등학교에서도 이 부분을 생각하지 못하여 못하거나 오래 걸리는 일이 비일비재하다. 게다가 공통인수로 묶기는 간단했을 때는 아주 쉬운 문제이지만 복잡해지면 역시 연습이 필요한 것이다. 그중 음수로 묶기와 다항식을 인수로 묶기 그리고 이들 모두를 이용하는 방법은 쉽지 않다.

- $ax+ay+bx+by=a(x+y)+b(x+y)=(x+y)(a+b)$ $\qquad$ ……①
- $y-x=-(-y+x)=-(x-y)$ $\qquad$ …………②
- $xy-x-y+1=x(y-1)-(y-1)=(y-1)(x-1)$ $\qquad$ ……③

①에서 $ax+ay+bx+by$는 항이 4개인 다항식이고 이 4개 모두에 있는 공통인수는 없다. 그러나 두 개씩 묶어서 두 개인 항 즉 $a(x+y)+b(x+y)$가 되었을 때 비로소 $x+y$ 라는 공통인수가 보인다. ② $y-x$는 두 개인 항을 갖고 있으며 공통인 인수는 없어 보인다. 그러나 부호 (+)는 (+)×(+)도 되지만 (−)×(−)도 되고, 같은 관점으로 (−)에는 (+)와 (−)라는 인수를 모두 갖는다. 쉬운 일은 아니겠지만 이 부분을 이해해야 ③과 같은 문제를 풀 수 있게 된다. ③과 같은 문제의 유형은 고1 수학에서 여러 곳에서 사용되니 반드시 익혀두어야 한다. 그래도 중학교에서는 '인수분해를 하라.'는 말이라도 있지 나중에 고등학교에서는 인수분해를 해야 할지 말아야 할지를 스스로 판단해야 한다. 인수분해가 잘되지 않는다면 ③과 같은 문제가 인수분해 되는지조차 알지 못하게 된다.

대표적인 인수분해는 $x^2+(a+b)x+ab=(x+a)(x+b)$의 형태이다. 예를 들어 x^2+5x+6을 인수분해 하기 위해서는 곱해서 6이 되고 더해서 5가 되는 수를 찾으면 된다. '더해서 5가 되는 수'와 '곱해서 6이 되는 수'들을 비교해 보면 '곱해서 6이 되는 수'의 개수가 더 적다는 것을 직접 해보면 알 수 있을 것이다. 다해서 5가 되는 정수는 무수히 많지만, 곱해서 6이 되는 정수는 8개이다. 여기서 간과하기 쉽지만, '곱해서 6이 된다'는 말로부터 1과 6, 2와 3, −1과 −6처럼 '6의 약수'를 구하는 것과 같다는 것을 인식하는 것이 무엇보다 중요하다. 약수는 초등학교에서 무수히 많은 연습을 해서 잘한다 해도 생각이 나지 않으면, 그 많은 연습이 무용지물이 되는 것이다. 이 부분을 꼭 중요하게 생각했으면 좋겠다. 약수들 중에서 합이 5가 되는 것은 2와 3이니 $(x+2)(x+3)$으로 인수분해가 된다. 그중 어렵다고 할 수 있는 것은 곱해서 음수가 나올 때이고 그것은 부호가 다른 수의 합이 차가 되기 때문이다. 예를 들어 x^2-5x-6의 인수분해는 곱해서 −6이 되고 합이 −5가 되는 두 수를 찾는 것이다. 곱해서 −6이 된다는 말은 '−6의 약수'이고 곱이 음수이니, $(+)\times(-)$이거나 $(-)\times(+)$처럼 서로 부호가 다를 때이다. 서로 부호가 다른 수를 더하면 절댓값은 작아진다. 그렇다면 차이가 5가 되는 수로 1과 6인데, 합이 −5가 되려면 큰 수의 부호가 $(-)$이어야 한다.

결국 $x^2-5x-6=(x+1)(x-6)$이 된다. 지금까지 쉬운 수준의 인수분해를 설명했다. 쉬운 수준이라 했지만, 내부적으로 약수 8개를 고려해야 하고, 각각의 합을 고려해야 하니 4개의 연산을 해야 한다. 물론 전부를 하기 전에 직관적으로 곱과 합에 맞는 정수의 순서쌍을 찾을 가능성이 높다. 중요한 것은 이것을 머릿속으로 암산하지 않고 모두 써가며 인수분해를 할 수는 없다는 것이다. 따라서 이런 것들을 할 수 있는 연습은 분수의 사칙계산을 초등학교에서부터 충실히 해야 한다. 만약 중1~2의 학생인데, 간단한 분수셈이 암산이 되지 않고 버벅인다면 중3의 인수분해에서 모두 수포자의 대열에 합류하게 된다. 중1~2의 학생이라면 아직 늦지 않았으니 분수셈을 해봐서 부족하다고 느끼는 학생은 따로 암산하는 훈련을 하기 바란다.

학생들이 인수분해 중에 그래도 쉽다고 생각하는 인수분해가 있어 학생들에게 '합차공식'이라는 이름으로 불린다.
$x^2-a^2=(x+a)(x-a)$로 결코 쉬운 것은 아닌데 외우기 쉽기 때문에 그런 것 같다. 간혹 x^2-a^2의 인수분해를 잊어버리는 학생들이 있는데, 이것을 알려주는 것이 곱셈공식을 다시 하라고 하기도 그렇고 참으로 난감하다. 이것을 곱과 합으로 설명함으로써 중요한 개념을 알려주는 계기로 삼고자 한다.

• 두 수의 합이 0 즉 $A+B=0$(단, A, B는 실수)일 때,
  1) $A=0$ 그리고 $B=0$ 또는
  2) $|A|=|B|$ 그리고 $AB<0$

0의 성질 중에 '곱해서 0이 되는 것'과 '더해서 0이 되는 것'이 있다.

이 중에 '곱해서 0이 되는 것'은 방정식에서 다루는데, '더해서 0이 되는 것'이 교과서에서는 다루지 않지만 너무도 중요해서 필자가 고등학교에 올라가는 학생에게 '하나의 무기'로 장착하라고 하는 것이다. 당장 고1부터 미적분에 이르기까지 이 개념이 무척 많이 이용된다. 사실 이해하는 것은 너무도 간단하여 정수만 배웠다면 모두 이해할 것이다. 두 실수를 더해서 0이 되었다면, 둘 다 0이거나 아니면 절댓값은 같고 부호가 다르다는 것이 핵심이다.

x^2-a^2를 $x^2+0 \cdot x-a^2$로 보자. 곱해서 $-a^2$이 되고 더해서 0이 되는 수를 찾아야 한다. 부호를 무시하면 곱해서 a^2이 되는 것은 a^2과 그리고 a와 a이다. 그런데 두 수를 더해서 0이 되는 경우는 두 수가 모두 0이거나 절댓값은 같고 부호가 다를 때이다. 그렇다고 본다면 두 수는 a와 $-a$이다. 이것은 당장 고등학교에 들어가자마자 무리수의 상등조건이나 복소수의 상등조건을 설명하는 개념이다.

$x^2-a^2=(x+a)(x-a)$의 형태는 확장이 많은 것으로 튼튼히 할 필요가 있는 인수분해이다. 확장의 일부를 예로 들어 보자. 많은 경우, 고등의 많은 어려운 문제에서 바로 이 합차공식이 사용된다. 수학은 쉬워 보이는 것일수록 보통은 쉽지 않다.

$$x^8-1=(x^4+1)(x^4-1)$$
$$=(x^4+1)(x^2+1)(x^2-1)$$
$$=(x^4+1)(x^2+1)(x+1)(x-1)\cdots①$$

$$= (x-1)(x^7+x^6+x^5+x^4+x^3+x^2+x+1) \cdots ②$$
$$(2x+3)^2-(x+2)^2=(2x+3+x+2)(2x+3-x-2)$$
$$= (3x+5)(x+1) \cdots ③$$

①과 같은 문제를 가르치다 보면 $1=1^2=1^3=\cdots$을 생각하지 못하는 경우도 있지만 연속으로 인수분해가 되어 짜증을 내는 학생들이 많다. 귀찮아도 인수분해는 끝까지 해야 된다. 중1의 소인수분해는 끝까지 하지 않으면 틀렸다고 생각하지만, 중3의 인수분해는 끝까지 안 했어도 틀리지 않은 것처럼 생각하는 경우가 의외로 많다. 그런데 기특하게도 어떤 학생은 중학교에서 요구하는 인수분해를 다 하고 나서도 더 이상은 인수분해가 안 되냐고 물어오는 경우가 있다. 교과서가 어디까지 인수분해를 해야 한다는 기준선을 알려주지 않아서이다. 간혹 선생님들 중에는 인수분해는 '유리수의 범위까지만 인수분해를 하라.'고 하시는 분들이 있다. $(x^4+1)(x^2+1)(x+1)(x-1)$까지 인수분해를 한 것은 바로 유리수 범위까지 인수분해 한 것이다. 그러나 중3이면 무리수까지 공부했으니 인수분해의 범위를 실수 범위 내에서 해야 하는 것이 당연하다. 중3에서 연습은 하지 않겠지만, 당연히 고등학교에 가서는 무리수까지 인수분해를 할 생각을 해야 한다. 중학교에서 인수분해를 유리수까지 하는 것은 그 이유가 있다. $(x-1)$을 무리수까지 범위를 넓혀서 인수분해를 하고자 하면 $(\sqrt{x}+1)(\sqrt{x}-1)$까지 해야 한다. 그러려면 $\sqrt{x}$에서 x가 양수이어야만 하는데, x가 양수라는 조건이 없어서 더 이상 하지 못하는

것이다. $\sqrt{x}$에서 x가 음수라면 허수가 되어서 중3의 실수 범위를 넘어서게 된다는 말이다. 그러니 인수분해에서 수의 범위를 유리수가 아니라, 무리수까지로 확장하려고 마음을 먹기 바란다. 그러기 위해서는 인수분해가 된다면 역시 끝까지 인수분해가 안 될 때까지 해야 한다고 생각해야 한다. 중3의 인수분해는 ①로 끝난 것이 맞는데, 뒤에 ②를 덧붙였다. 고등학교의 교과서에 있지는 않지만 중요한 공식이라서 한 번 보여주려는 의도이다. ③에서는 괄호 앞의 −부호를 염두에 두어야 하고, 인수분해 한 상태에서 역시 동류항 정리가 되어야 한다.

35 제곱근

'$x^2=9$ 의 해를 구하라'를 말로 나타내면 '같은 수를 두 번 곱해서 9가 나오는 수가 무엇일까?'이다. 처음에는 x의 값으로 3만 생각나겠지만, 9는 +9와 같고 곱해서 +가 나오는 경우는 $(+)×(+)$도 있지만 $(-)×(-)$도 있다. 따라서 답은 +3과 −3이다. 이것을 한꺼번에 ±3 (플러스 마이너스 3 또는 복호 3이라고 읽는다. 복호란 부호가 복수로 있다는 뜻이다.)로 나타낸다.

• $\sqrt{}$ 의 이름: 루트/ 제곱근/ 근호

기호 '$\sqrt{}$'는 루트($root$)의 앞 글자 'r'을 형상화하여 만든 기호로,

루트는 '뿌리'라는 의미이다. 그래서 '뿌리 근'자가 이름들에 있다.

'9의 제곱근'을 x라 하면 $x^2=9$
라고 보고 $x=\pm\sqrt{9}=\pm3$이라는 과정을 연습하여야 한다. '3의 제곱근'을 x라 하면 $x^2=3$라고 보고, $x=\pm\sqrt{3}$ 처럼 자꾸 연습해야 한다. 처음에는 이것이 무척 낯설어서 제곱근의 연습을 어려워한다. 복호도 이때만 붙여야 하는데 복호의 노이로제가 걸려서 아무 때나 붙이다 많은 학생들이 오답을 일으킨다.

- a의 제곱근: 제곱하여 a가 되는 수
  (제곱하여 a가 되는 수를 x라 놓으면 $x^2=a \Rightarrow x=\pm\sqrt{a}$)
  ① $a>0$ 일 때, 근은 2개 즉 $x=\sqrt{a}$ 또는 $-\sqrt{a}$
  ② $a=0$ 일 때, 근은 1개 즉 $x=0$
  ③ $a<0$ 일 때, 근은 0개(실수 범위 안에서)
- 실수라면, 제곱해서 음수가 없으니 음수의 제곱근은 없으며 루트 안도 음수일 수 없다.
- 3의 제곱근 : $x^2=3 \Rightarrow x=\pm\sqrt{3}$
  3의 양의 제곱근 : $\sqrt{3}$
  3의 음의 제곱근 : $-\sqrt{3}$

'3의 제곱근은 $\sqrt{3}$ 이다.'라고 하면 틀린다. 왜냐하면 $\sqrt{3}$ 뿐만 아니라 $-\sqrt{3}$ 도 있기 때문이다. 그러나 거꾸로 '$\sqrt{3}$ 은 3의 제곱근이다.'

라고 하면 맞다. 이것을 간단하게 설명해 보면, '길동이는 길동이네 가족이지만, 길동이네 가족은 길동이다.'가 틀린 이유와 유사하다. 길동이의 가족이 길동이 이외에도 또 있다면 '길동이네 가족은 길동이다.'가 틀린 말이고, 길동이가 고아라면 이 말이 맞는 말이 된다.

조안호쌤: $x^2=-4$가 되는 수는 뭐니?

학생: 2하고 −2요.

조안호쌤: x^2이 뭔지 아니?

학생: 절 무시하시는 거예요? 당연히 $x \times x$ 죠.

조안호쌤: 그러면 두 x가 다른 수니 같은 수니?

학생: 기억나요. 한 문장에 있는 문자이니 같은 수입니다.

조안호쌤: 같은 수라면 2×2나 (−2)×(−2)가 되지 어떻게 2×(−2)가 되겠니?

학생: 그럼 같은 수를 곱해서 −4가 되는 수는 없는 거예요?

조안호쌤: 네가 생각해 봐!

학생: 나는 잘 모르겠는데, 혹시 제가 모르는 게 있지 않을까요?

조안호쌤: 일단 없어!

학생: 왜 '일단'이라고 했어요?

조안호쌤: 나중에 '허수'라고 곱해서 음수가 되는 수를 표현하는 것이 나오지만 그것이 중요한 것이 아니라 당장은 그런 것이 없다고 확실하게 생각하는 것이 중요해! 확실하게 알다가 깨어져야 구분이 명확하게 되는 거야. 같은 수를 곱해서 음수가 되는 경

우는 있다? 없다?

🧑 학생: 없다!!

$x^2=-4$의 해가 없지만 이를 있다고 가정하고 답을 구하면 $x=\pm\sqrt{-4}$ 이다. 그러나 실수가 아니라서 이 역시 없다고 보아야 한다. 따라서 루트 안은 음수가 될 수 없다. 루트 안이 양수이면 두 개의 해를 가지고, 0이라면 한 개의 해, 음수라면 해를 가지지 않으며 굳이 개수를 묻는다면 실수의 개수로써 0개라고 할 수 있다.

'음수가 아니다'란 말의 뜻이 다가오도록 한 문제만 풀어보자.

✏️ $\sqrt{17-n}$ 이 정수가 되는 양의 정수 n의 개수는?

① 2개   ② 3개   ③ 4개   ④ 5개   ⑤ 6개

📋 답 ④

1, 4, 9, 16을 생각하여 답을 ③번이라고 한사람 손들어! $\sqrt{17-n}$ 이 정수라고 했지 자연수라고 하지는 않았다. 루트 안은 음수이면 안 된다는 것을 알고 있지요? '음수가 아니다'라는 말은 '양수'가 아니라 '양수와 0'이다. 즉, $17-n \geq 0$이어야 하고 $17-n$이 제곱수이어야 한다. '$17-n \geq 0$'의 의미는 n이 17보다 커서는 안 된다는 의미로 즉 같거나 작아야 한다는 의미이다. 따라서 1, 4, 9, 16이 아니라 0, 1, 4, 9, 16을 만들 수 있도록 빼는 수가 n의 값이 된다. 즉 n의 값은 17, 16, 13, 8, 1로 5개가 된다.

I can do

제곱근의 대소

36

자칫 인식하지 못할 수도 있는데, 제곱근도 수이다. 보통 수라고 하면 실수를 의미한다. 그리고 모든 수는 '수직선'에 있다. 실수가 수직선에 있다는 것은 수직선이 한 줄이니 모든 수는 대소 비교가 가능하다는 말이다. 또한 어떤 특정한 수가 어디쯤에 있는지를 알기 위해서는 도로의 이정표와 같은 것이 필요하다. 그래서 흔히 수직선에 일정한 간격을 두고 정수 표시를 하게 된다. 따라서 일반적으로 세곱근의 대소를 알려면 제곱근이 정수의 어디 사이에 있는지를 알아야 한다. 그러기 위해서는 정수들을 늘어놓고 근호를 씌워보면 된다. 이때 정수로 나가는 것을 나간 상태로 다시 써놓으면 제곱근의 크기를 알 수 있다.

$$\sqrt{1}, \sqrt{2}, \sqrt{3}, \sqrt{4}, \sqrt{5}, \sqrt{6}, \sqrt{7}, \sqrt{8}, \sqrt{9}, \sqrt{10}, \sqrt{11}, \sqrt{12}, \cdots$$
$$1, \sqrt{2}, \sqrt{3}, 2, \sqrt{5}, \sqrt{6}, \sqrt{7}, \sqrt{8}, 3, \sqrt{10}, \sqrt{11}, \sqrt{12}, \cdots$$

이를 통해 1과 2 사이에는 $\sqrt{2}$와 $\sqrt{3}$이 있고, 2와 3 사이에는 $\sqrt{5}, \sqrt{6}, \sqrt{7}, \sqrt{8}$, 3과 4 사이에는 $\sqrt{10}, \sqrt{11}, \sqrt{12}, \sqrt{13}, \sqrt{14}, \sqrt{15}$ 가 있다는 것 등이 보인다. 제곱근과 정수들의 비교는 이것만을 가지고 할 수 있는데, 대상을 실수로 확장하면 다양한 방법이 사용된다. 이 기회에 실수의 크기 비교를 하는 방법을 총망라해 본다. 아래의 방법 중에서 중학교는 셋째 번까지의 방법을 사용하면 된다.

- 첫째, 비교하려는 대상의 기준을 같게 한다.
- 둘째, 두 수를 빼서 양수이면 빼지는 수가 큰 것이고 음수이면 빼는 수가 크다.
- 셋째, 부등식의 성질을 이용하여 간단하게 한다.
- 넷째, 두 수를 분수로 놓고 1과의 비교를 통해서 비교한다.
- 다섯째, 함숫값를 이용하여 비교한다.

첫째의 내용은 기본에 해당한다. 분수의 크기를 비교하려면 분모를 같게 해야 한다. 정수와 제곱근의 비교라면 둘 다 루트를 사용하거나 루트가 없는 상태여야 비교가 된다는 것이다. 과학에서 변인 통제를 생각하면 될 것이다. 제곱근의 대소는 첫째와 둘째 것만 사용해도 웬만한 것은 다 풀릴 것이다. 중3의 교과서를 보면 둘째 것만 소개되어 있다. 그러나 그것보다는 부등식이니 '부등식의 성질'로 푸는 것이 더 쉽고 일반적이다. 넷째는 지수가 있는 큰 수들의 비교 방법으로 사용된다. 위 네 가지 방법으로 풀리지 않는 정말 어려운 문제는 함수의 그래프를 그려서 해결해야 할 경우도 있다. 만약 함수의 그래프를 그려서 비교해야 한다면, 고등학생들도 어려워하는 문제이다.

조안호쌤: $\sqrt{4}$와 $\sqrt{9}$ 중에 어느 것이 클까?

학생: $\sqrt{4}$는 2이고 $\sqrt{9}$는 3이니, 3이 커요?

조안호쌤: 무슨 말이니? $\sqrt{4}$와 $\sqrt{9}$ 중에 누가 크냐고 물었더니 여기서 3이 왜 나와?

학생: 알았어요. $\sqrt{9}$가 커요.

조안호쌤: 루트 안의 수가 크면 크다고 할 수 있겠어?

학생: 네.

조안호쌤: $\sqrt{4}$는 넓이가 4인 정사각형의 한 변의 길이고 $\sqrt{9}$는 넓이가 9인 정사각형의 한 변의 길이라고 생각하면, 좀 더 명확해질 거야.

학생: 그러네요.

조안호쌤: $2\sqrt{2}+1$과 $2\sqrt{3}+1$ 중에는 어느 것이 더 크니?

학생: 너무 복잡하잖아요.

조안호쌤: 복잡하면 간단하게 만들면 되지! 두 수 사이에 부등호가 있다고 생각해 봐! 그러면 부등식의 성질을 이용할 수 있게 돼!

🙋 학생: 아! 양변에 1을 빼고 다시 2로 나누면 $\sqrt{2}$와 $\sqrt{3}$이 되네요.

👨‍🏫 조안호쌤: 부등호의 방향이 오른쪽으로 벌려지니 오른쪽에 있었던 $2\sqrt{3}+1$이 크다고 할 수 있다는 거지. 이처럼 부등식의 성질을 사용할 때는 음수로 곱하거나 나누면 부등호의 방향이 바뀌어 헷갈리게 되니, 음수를 곱하거나 나누지 않는다면 훨씬 편할 거야.

🙋 학생: 그러겠네요.

👨‍🏫 조안호쌤: 이번에는 4와 $\sqrt{15}$ 중에 어느 것이 클까?

🙋 학생: 4요. 이것도 알아요. 4를 루트 안에 넣으면 $\sqrt{16}$이 되어 $\sqrt{15}$보다 크다는 거 설명하려고 그러지요?

👨‍🏫 조안호쌤: 아니, 왜 4를 루트 안에 넣었냐?

🙋 학생: 그렇게 해야 비교가 되니까 그렇죠?

👨‍🏫 조안호쌤: 비교하려는 두 대상을 기준이 같은 수로 바꾸어야 된다는 거야! 예전에 분수의 크기를 비교할 때도 분모를 같게 했었던 거 기억이 나냐? 그렇다면 약간 더 어려운 걸 해볼까? 7과 $3+2\sqrt{6}$ 중에 어느 것이 더 크니?

🙋 학생: 양변에 3을 빼면 4와 $2\sqrt{6}$ 이 되는데 다시 모두 루트 안으로 넣으면 $\sqrt{16}$과 $\sqrt{24}$가 돼요.
그러니 원래로 돌아가서 $3+2\sqrt{6}$ 이 더 커요.

👨‍🏫 조안호쌤: 하산하거라!

7과 $3+2\sqrt{6}$ 중에 어느 것이 더 큰지를 비교하면서 부등식의 성질을 이용했는데, 교과서에서는 두 수를 빼서 0과의 비교를 통해서 답을 찾는다. 그 방법대로 해보자.

우선 두 수를 빼면 $7-(3+2\sqrt{6})$이고 간단하게 고치면 $4-2\sqrt{6}=2(2-\sqrt{6})$이다.

그런데 $(2-\sqrt{6})<0$이니 두 수의 뺀 결과인 $2(2-\sqrt{6})$가 음수이다. 따라서 빼서 음수이니 빼지는 수가 크다는 말이고 $7<3+2\sqrt{6}$라는 답을 구하게 된다. 이처럼 빼는 방법은 더 복잡한 과정을 거치게 된다. 이 방법을 가르쳤다가 나중에 고등학교에 가서 수식의 크기를 비교하면서 완전제곱을 만들고 실수의 성질을 사용하려는 의도로 보인다. 그러나 무리수는 아는 수이니만큼 굳이 빼서 비교하지 않아도 된다. 게다가 이 방법을 한 가지만 배우니 전체적으로 크기 비교를 아예 생각하지 못하는 단점이 있고 더 쉬운 방법을 놓고 돌아가는 느낌이 있다.

37 순환소수

대부분의 연산은 분수를 통해서 이루어지고 분수로 만들 수 있는가 없는가의 구분으로 유리수와 무리수의 경계가 된다. 그래서 소수를 분수로 고칠 수 있는가 없는가의 구분이 중요한 문제이다. 소수(1보다 작은 수)는 크게 두 가지로 구분된다. 소수점 아래의 부분이 무한히 계속되는 소수(무한소수)와 그 끝이 있는 소수(유한소수)로 나누어진다. 유한소수는 분수로 바꿀 때 10, 100, 1000 등의 분모가 되는데 역으로 분수는 기약분수의 분모에 10의 소인수인 2와 5만으로 되어있으면 모든 분수는 유한소수가 된다. 그런데 유한소수는 초등학교에서부터 다루어왔으므로 여기서는 무한소수만 다룬다.

- 소수 { 유한소수
        무한소수 { 순환하는 무한소수
                  비순환 무한소수(무리수)

순환소수는 소수점 아래 일정 부분의 같은 수가 반복되어 나타나는 형태이다. 1÷3을 $\frac{1}{3}$이 아니라 직접 소수점 아래가 나오도록 계산하면 0.33333…으로 3이란 숫자가 무한히 반복된다. 무한히 가니 무한소수이고 반복이 되니 순환하는 무한소수가 된다. 한 개의 숫자가 아니라 여러 개의 숫자가 반복될 수도 있다.

예를 들어 0.234234234…, 0.567856785678…과 같은 소수에서 234나 5678과 같이 반복되는 부분을 순환마디라고 한다. 간혹 분수를 나누어 소수로 나타낼 때, 순환마디가 길어질 때 계속 나누기 귀찮아지면 순환하지 않는 무한소수인가를 생각하는 경우가 있는데, 그런 일은 없다. 분수는 소수로 나타낼 때 소수는 유한소수이거나 소수점 아래가 무한히 반복되는 경우밖에 없다.

- 순환소수 표현 방법: 마디의 처음과 마지막에 점을 찍어 나타내기
- 모든 분수는 유한소수이거나 순환소수로 나타내진다.

숫자가 길어지는 것을 피하고 간략하게 나타내기 위해 순환마디의 '첫 번째 수와 마지막 수의 숫자 위에 점'을 찍어 나타낸다. 수학에서 규칙은 항상 적용되어야 한다는 것과 동시에 그 이외의 경우에는 해당되지 않는다는 것을 나타낸다. 간결한 수학 표현이 수학을 어렵

게도 하지만, 익숙하게 되면 아름답다고 하기도 한다. 처음과 마지막에만 점을 찍어야 한다는 말은 다른 곳에 점을 찍어서는 안 된다는 말이다. $0.223223\cdots=0.2\dot{2}\dot{3}$처럼 중간에 점을 찍어서는 안 되며, $2.555\cdots=2.5\dot{5}$처럼 불필요한 수를 더 써서도 안 된다. 그런데 순환마디를 찾는 것은 머릿속에서 생각하는 만큼 결코 간단하지 않다. 여전히 쉽다고 생각하는 학생을 위해 헷갈리는 아래의 문제를 냈는데, 이 문제도 쉽다면 그냥 순환마디를 찾는 것은 쉬운 일이라고 단정을 지어도 좋다.

🖌 $5.0100100100\cdots$의 순환마디에 점을 찍어 간단하게 나타낼 때, 올바르게 나타낸 것은?

① $0.\dot{0}1\dot{0}$　　② $5.\dot{0}\dot{1}$　　③ $5.\dot{0}10\dot{0}$　　④ $5.0\dot{1}0\dot{0}$　　⑤ $5.0100\dot{1}$

답 ④

순환마디에 집착하다가 자연수 부분을 못 보는 경우도 있고, 반복된 수의 마디를 대충 보다가 불필요한 것을 포함하는 예가 생긴다. 이 문제의 고민은 ③과 ④를 구분하는 것이다. 다른 답을 찾은 것은 연습부족이나 고민을 적게 한 탓이다. 보통 귀찮아서이지 역으로 점을 찍어 나타낸 보기를 다시 풀어서 나타내보면 대부분의 오답은 걸러내진다. 그러나 ③과 ④는 역으로 나타내봐도 모두 주어진 문제의 순환소수가 되는 것을 확인할 수 있다. 0/100/100…으로 볼 것인가? 아니면 마디를 모두 한 칸씩 옮겨 010/010/010…으로 볼 것인가? 눈으로 보기에는 익숙한 '100'이 먼저 보이겠지만 조그만 불필요도 용납하지 않겠다고 보면 '010'이 순환마디로 보인다.

조안호쌤: $\frac{1}{7}$을 소수로 나타내면 0.142857인데 소수점 아래 40번째의 숫자는 뭔지 아니?

학생: 학교에서 배울 때, 순환마디 개수로 나누라는데 잘 이해가 안 가요. 설명 좀 해주세요.

조안호쌤: 소수점 아래 여섯 번째 수(숫자)는 뭐니?

학생: 7이요.

조안호쌤: 그럼 12번째 수는 뭐니?

학생: 7이요.

조안호쌤: 18번째 수는 뭐니?

학생: 역시 7이요.

조안호쌤: 6의 배수의 숫자는 모두 7이겠지?

학생: 예.

조안호쌤: 그럼 36번째의 수는 뭐니?

학생: 당연히 7이지요.

조안호쌤: 37번째는?

학생: 1이요.

조안호쌤: 38번째는?

학생: 4요.

조안호쌤: 39번째는?

😊 학생: 2요

😊 조안호쌤: 우리가 구하려고 했던 40번째는?

😊 학생: 이렇게 하니 쉽네요. 8이요.

😊 조안호쌤: 40을 넘지 않는 마지막 6의 배수를 구하기 위해서 40을 6으로 나눈 거야. 그다음 나머지와 순환마디를 하나씩 연결 지으면 돼!

😊 학생: 똑같은 개념이라도 이렇게 이해를 하니 훨씬 알아듣기 쉬운 거 같아요.

위 몇 개의 개념이 혼재되어 있는 좀 더 어려운 문제를 풀어보자.

✏️ 유한소수 x=0.123456789101112131415 ⋯ 997998999가 있다. 이 소수는 소수점 아래의 숫자가 자연수 1에서 999까지의 수들로 되어있다. 소수점 아래 2000번째 자리의 숫자를 구하여라.

답 0

먼저 문제에 대한 이해부터 해보자. 그러기 위해서 몇 개의 개념이 필요하고 이것을 초등학교에서 배웠어야 하는데 대부분 모르기 때문에 우선 정리부터 하고자 한다.

• 숫자: 0, 1, 2, 3, 4, 5, 6, 7, 8, 9의 10개
• 조안호의 수 정의: 숫자와 기호를 사용하여 만든 것

- 조안호의 수세기 정의: 1,2,3,…가서 마지막 수가 총 개수이다.
- 한 자리 자연수: 1부터 9까지의 자연수
- 두 자리 자연수: 10에서 99까지의 자연수
- 세 자리 자연수: 100에서 999까지의 자연수

한 자리 자연수는 수와 숫자가 같아서 9개이다. 두 자리 자연수는 10에서 99까지의 수로 각각의 수에서 9을 빼면 1,2,3, …90이니 90개이고 각 수마다 숫자는 2개씩이니 총 숫자의 개수는 180개이다. 이런 식으로 구해보면 세 자릿수는 900개이고 각각의 수가 3개씩이니 총 숫자는 2700개이다. 따라서 x는 소수점 아래의 총 숫자의 개수는 9+180+2700=2889(개)인데, 그중에 2000번째의 숫자가 무엇이냐고 묻는 것이다.

두 자릿수까지의 숫자의 개수는 189개이고, 세 자리 첫수인 100의 1부터 시작하는 2000번째 숫자는 2000−189=1811번째의 숫자이다. 11개를 잠깐 보류하면 1800개는 세 자릿수이니 3으로 나누어보면 600개의 수가 된다. 100부터 600번째의 수는 699이니 1800번째의 수는 9가 될 것이다. 이후의 수를 늘어놓고 11번째의 숫자를 찾으면 된다. 700701702703…에서 11번째의 수는 0이므로 이 문제의 답은 0이다.

유리수와 무리수

38

유리수와 무리수를 통틀어서 실수라고 하고, 실수는 '실제의 수'라는 뜻이다. 실제의 수라는 것을 강조한다는 것은 역으로 '가짜의 수'도 있다는 것을 말한다. 고등학교에서 배우겠지만, 이것을 허수라고 한다. 여기서 문제 들어간다. 허수아비의 아들 이름은 무엇일까요? 답은 허수고 농담이다.

• 복소수 $\begin{cases} 실수 \begin{cases} 유리수 \\ 무리수 \end{cases} \\ 허수 \end{cases}$

• 조안호의 유리수 정의: 분수로 만들기 유리한 수

- 조안호의 무리수 정의: 분수로 만들기 무리인 수
- 분수의 정의: 분모와 분자가 정수이고 분모가 0이 아닌 수
- 개별적인 유리수와 무리수를 더하면 반드시 무리수이다.

유리수나 무리수는 번역의 오류로 해서 잘못 이름이 붙여진 경우에 해당한다. 그래서 수학자 중에는 유리수를 분수를 뜻하는 유비수로 만들어야 한다고 주장하시는 분들이 있고 필자도 동조한다. 여기서 비는 분수를 뜻한다. 유리수는 분수로 만들 수 있는 수이고 무리수는 분수로 만들 수 없는 수이다. 외우기 좋도록 약간 변형하면 유리수는 분수로 만들기 유리한 수이고 무리수는 분수로 만들기 무리가 있는 수이다.

🧑‍🦰 조안호쌤: $\frac{0.2}{0.3}$은 분수니?

👧 학생: 네. 분수죠.

🧑‍🦰 조안호쌤: 분수의 정의를 외워봐라.

👧 학생: '분모와 분자가 정수이고 분모가 0이 아닌 수'요.

🧑‍🦰 조안호쌤: 너는 0.3이 정수로 보이니?

👧 학생: 앗. 그럼, $\frac{0.2}{0.3}$이 분수가 아니란 말이에요?

🧑‍🦰 조안호쌤: 당연히 분수가 아니야. 정의에 어긋나는 것을 못 봤어?

👧 학생: 10을 곱하면 분수 아니에요?

🧑‍🦰 조안호쌤: 10을 곱하면, $\frac{2}{0.3}$이니 아직도 분수가 아닌데.

🙎 학생: 아, 진짜 분모와 분자에 10을 곱하면요.

🧑‍🏫 조안호쌤: 분모와 분자에 10을 곱하면 $\frac{2}{3}$ 로 분수가 맞지. 그렇지만 $\frac{0.2}{0.3}$ 는 분수가 아니야.

🙎 학생: 그럼, $\frac{0.2}{0.3}$ 를 뭐라고 해요?

🧑‍🏫 조안호쌤: $\frac{0.2}{0.3}$ 를 분수로 바꿀 수 있지? 유리수의 정의와 같잖아. 그러니 유리수야.

🙎 학생: 와, 뭔가 딱딱 맞는 느낌이에요.

🧑‍🏫 조안호쌤: $\sqrt{3}$ 은 무리수이니?

🙎 학생: 예!

🧑‍🏫 조안호쌤: 왜 무리수니?

🙎 학생: 제가 이 정도는 알아요. 근호 안에 있는 수가 밖으로 나가지 못하고 나간다면 비순환무한소수가 되잖아요.

🧑‍🏫 조안호쌤: $\sqrt{3} = \frac{\sqrt{3}}{1}$ 이니 분수로 만든 거 아냐?

🙎 학생: 와. 분자가 정수가 아니라서 분수가 아니란 말이지요? 선생님이랑 얘기하기 전까지만 해도 $\frac{\sqrt{3}}{1}$ 은 분모가 1이라서 안 되는 줄 알았어요.

🧑‍🏫 조안호쌤: 분모가 1이라면 0이 아닌 정수에 위배되지 않으니 상관이 없단다.

🙎 학생: $\frac{\sqrt{3}}{1}$ 이 분수가 아니라면 그럼 뭐예요?

🧑‍🏫 조안호쌤: '분수 꼴'이지!

🙂 학생: 그런데 왜 이런 것을 다른 선생님들은 왜 안 알려줘요?

👨 조안호쌤: 안 알려주는 것이 아니라 네가 모른 거지. '분수란 $\dfrac{b}{a}$ 에서 $a(a \neq 0)$와 b는 정수'라고 알려주었어. 다만 분수의 정의라고 말하고 외우라고 하지 않았을 뿐이지. 정의를 외워서 사용하지 않는 공부라면, 잘못된 수학 공부란다. 이제 분수로 만들 수 없는 수가 무리수라는 것을 알겠냐?

🙂 학생: 예!

👨 조안호쌤: 진짜? 그럼 확인해 볼테다. $-\sqrt{3}$은 무리수냐?

🙂 학생: 예!

👨 조안호쌤: 왜?

🙂 학생: 분수로 만들 수 없으니까요.

👨 조안호쌤: '$2-\sqrt{3}$'는 무리수냐?

🙂 학생: 예!

👨 조안호쌤: 왜?

🙂 학생: 분수로 만들 수 없으니까요. 사실 무리수라고 했지만 어딘지 마음에 걸려요. 이거는 유리수와 무리수를 합친 것인데, 이것도 무리수라고 할 수 있나요?

👨 조안호쌤: 그래, $\sqrt{2}$나 $\sqrt{3}$ 등만 무리수라고 배워서 이런 것만 무리수라는 오류가 생긴 것이야. 항상 수학은 정의가 무엇인가를 생각해야 자신이 만든 함정에 잘 빠지지 않게 되는 것이야. 생소하겠지만, 유리수와 무리수를 합친 수는 항상 분수로 만들 수 없으니 무리수라고 할 수 있는 거야!

😊 조안호쌤: 좋아. 무리수와 무리수를 더해서 유리수가 되는 경우
를 말해봐라.

😊 학생: 무리수와 무리수를 더하면 항상 무리수예요.

😊 조안호쌤: 아니야.

😊 학생: 아무리 생각해도 유리수가 되는 경우가 없어요.

😊 조안호쌤: $\sqrt{3}+(-\sqrt{3})=0$에서 $\sqrt{3}$과 $-\sqrt{3}$은 무리수이고 0은 유리
수잖아.

😊 학생: 그러게요. 아직도 제 머리에는 $-\sqrt{3}$ 같은 수가 무리수라는
생각이 아직 안 들었나 봐요.

• 실수로 수직선을 채운다는 말은 연속을 의미한다.
• 실수의 2대 특징은 대소 비교가 가능하다는 것과 제곱하면 0 이
상의 수가 된다는 것이다.

실수의 조밀성

유리수를 수직선에 나타내다 보면, 두 분수 사이에 계속 분수가 만
들어지니 수직선을 모두 채울 수 있을 것 같은 생각이 든다. 그러나
실제로 유리수로는 수직선을 채울 수 없다. 유리수로 채울 수 없는
곳을 모두 채워주는 것이 무리수이다. 무리수를 수직선에 나타내는
것은 직접적으로는 힘들고 '데데킨트의 절단'이라는 것을 이용한다.
이름이 있으니 거창해 보이지만, 알고 보면 수직선에 선을 내려서

점을 표현하는 방법을 이른다. 유리수로 채울 수 없는 부분을 채운다 하니 마치 무리수가 많지 않을 것이라는 느낌을 받는다. 그런데 유리수보다는 무리수가 더 많다고 한다.

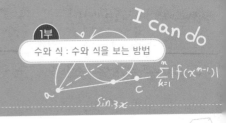
분모의 유리화

39

분모의 유리화란 무리수인 분모를 유리수로 만드는 것이다. 분모의 유리화를 할 줄 아느냐가 중요한 것이 아니라 왜 분모의 유리화를 하느냐를 아는 것이 중요하다. 분수는 분모가 기준이니 분모를 유리수로 바꾸는 이유가 여러 개 있었다. 분모의 유리화를 하는 가장 큰 이유는 분자는 무리수라 할지라도 분모가 유리수일 때, 그 수의 크기를 가늠하기 좋아서이다. 두 번째 분모의 유리화를 해야 통분하기 좋고 통분을 해야 크기 비교나 분수 꼴의 덧·뺄셈을 하기 좋다는 데 있다. 셋째, 그 밖에도 자잘한 계산을 하기 좋아서이다.

분모의 유리화는 '분수의 위대한 성질'에 따라 분모와 분자에 0이 아닌 같은 수를 곱하여도 크기는 같다는 성질을 이용하는 것이다.

예를 들어 $\dfrac{1}{\sqrt{2}}$ 의 분모인 $\sqrt{2}$ 를 유리수로 만들기 위해서는 분모와 분자에 $\sqrt{2}$ 를 곱하면 된다.

$\dfrac{1}{\sqrt{2}} = \dfrac{1 \times \sqrt{2}}{\sqrt{2} \times \sqrt{2}} = \dfrac{\sqrt{2}}{2}$ 로 분모와 분자는 달라졌지만, 크기는 같고 분모는 유리수가 되었다.

간혹 '분자의 유리화'를 하면 안 되냐고 하는 학생이 있다. 된다. 고등학교에서는 분자의 유리화가 필요한 경우도 있다.

조안호쌤: '분모의 유리화'가 뭐니?

학생: 분모를 유리수로 만든다는 거예요.

조안호쌤: 분모가 유리수가 아닐 때 하는 건가 보지? 유리수가 아니라면 뭔데?

학생: 무리수요.

조안호쌤: 분모의 유리화는 사실 '분수의 위대한 성질'을 이용하면 되니 어렵지 않지?

학생: 예!

조안호쌤: 그서보다 더 중요한 것이 있어. 분모의 유리화를 왜 하는 걸까?

학생: 분모를 유리화하라니까 하지요.

조안호쌤: 왜 하는지 이해를 못 하면 분모의 유리화를 할 줄 알면서도 분모의 유리화를 하지 않아서 틀릴 수 있단다.

예를 들어 $\sqrt{2}$의 어림값을 1.414라고 할 때,

$\dfrac{1}{\sqrt{2}}$, $\dfrac{\sqrt{2}}{2}$ 중에서 어느 것이 크기를 가늠하기 좋을까?

🤓 학생: 둘 다 어려운데요.

🧑 조안호쌤: 그럼, $\sqrt{2}$에 1.414를 대입해서 보자.

$\dfrac{1}{1.414}$, $\dfrac{1.414}{2}$ 중에서 어느 것이 크기를 가늠하기 좋니?

🤓 학생: 그러고 보니 분모의 유리화를 한 것이 조금 나아 보이네요.

🧑 조안호쌤: 조금이라고? 좋아. 1÷1.414를 계산해 봐.

🤓 학생: 알았어요. $\dfrac{1.414}{2}$이 엄청 좋아요.

🧑 조안호쌤: 잘 들어! 무리수의 사칙계산을 하였으니 이제 분수의 사칙계산을 해야 하는데 그중 분수의 덧셈과 뺄셈을 하려면 무엇을 해야 하니?

🤓 학생: 통분요.

🧑 조안호쌤: 통분이란 분모가 같은 것인데 분모가 무리수보다는 유리수가 되어야 통분하기 쉽겠지?

🤓 학생: 그러니까 바로 통분 때문에 유리화를 한다는 거예요?

🧑 조안호쌤: 그래. 예를 들어 $\sqrt{3}+\dfrac{1}{\sqrt{3}}$ 에서 $\dfrac{1}{\sqrt{3}}$ 의 분모를 유리화 해야만 정리할 수 있단다.

🤓 학생: 자칫하다가는 계산할 수 없는 문제라고 생각하기 쉽겠어요.

🧑 조안호쌤: 그래서 무엇을 배웠을 때, 그것을 할 수 있기도 해야 겠지만, 무엇보다 이유를 알아야 그 쓰임새를 알고 사용할 수 있

게 된단다. 그보다 유리화를 안 하면 주관식에서는 틀렸다고 할 거고 또 선택지에서는 <보기>에서 답이 안 보일걸. <보기>가 전부 유리화되어 나올 테니까 말이야.

• 분모의 유리화가 분모와 분자에 같은 수를 곱한다고 했지, 분모와 같은 수를 곱하는 것으로 생각하면 안 된다.

분수가 나오면 항상 '분수의 위대한 성질'을 생각해야 하는 것이 맞다. 또한 루트를 보면 루트 안의 수가 제곱수와의 곱이면 항상 내보낼 생각을 해야 한다. 이 모든 것은 거의 자동으로 처리할 정도로 충분한 연습이 되어야 할 것이다. 간혹 분모의 유리화를 정확하게 이해하지 못하고 분모와 같은 수를 곱한다고 생각하는 경우가 있다. 예를 들어 $\dfrac{\sqrt{3}}{\sqrt{8}}$ 를 유리화하라고 하면,
분모와 분자에 $\sqrt{8}$를 곱하는 학생이 있다.
심지어 또 어떤 학생은 $\dfrac{\sqrt{3}}{2\sqrt{2}}$ 로 고치고 나서도
분모와 분자에 $2\sqrt{2}$를 곱하는 학생이 있다. 제곱수를 근호 밖으로 내보내고 분모와 분사에 $\sqrt{2}$를 곱하는 것이 맞다.

• 분모의 유리화에서 분모의 항이 2개라면, 합차공식을 사용해야 한다.

분모의 유리화 중에는 $\dfrac{\sqrt{2}}{\sqrt{5}+\sqrt{2}}$ 처럼 분모의 항이 2개인 경우가 있다.

이때는 분모와 같은 수를 곱해서 해결되지 않는다. 이때는 합차공식 즉 $(a+b)(a-b)=a^2-b^2$를 이용하는 방법밖에 없다.

$$\frac{\sqrt{2}}{\sqrt{5}+\sqrt{3}}=\frac{\sqrt{2}\,(\sqrt{5}-\sqrt{3})}{(\sqrt{5}+\sqrt{3})(\sqrt{5}-\sqrt{3})}=\frac{\sqrt{10}-\sqrt{6}}{2}$$

위와 같은 분모의 유리화는 많이 사용하는 것으로 고등학교나 중학교의 어려운 문제는 다음처럼 출제된다.

🖐 다음 식을 계산하여라.

$$\frac{1}{1+\sqrt{2}}+\frac{1}{\sqrt{2}+\sqrt{3}}+\frac{1}{\sqrt{3}+\sqrt{4}}+\cdots+\frac{1}{\sqrt{99}+\sqrt{100}}$$

답 9

중고등학교의 많은 수의 더하기는 곱하기로 바꾸거나 소거인 경우밖에 없다고 했다. 위 문제를 보고 곱하기로 만들기가 불가능하니 소거라고 생각했어야 하고 소거는 음의 부호가 필요하다.

$\dfrac{1}{1+\sqrt{2}}$ 을 유리화하면 $-1+\sqrt{2}$, $\dfrac{1}{\sqrt{2}+\sqrt{3}}$ 를 유리화하면

$-\sqrt{2}+\sqrt{3}$, $\dfrac{1}{\sqrt{3}+\sqrt{4}}$ 을 유리화하면 $-\sqrt{3}+\sqrt{4}$, $\cdots$이다.

이것들을 나열하면 $(-1+\sqrt{2})+(-\sqrt{2}+\sqrt{3})+(-\sqrt{3}+\sqrt{4})+$ $\cdots+(-\sqrt{99}+\sqrt{100})$이다. 괄호 앞의 부호가 +이니 괄호를 무시하고 보면 대부분 소거되고 남는 것은 $-1+\sqrt{100}$으로 답은 9이다.

"우와! 문제를 푸는 것은 재밌다구." 핑연!

부 02

방정식
숙달을 필요로 하는 식

40 방정식

교과서에 의하면 방정식은 x의 값에 따라 참이 되기도 하고 거짓이 되기도 하는 등식이라고 정의되어 있다. 그런데 이 정의를 이해하려면 방정식을 잘 풀고 함수를 배워야 그 뜻을 비로소 이해하게 되는 경우가 많다. 게다가 이 정의로 풀리는 중학교의 문제는 없고, 고등학교에 가서도 명제에서 한 문제가 있을 뿐이다. 정의로 풀리는 문제가 없고 사용할 것이 없다면 외워야 할 이유도 없다고 본다. 그래서 나는 학생들에게 가르칠 때 방정식을 '변수가 있는 등식'이라고 먼저 외우게 시켜서 먼저 방정식과 방정식이 아닌 것을 구분케 한다. 방정식을 제대로 알 때까지 그 사이 나오는 문제를 틀릴 수 없다는 생각에서이다. 방정식을 구분하는 것만 잘해도 매년 한 문제씩은

공짜로 맞게 된다. 대신 방정식의 진정한 의미는 중2의 함수에서나 중3의 함수가 끝난 후 방정식의 정의를 새롭게 외워서 이차방정식을 바라보는 눈을 바꾸려고 한다. 이후로 모든 방정식은 함수와의 관계로 이해해야 한다. 쉬운 것은 방정식을 판별식이나 근과 계수와의 관계 등의 기술로 풀 수 있겠지만, 어려워지는 대부분의 고등 문제는 방정식이든 부등식이든 다항식이든 뭐든지 전부 함수의 그래프로 이해하고 풀어야 한다. 그래서 고등수학의 90%는 함수라고 하는 것이다.

- 교과서의 방정식: 미지수에 따라 참이 되기도 거짓이 되기도 하는 등식
- 조안호의 중2까지 방정식 정의: 변수가 있는 등식
- 조안호의 중3부터 수능까지 방정식 정의: 두 함수의 교점의 x좌표
- 등식: 등호(=)가 있는 식
- 조안호의 '등식의 종류': 방정식, 항등식, 말도 안 되는 등식

조안호쌤: 방정식이 뭐야?

학생: '변수가 있는 식'이요

조안호쌤: 뭐? '$x+y$'도 변수라고 보면 변수기 있는 식이니 방정식이니?

학생: 알았어요. '변수가 있는 등식'이요.

조안호쌤: 등식이 뭔데?

학생: '등호가 있는 식'이요.

조안호쌤: 어떤 식을 본다면 가장 먼저 등호가 있는지 없는지를 봐야 해. 등호가 있다면 미지수가 몇 개가 있는지 그리고 그중에 변수가 무엇인지 살펴봐야 해.

학생: 변수가 뭔데요?

조안호쌤: 모든 수는 변하는 수인 변수와 변하지 않는 수인 상수로 구분할 수 있어.

학생: 그럼, 미지수와 변수는 무슨 차이가 있어요?

조안호쌤: 미지수는 원래가 알 수 없는 수이니 변하는지 변하지 않는지도 모른단다. 그러니 미지수 중에서 변수라고 문제의 출제자가 알려주어야만 해.

학생: 미지수 중에서 변수가 뭐라고 알려주어야 한다는 말이군요.

조안호쌤: '$x+3=5$'는 식의 이름이 뭐니?

학생: 방정식이요.

조안호쌤: x가 변수라는 말이 없었는데, 왜 방정식이야?

학생: 그럼 뭐예요?

조안호쌤: 등호가 있잖아. 그럼, 등식이지.

학생: 그래도 꼭 방정식 같네요,

조안호쌤: '방정식 $x+3=5$'은 식의 이름이 뭐니?

학생: 등식이요.

조안호쌤: 방정식이라고 써 줬는데도 등식이니?

학생: 그러네요.

조안호쌤: '방정식 $x+3=5$'에서 변수는 뭐야?

학생: x요. 그런데 x가 미지수인데, 변수인지 아닌지 모르잖나요?

조안호쌤: 오호. 똑똑한데. 그런데 방정식이 변수가 있는 등식이라고 했으니 변수가 있어야 할 것이고, 변수가 될 만한 것은 x밖에 없어서 x가 변수가 된 거란다.

학생: 말 되네요.

조안호쌤: '$x+3=5$'는 식의 이름이 뭐니?

학생: 등식이요.

조안호쌤: 잘했다. 등식의 종류는 뭐니?

학생: 방정식, 항등식 그리고 말도 안 되는 등식이 있어요. 그런데 항등식이 뭐예요?

조안호쌤: '항상 등식이 성립하는 식'이야. 항상 성립한다는 말은 모든 수가 답이 된다는 얘기지! 예를 들어 '$x=x$'와 같은 식을 말해.

조안호쌤: 그런데 '$x=x$'를 풀어봐라!

학생: 이걸 어떻게 풀어요?

조안호쌤: 얼른 안 해!

학생: 0이요.

조안호쌤: 어떻게 했는데, 등호가 없어지냐? '그럴 것이다'라고 예측하지 말고 정확하게 해봐라.

학생: 알았어요. '$0=0$'이요.

조안호쌤: '$0=0$'은 방정식이니?

학생: 변수가 될만한 것도 없어서 방정식이 아니네요.

조안호쌤: 그래서 항등식은 방정식이 아니야.

학생: 이제 '말도 안 되는 등식'이 뭔지도 알려주세요.

조안호쌤: $x=x+3$을 풀어봐라.

학생: 0=3이요.

조안호쌤: 말이 되니 안 되니?

학생: 안돼요.

조안호쌤: 등호가 있어서 등식이지만, 말이 안 되어서 '말도 안 되는 등식'이란다.

학생: 이런 게 앞으로 사용돼요?

조안호쌤: 그럼 사용도 하지 않을 것을 가르칠 줄 알았냐?

학생: 그런 건 아니지만, …

다항식과 등식의 구분

$\dfrac{2x+1}{3}-\dfrac{x}{4}$의 계산에서 12를 곱하여 분모를 없애고 $4(2x+1)-3x$라고 쓰면 틀리는 이유는 무엇인가?

위 문제는 다항식과 등식을 구분하지 못하는 오류에서 비롯된다. 중학생들뿐만 아니라 많은 고등학생들에게서도 이런 오답의 유형을 본다. 물론 고등학생들의 경우 위보다 식이 복잡하지만 중학생들이 혼동했던 개념은 고등학교에서도 여지없이 문제로 나온다. 분모의 최소공배수를 곱하였던 것은 등식이 있어서 했던 것이다. 위 식은 등식이 아니라서 수를 곱한다면 당연히 다른 수가 된다.

만약 $\dfrac{2x+1}{3} - \dfrac{x}{4} = 2$인 일차방정식이라면

양변에 12를 곱해서 $4(2x+1) - 3x = 24$로 이를 풀면 $x = 4$이다.

그러나 $\dfrac{2x+1}{3} - \dfrac{x}{4}$와 같은 다항식에 12를 곱해서 $4(2x+1) - 3x$이 되었다면

다시 12를 나누어서 $\dfrac{4(2x+1) - 3x}{12}$와 같이 계산하는 것이 맞다.

그동안 배워왔던 대로 정식으로 한다면

$\dfrac{2x+1}{3} - \dfrac{x}{4} = \dfrac{8x+4}{12} - \dfrac{3x}{12} = \dfrac{5x+4}{12}$이다.

• 다항식이나 방정식을 쓰는 순서: 내림차순이나 오름차순

다항식을 한눈에 보이도록 하거나 동류항을 정리하거나 인수분해를 하기 위해서는 특정한 문자에 대하여 차수가 높은 것부터 낮은 차수 순으로 쓰는 것이 좋다. 이것을 내림차순이라고 한다. 이것을 거꾸로 하는 방법을 오름차순이라고 하는데, 내림차순을 더 많이 사용한다.

41

등식의 성질

등식의 성질 대신에 초등 교과서에서 도입한 것은 역연산이다. 역연산 보다 등식의 성질이 받아들이기에 더 쉽지만, 자유롭게 사용하기 위해서는 연습이 필요하다. 예를 들어 □+2=5라는 문제에서 □가 3이라는 답은 얼른 나오지만, 구하는 방법을 물어보았을 때 역연산을 사용하여 '5−'란 식을 쓰는 것은 더 어렵다는 것이다. 이것이 왜 어렵냐고 하시는 분들도 있겠지만, 분수가 사용되거나 식이 복잡해졌을 때를 대비하는 방법이 아니라는 말이다. 중학교에서는 □ 대신에 x를 사용하고 '방정식 $x+2=5$'이라고 한다. 중학교에서도 등식의 성질을 충분히 연습해야 할 시간에 역연산과 똑같이 이항을 가르치는 경우가 많다. 중학 수학에서 가장 중요하면서도 많은 연습을 필요로 하는 것이 등식의 성질이다. x가 있는 변에서 x만 남도록 등식의 성질을 사용하는 것이 방정식 푸는 방법이다. $x+2=5$에서 양변에 2를 빼면 $x+2=5 \Rightarrow x+2-2=5-2 \Rightarrow x=3$이라는 과정을 처음에는 충분히 연습해야 하고, 그다음 등식의 성질을 두 번 이용하는 것까지를 해야 할 것이다.

- 좌변: 등호의 왼쪽에 있는 변
- 우변: 등호의 오른쪽에 있는 변
- 양변: 좌변과 우변을 통틀어서 일컫는 말
- 조안호의 '등식의 성질' 요약: 양변에 같은 수를 더하거나 빼거나 곱하거나 나누어도 등식은 성립한다. 단, 0으로 나누면 안 된다.

등식의 성질은 보통 4가지로 설명하는데, 필자는 위처럼 한꺼번에 외우도록 한다. 학생들은 등식의 성질이 이 4개로 끝나는 줄로 안다. 그렇지 않다. 4개의 등식의 성질을 바탕으로 그 확장은 무수히 많다. 다만 교과서는 다루지 않고 선생님들은 가르치지 않고 상식으로 받아들이라고 한다. 그래서 많은 학생들이 등식의 확장과 관련된 중고등학교의 것들을 모두 이유도 모르는 채 '원래 그래도 된대'라며 외우고 있다. 기회가 닿을 때마다 '등식의 성질'의 확장을 다루어서 그 이유를 모두 설명하고자 한다. 어찌 되었든 간에 등식의 성질과 항에 대해서 잘 모르면 복잡한 일차방정식을 틀릴 가능성이 높다. 일차방정식을 푸는 데 시간이 오래 걸리거나 틀린다면 수학을 계속 공부할 수 없는 지경에 이르게 된다. 등식과 방정식과의 관계 등 개념을 잘 잡아야겠지만, 방정식은 일차이든 이차이든 연산에 불과하니 빠르기까지 장착해 놓아야 한다.

👨 조안호쌤: 네가 갖고 있는 돈과 내가 갖고 있는 돈이 같다고 해보자! 네가 갖고 있던 돈에 500원을 더하고 내가 갖고 있던 돈에 500원을 더하면 어떻게 될까?

👦 학생: 같아요.

👨 조안호쌤: 그러면 너한테서 20원을 빼고 나한테서 20원을 빼면 어떻게 되니?

👦 학생: 같아요.

👨 조안호쌤: 그러면 너한테 173원을 곱하고 나한테 173원을 곱하면?

👦 학생: 같아요

👨 조안호쌤: 그러면 너한테 $\frac{1}{2}$을 나누고 …

👦 학생: 같아요, 같아요.

👨 조안호쌤: 사실은 이런 거는 초등학교 1~2학년에게 알려줘도 쉬워할 정도로 쉬워. 그런데 모든 방정식은 물론이고 등호가 붙어있는 모든 문제를 등식의 성질로 푼다면 얘기가 달라지지 않겠니?

👦 학생: 정말로 등호가 있는 것은 모두 등식의 성질로 풀어요?

👨 조안호쌤: 방정식은 물론이고 항등식과 말도 안 되는 등식조차 모두 등식의 성질로 푼다.

일차방정식은 물론이고 중3의 이차방정식도 등식의 성질로 푼다. 여기서 질문? 100차 방정식은 뭘로 풀겠니?

학생: 100차 방정식도 등식의 성질로 풀어요?

조안호쌤: 그렇다니까. 수학에서 등식의 성질만큼 중요한 것도 없어. 이항, 대입은 물론이고 양변에 제곱하고 연립방정식에서 변변끼리 빼고 더하고 곱하는 모든 것이 등식의 성질이야. 일일이 열거할 수 없을 만큼 많이 쓰이고 있단다.

학생: 엄청 중요하군요.

조안호쌤: 그렇단다. 그런데 사람들이 가르치지 않아서 그것이 등식의 성질인 줄도 모르고 사용하는 경우가 많단다.

학생: 열심히 할게요. 당장 무엇부터 할까요?

조안호쌤: 등식의 성질부터 확실하게 외워라. 그다음 방정식을 이항으로 풀지 말고, 등식의 성질을 정식으로 연습하기 바란다.

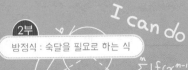

42 등식의 성질로 풀기와 이항

조금만 복잡해도 방정식을 등식의 성질로 푸는 것은 쉽지 않은 일이다. 그래서 교과서는 등식의 성질을 가르치자마자 이항부터 가르친다. 그러나 중요도를 인식한다면, 등식의 성질을 충분히 연습해야 한다. 등식의 성질을 두 번 사용하는 문제 정도를 쉽게 처리하도록 연습하면 될 것이다.

- 조안호의 방정식 푸는 순서: 혼합계산 순서의 역순

  $(+, - \Rightarrow \times, \div \Rightarrow 괄호)$

방정식 푸는 순서를 설명하기 위해서 등식의 성질을 3번 사용하는 것으로 설명하겠지만, 연습은 두 번 사용하는 것으로 연습하면 된다. (2+3)×5+1의 계산을 할 때, 괄호 ⇨ ×, ÷ ⇨ +, − 의 혼합계산 순서에 따라서 계산하면 (2+3)×5+1=26이라는 결과를 얻는다. 그런데 이 중에 2를 모르는 수라고 하면 $(x+3)×5+1=26$이다. 좌변에 x만 남기고 모두 없애주는 순서가 있으며, 그 순서는 '+, − ⇨ ×, ÷ ⇨ 괄호'라는 혼합계산순서의 역순이 된다.

$$(x+3)×5+1=26(+, -로\ 붙은\ 수를\ 없애주면)$$
$$(x+3)×5+1-1=26-1$$
$$(x+3)×5=25(×,÷로\ 붙은\ 수를\ 없애주면)$$
$$(x+3)×5÷5=25÷5$$
$$(x+3)=5(괄호를\ 풀고\ 3을\ 없애주면)$$
$$(x+3)-3=5-3$$
$$x=2$$

보다시피 등식의 성질을 모두 쓰면서 세 번 이용하는 것은 번거로워서 쉽지 않다. 그렇다고 연습을 하지 않을 수는 없으니 등식의 성질을 두 번 이용하는 것을 충분히 연습하면 자연스럽게 이항을 하게 될 것이다. 사실 등식의 성질을 충분히 연습한다면 이항을 배우지 않아도 된다. 그러나 교과서에 이항을 사용하도록 하였기에 부득이 설명한다. 이항이란 항을 등호의 저편으로 이사시킨다는 뜻이다. (참고로 항이 두 개일 때도 이항이라는 용어를 사용한다.) 이것은 등식의 성질로 방정식을 푸는 것에 대한 번거로움을 피하기 위해서 만들어진 것으로 등식의 성질을 많이 연습하다 보면 자연스럽게 해결되나 등식의 성질을 소홀히 다룸으로 많은 혼동을 겪는다. 대표적인 것이 다음의 구분이다.

$$x+a=b \Rightarrow x=b-a \cdots ①$$

$$ax=b \Rightarrow x=\frac{b}{a} \cdots ②$$

①은 이항이 맞지만 ②는 이항이 아니라 여전히 등식의 성질로 이해해야 한다. 그러나 ②를 이항으로 풀려고 해서 오답을 일으킨다. 이항은 항을 이사시키는 것이라고 했으니, 먼저 항을 구분할 수 있어야 한다. ①에서의 항은 3개이고 ②는 항이 2개이다. ①은 비교적 헷갈리지 않으나 ②에서 $ax=b$를 $x=b-a$로 바꾸어서 틀리는 경우가 많다. ax를 하나의 항으로 인식하는 것이 아니라 a와 x가 각각 2개의 항으로 보이기 때문이다. ②를 이항을 시킨다면 그 방법은 $ax-b=0$이거나 $0=b-ax$ 밖에 없다. 일차방정식을 풀다 보면 가장 마지막에 $ax=b$를 푸는 경우가 많다. 따라서 엄청 사용되느니 만큼, '$ax=b \Rightarrow x=\frac{b}{a}$'가 자동화되도록 연습해야 할 것이다.

조안호쌤: $3x=0$에서 x의 값은 뭐야?

학생: 3이요. −3인가?

🧑 조안호쌤: $ax=b$에서 x의 값은 뭐야? 자동화가 될 때까지 연습하라고 했지?

👧 학생: 했어요. $\dfrac{b}{a}$요.

🧑 조안호쌤: $3x=0$에서 x의 값은 뭐야?

👧 학생: 그럼, $\dfrac{0}{3}$요.

🧑 조안호쌤: $\dfrac{0}{3}$이 뭐야?

👧 학생: 3이요?

🧑 조안호쌤: $\dfrac{0}{3}$을 나누기로 바꾸면?

👧 학생: 0÷3이요.

🧑 조안호쌤: 0에서 3을 몇 번 빼니?

👧 학생: 못 빼요.

🧑 조안호쌤: 그러니까 몇 번 빼느냐고?

👧 학생: 0번요.

🧑 조안호쌤: 그래. 그러니까? $\dfrac{0}{3}$은 0이야.

방성식을 풀다 보면 0이 계속 문제가 된다. 그러다 보면 0이 특별하고 이해하기 어려운 점들이 많이 생겨난다. 그러나 0도 하나의 숫자이니 다른 수들과 같은 원칙의 테두리 내에서 이해해야 한다.

43

불능과 부정

앞에서 0으로 나누면 불능이나 부정이 된다는 사실을 배웠다. 등식의 성질에서 양변을 0으로 나누면 안 된다고 하였다. 분수의 위대한 성질에서도 분모와 분자에 0을 곱하거나 나누어서는 안 된다고 하였다. 앞으로도 계속해서 0으로 나누는 문제는 계속해서 나올 것이고 수능에서도 문제의 개념으로 다룰 것이다. 물론 부정과 불능은 방정식이 아니지만 등호를 가지고 있어 특수한 등식이라고 한다. 이것이 어떻게 적용되는지에 대해 알아보자.

😀 조안호쌤: $x+5=x$를 풀어봐라.

😶 학생: $x=5$요.

🧑 조안호쌤: 찍지 말고 풀어보렴.

😊 학생: 어떻게 하라는 거예요?

🧑 조안호쌤: 등호가 있으니 등식이고 모든 등식은 등식의 성질로 푼다고 했잖아. 내가 꼭 일일이 등식의 성질로 풀라고 해야겠니?

😊 학생: $x-x=5$가 나왔는데 다음은 어떻게 해요?

🧑 조안호쌤: 계산되는 것은 계산하라고도 말해야 하니?

😊 학생: 무슨 말이에요?

🧑 조안호쌤: x에서 x를 못 빼?

😊 학생: 아니요. 그러면 $0=5$가 되는데요?

🧑 조안호쌤: 그래서 x의 값이 뭐야?

😊 학생: x가 없어졌는데, x의 값을 어떻게 구해요?

🧑 조안호쌤: $x-x$를 $(1-1)x$로 볼 수 있으니 $0 \times x=5$로 볼 수도 있지? 이러면 x의 값이 뭐야?

😊 학생: 없어요. 어떤 수든지 0을 곱하면 0이 되잖아요.

🧑 조안호쌤: 그래 '없다'가 답이야.

😊 학생: 수학은 답이 꼭 있어야 하는 줄로 알았어요.

🧑 조안호쌤: $x+5=x+5$에서 x의 값이 뭐야?

😊 학생: 풀어보면 이번에는 '$0=0$'이 나와요.

🧑 조안호쌤: 마찬가지로 '$0 \times x=0$'으로 볼 수 있겠지. 이때 x의 값이 뭐야?

😊 학생: 0이요. 그런데 다른 것을 넣어봐도 또 되는데요.

🧑 조안호쌤: 그래. 어떤 수이든지 0을 곱하면 0이 되니 답은 '모든

수'야. 개수로 보면 '무수히 많다'라고도 해.

🧑 학생: 그러면 항등식과는 어떻게 달라요?

👨 조안호쌤: 좋은 질문이다. 항등식과 부정은 같은 개념이야. 항등식의 정의는 '항상 등식이 성립하는 식'이고 부정은 '해를 정할 수 없다'야. $x+5=x+5$는 식의 이름으로는 항등식인데, 해가 무수히 많아서 어떤 것인지 정할 수 없어서 부정이라고 말하는 거야.

🧑 학생: 그럼, 말도 안 되는 등식과 불능은 같은 개념인가요?

👨 조안호쌤: 빙고. 이제, 네가 생각을 시작했나 보구나.

이제 부정과 불능에 관련된 문제를 하나 다루어보자. 알면 쉽고 모르면 어려운 것이 부정과 불능의 문제이다.

🌟 등식 $5x+3=ax+b$에서 해가 무수히 많거나 해가 없기 위한 a의 값을 정하여라.

답 $a=5$

해가 무수히 많으려면 부정이고 항등식이어야 하니 $a=5$이고 $b=3$이어야 한다. 또 없기 위해서는 불능이고 '말도 안 되는 등식'이어야 하니 $a=5$이고 $b\neq3$이어야 한다. 따라서 부정이기도 하고 그리고 불능이어야 하니 $a=5$가 답이다. 답은 나왔지만, 잠깐 생각해보자. 등식은 방정식, 항등식, 말도 안 되는 등식으로 분류된다. 항등식이거나 말도 안 되는 등식이 되는 a의 조건이 $a=5$이었다. 그렇다면 나머지 방정식이 되기 위한 조건이 $a \neq 5$가 됨을 미루어 짐작할 수 있을 것이다.

0과 관련된 것들은 인간이 이해하기 가장 어려운 것들 중의 하나이다. 그러나 우리가 배우는 수학은 기껏해야 전 국민이 배우는 중고등학교의 교육과정을 이해하는 것이다. 전 국민이 배워야 하는 것이니 이해하지 못할 것을 넣었을 리 만무하다. 그러니 앞으로 배우는 모든 수학을 이해할 수 있다는 낙관적인 사고를 지속해야 한다.

44 부정방정식

방정식에서 미지수의 개수는 식의 개수와 같아야 각각의 미지수의 값을 알 수 있다. 그렇지 않고 식의 개수가 미지수의 개수보다 적을 때의 방정식을 부정방정식이라고 한다. 부정방정식에서 부정은 '답이 많아서 정할 수 없다'는 의미이다. 부정방정식은 말 그대로 보면 풀 수 없는 방정식이다. 그러나 조건이 주어진다면 답이 많기는 해도 조건에 맞는 답을 찾아낼 수 있게 된다. 만약 식의 개수가 미지수의 개수보다 많다면 잉여 정보를 준 것으로 쓸데없는 식이 주어졌다는 것을 의미한다.

• 조안호의 정(定)방정식: 미지수와 식의 개수가 같은 방정식은 각

각의 해를 구할 수 있는 평범한 식이다.

- 조안호의 부정(不定)방정식: 식의 개수가 미지수의 개수보다 적을 때의 방정식으로 해가 무수히 많기에 해의 개수를 줄여주는 조건에 집중해야 한다.
- 부정방정식의 조건에는 보통 정수 조건, 유리수 조건, 실수 조건 등이 있다.

공부를 곧잘 하는 중고등학생들이 문제를 푸는 중에도 미지수 2개의 식이 나오면 또 하나의 식을 구하려다가 도저히 구할 수 없다며 문제를 포기하는 경우가 있다. 물론 또 하나의 식을 더 구할 수 있는 것도 있지만, 부정방정식임을 인식하지 못하여서 그런 경우에는 모르는 것이 아니기에 안타깝기 그지없다. 필자가 부정방정식과 대비하여 정(定)방정식을 사용하였는데, 자칫 정(整)방정식과 혼동할 수도 있을 거란 생각에 소개를 주저하기도 하였다. 정(整)방정식은 보통 $a_0x^n+a_1x^{n-1}+a_2x^{n-2}+ \cdots =0$과 같은 다항방정식을 의미한다. 혼동을 감수하면서까지 소개하는 것은 단 하나, 부정방정식을 인식하지 못할 수 있으니 식을 보면 미지수의 개수와 식의 개수를 염두에 두란 말을 하고 싶은 것이다.

🧑 조안호쌤: '$x+y=3$'에서 x와 y의 값을 구해봐라.

👧 학생: $x=1$일 때 $y=2$이고, $x=2$일 때 $y=1$이네요.

🧑 조안호쌤: 이럴 때 길게 하기 불편하니 (1,2), (2,1)라는 순서쌍

으로 표현해.

🙂 학생: 편할 것 같기는 할 텐데 불편하기는 하네요.

👨 조안호쌤: 나중에 함수에서 연습하게 되면 편해질 거야.

🙂 학생: 알았어요.

👨 조안호쌤: $(1,2), (2,1)$ 말고 또 없어?

🙂 학생: 0도 넣어야 해요?

👨 조안호쌤: 내가 x와 y가 자연수라고 했니?

🙂 학생: 그럼, $(0,3), (3,0)$요.

👨 조안호쌤: 또 넣을 수 있는 수가 없어?

🙂 학생: 음수도 넣어야 해요?

👨 조안호쌤: 내가 음수 넣으면 안 된다고 했어?

🙂 학생: $(-1,4), (-2,5), (-3,6), \cdots$ 이렇게 가면 끝이 없겠는데요.

👨 조안호쌤: 그래. 위 식의 정답은 '답이 너무 많아서 답을 정할 수 없다.'야. '$x+y=3$'에서 미지수는 몇 개니?

🙂 학생: 2개요.

👨 조안호쌤: 식은 몇 개지?

🙂 학생: 한 개요.

👨 조안호쌤: 이렇게 미지수의 개수보다 식의 개수가 적으면 이런 방정식을 부정방정식이라고 해.

🙂 학생: 구할 수 없는 방정식을 뭐하려고 설명해요?

👨 조안호쌤: 그래 네 말이 맞아. 부정방정식은 위처럼 문제가 나오는 것이 아니라 조건을 달아서 나와. 'x와 y가 양의 정수일 때,

$x+y=3$의 해를 구하여라'처럼 나오게 된단다.

🧑 학생: 그럼, 비로소 답이 (1,2), (2,1)라고 하는군요.

🧑‍🦱 조안호쌤: 빙고!

등식을 보면 그것이 부정이나 불능이 될지 아니면 방정식이 될지 알 수 없다. 설사 방정식이라 할지라도 제일 먼저 미지수의 개수와 식의 개수를 세어 봐서 어떤 방정식인지를 알아야 한다. 만약 미지수의 개수와 식의 개수가 같다면 정상적인 방정식의 풀이로 풀 수 있다는 것이고, 그렇지 않다면 부정방정식으로 보고 조건에 주의를 기울여야 한다. 부정방정식은 교과서상에 체계적으로 다루지 않고 문제만 산발적으로 흩어져 있어서 이처럼 별도의 개념 정리가 반드시 필요하다. 그래야 부정방정식이라는 큰 줄기 속에서 앞으로 문제들을 바라볼 수 있다는 마음에서 이 꼭지를 만든 것이다. 따라서 부정방정식의 예를 몇 개 들어보려고 한다.

부정방정식이 분수를 만날 때

간단한 문제부터 시작해 보자! '$\dfrac{5}{6}$를 자연수 x, y에 대하여 $\dfrac{1}{x}+\dfrac{1}{y}$의 꼴로 나타내어라.'라는 문제가 있다고 보자. 위 식이 의미하는 바에 따르면 $\dfrac{5}{6}=\dfrac{1}{x}+\dfrac{1}{y}$라는 미지수 2개, 식이 하나인 부정방정식이다. 부정방정식은 조건에 주의하라고 하였다.

x, y가 자연수이고 $\dfrac{1}{x}+\dfrac{1}{y}=\dfrac{x+y}{xy}=\dfrac{5}{6}$이니 $xy=6$, $x+y=5$라는 미지수와 식이 각각 2개인 정방정식이 된다. 어떻게든 구한다는 생각을 가지라는 말이다. 6의 약수에 합이 5가 되는 수는 2와 3이다. 그런데 아직 x가 2인지 3인지 모른다. 따라서 답은 (2,3) 또는 (3,2)이다. 거의 다 풀어놓고 실수하는 일이 없도록 조심해야 한다. 곱과 합으로 푸는 문제는 주로 중3의 인수분해에서 사용하는데 이런 문제는 비교적 간단한 문제이다.

하나 더 풀어보자.

'x와 p는 자연수, y는 진분수이고, $xy=\dfrac{7}{4}$이고 $x+y=\dfrac{p}{4}$일 때, p의 값은?'

이라는 문제가 있다고 가정해 보자. 이 문제에서 미지수는 3개이고 식은 2개이다. 부정방정식이니 조건에 유의해야 한다. 먼저, y가 진분수이니 $\dfrac{1}{4}, \dfrac{2}{4}, \dfrac{3}{4}$ 중에 하나일 것이다. 이 진분수와 자연수의 곱이 $\dfrac{7}{4}$인데, 곱해서 7이 나오는 자연수들은 1과 7밖에 없다. 그래서 x는 7이 된다. $x+y=7+\dfrac{1}{4}=\dfrac{29}{4}$ 이니 p는 29이다.

소수와 홀수·짝수가 만날 때

🖌 한 소수의 제곱과 한 홀수의 합이 101일 때, 이 두 수를 구하여라.

답 (2,97)

한 소수를 x라 하고 한 홀수를 y라 하면 구하려는 식은 $x^2+y=101$ 이다. 먼저 미지수는 2개이고 식은 한 개이니 식 자체만으로는 구할 수 없다는 것을 먼저 알아차려야 한다. 그렇다면 조건을 생각해야 한다. x는 1보다 큰 자연수 중에 있는 소수이고, y는 홀수인 정수이 다. 또한 크게 보면 두 수의 합이 홀수이니 하나는 홀수이고 하나는 짝수이어야 한다. 그런데 y가 홀수이니 x^2은 반드시 짝수여야 한다. 그런데 x는 소수이고 소수에서 짝수는 2밖에 없다. $x^2+y=101$의 x에 2를 대입하면 $y=97$이다.

실수인 두 수를 더해서 0이 되려면

- $A+B=0$(단, A, B는 실수)이면
  1) $a=0$이고 $b=0$ 또는 2) $|A|=|B|$ 그리고 $AB<0$

어느 두 수를 더해서 0이 되는 경우는 무엇이 있을까요? 초등학생들 도 조금만 생각하면 둘 다 0이란 말을 한다. 그러나 초등학생들은 3-3, 5-5를 두 수의 합이라고 인식할 수 없어서 두 번째의 것을 할 수 없을 것이다. 항을 배우고 음의 부호를 항의 일부로 인식해야 3-3=3+(-3)이라는 대답을 할 수 있을 것이다. 중학생 정도 되면 두 수의 절댓값은 같고 부호가 다르다는 것을 말할 수 있게 된다. 그 러나 고등학생이라면 그것만 가지고는 부족하다. $|A|=|B|$ 그리고 $AB<0$를 식의 작성에 사용할 수 있어야 한다. 그런데 '$A+B=0$'이라

는 식은 미지수 2개이고 식은 한 개이니 부정방정식이다. 따라서 조건이 필요한데, 그 조건은 '실수'라는 것이었다. 그렇다면 실수 조건이 없다면 틀린다는 것이고 그 이유는 허수를 배우면 저절로 알게 될 것이다. 한 문제만 풀어볼 텐데, 정의대로 풀어보기 바란다.

✏️ x, y에 관한 방정식 $(x-2)^2+(y-3)^2=0$에서 두 실수 x, y의 값을 각각 구하여라.

답 $(x,y)=(2,3)$

두 수가 실수이고 합이 0이면, 두 수가 모두 0이거나 절댓값이 같고 부호가 다른 경우밖에 없다. 그런데 $(x-2)^2$과 $(y-3)^2$이 서로 부호가 다를 수는 없다. 따라서 각각이 모두 0, 즉 '$(x-2)^2=0$ 그리고 $(y-3)^2=0$'이다. $(x-2)^2=0 \Rightarrow x-2=\pm\sqrt{0} \Rightarrow x-2=\pm0 \Rightarrow x-2=0 \Rightarrow x=2$이다. 이렇게까지 식을 철저하게 전개해야 하느냐고 말하는 친구들도 있다. 매번 그럴 수는 없다. 그러나 처음에 이유도 모르고 줄여서 쓰는 것은 찍은 것이다. $(y-3)^2=0$도 같은 과정을 거치면 $y=3$이다.

• 미지수와 상수는 더해지지 않는다.
• 유리수와 무리수는 더해지지 않는다.
• 실수와 허수는 더해지지 않는다.

중학교에 와서는 수식이 확장되는데, 아무래도 계산이 되는 것만을 다루고 문제가 나온다. 그러다 보니 조금만 생각하면 당연하지만 계산이 안 되는 경우를 안 다루는 경향이 있다. 그러나 실질적으로 이것을 몰라서 어려움을 겪는 경우도 흔히 본다. 가장 먼저 미지수 x와 3과 같은 상수가 더해지지 않는다는 것은 모두 알 것이다. 이처럼 당연하게 유리수와 무리수의 합, 실수와 허수의 합 등은 계산되지 않는다. 바로 이것을 이용하여 무리수의 상등, 복소수의 상등의 문제들이 나오며 이것을 구분해 주는 것이 부정방정식이다.

45 방정식의 해(근)

학생들 중에는 해, 근, 답 등을 혼돈하는 경우가 왕왕 있다. 방정식에서 푸는 것을 중심으로 보면 '해(解/풀해)'라는 말을 사용하고, 등식을 만족하는 본래의 답, 즉 '뿌리는 무엇인가?'를 풀지 않고 알아보는 관점에서 보면 '근(根/뿌리 근)'이라는 말을 사용한다. 이 말은 방정식의 해와 근은 결국 같다는 것을 말한다. 그러니 '일차방정식의 해'라고도 하고 '일차방정식의 근'이라고 해도 된다는 말이다. 그런데 보통의 경우, 일차방정식은 해라고 하고 이차방정식 이상은 근이라는 표현을 쓰곤 하는데, 사실 아무거나 써도 상관없다. 그보다 중1의 학생들은 해와 답을 혼동하는 것 같다. 답은 대답이라고 할 수 있고, 대답은 물어보는 것이 있어야 대답이 있다. 즉 답은 문제가 물어보는 것에 대한 답이고, 해는 방정식을 풀었을 때 나오는 것이니 달라도 너무 다른 것이다. 그런데 처음 중1에는 '방정식을 풀어라'라는 문제가 많았고 그 경우에는 해와 답이 같기에 혼동하는 것일 뿐이다.

- 방정식의 해 : 방정식을 만족하는 미지수의 값
  ($x=a$ 라는 동치의 방정식으로 만들기)
- 일차방정식의 해는 1개, 이차방정식의 해는 2개, ⋯, n차방정식은 n개의 해를 가진다.

조안호쌤: '방정식 $x+3=5$'는 방정식이니?

학생: 예. 방정식이에요.

조안호쌤: 왜 방정식이니?

학생: 미지수도 있고 등호도 있으니 방정식이 맞아요.

조안호쌤: 그보다 옆에 방정식이라고 써져 있잖아.

학생: 그러네요.

조안호쌤; 미지수와 등호가 있어야 하며 미지수가 변수라고 해야만 비로소 방정식이 돼. 이런 조건을 모두 맞춰야 하기에 출제자는 이런 번거로움을 없애기 위해서 식의 이름을 그냥 얘기하는 경향이 있단다.

학생: 고맙군요.

조안호쌤: 그런데 '방정식 $x+3=5$'를 풀어서 나온 '$x=2$'는 방정

식이니?

😎 학생: 아니요. 그건 답이에요.

👨 조안호쌤: 'x=2'에 변수 있니?

😎 학생: 예!

👨 조안호쌤: 등호가 있니?

😎 학생: 예!

👨 조안호쌤: 그런데 왜 방정식이 아니니?

😎 학생: 'x=2'가 그럼 방정식이에요?

👨 조안호쌤: 그래! x+3=5도 방정식이고 x=2도 방정식이야! 이때 이 두 방정식을 동치인 방정식이라고 해!

😎 학생: '동치'가 뭐예요?

👨 조안호쌤: 동치(同値)에서는 치는 '값'으로 번역되고 결국 동치란 '같은 값'이라고 할 수 있단다.

😎 학생: 그럼 방정식을 푼다는 것은 복잡한 방정식을 풀어서 간단한 방정식으로 만드는 거라고도 볼 수 있네요.

👨 조안호쌤: 굿 잡.

분모제거

46

분수가 나오면 무조건 싫어하는 학생들이 많다. 다항식에서는 분모를 제거할 수는 없다. 그러나 방정식에서는 등식의 성질을 이용할 수 있어서 분수 계수의 방정식을 얼마든지 정수 계수인 방정식으로 만들어 풀 수 있다.

- 다항식: $\dfrac{x}{2}+\dfrac{x}{3}$

- 방정식: $\dfrac{x}{2}+\dfrac{x}{3}=1$

다항식 $\dfrac{x}{2}+\dfrac{x}{3}$에 무조건 6을 곱하여 $5x$란 답이 나와서는 안 된다.

6을 곱할 근거가 없기 때문이다. 만약 6을 곱했으면 다시 6을 나누어주지 않는 한 원하는 답을 구할 수는 없다. 위의 식처럼 간단한 식에서는 다항식을 구분하지만 복잡한 식에서는 먼저 분자를 계산하려다가 잊어버리기도 한다. 그러나 '변수가 있는 등식'인 방정식은 다르다. 얼마든지 양변에 곱해도 되니 굳이 분수의 계산을 할 필요는 없다. '$\frac{x}{2}+\frac{x}{3}=1$'의 양변에 분모의 최소공배수 6을 곱하면 '$3x+2x=6$'이라는 식을 구할 수 있다. 이때 각 항에 빠짐없이 곱할 수 있도록 연습한다면 분수 계수의 방정식은 어렵지 않게 구할 수 있다. 이때 주의하여야 할 두 가지가 있다. 첫 번째는 분모에 미지수가 있을 때고, 두 번째는 분자가 다항식일 때의 부호 처리 문제이다.

조안호쌤: 2의 양의 배수를 작은 수부터 불러 볼래?

학생: 2, 4, 6, 8, …요.

조안호쌤: 그럼 x의 배수를 작은 수부터 불러 볼래?

학생: x, $2x$, $3x$, $4x$, …라고 하면 돼요? x의 배수를 불러 보기는 처음이에요.

조선생: 배수가 정수의 곱하기이니 그대로 부르면 되지. 그럼 2와 x의 공배수를 불러 볼래?

학생: x가 어떤 수인지 모르는데 어떻게 공배수를 불러요?

조안호쌤: 2, 4, 6, 8, …처럼 부르다 보면 언젠가는 x의 배수도 나오지 않겠니? x가 작은 수라면 벌써 불렀는지도 모르고.

학생: 그럼 $2x$, $4x$, $6x$, $8x$, …라는 거예요?

조안호쌤: x가 어떤 수인지 모르니 $2x$가 최소공배수인지는 모르지만 2와 x의 공배수는 $2x$, $4x$, $6x$, $8x$, …가 맞단다. $\frac{1}{2}+\frac{1}{x}=2$에서 분모의 공배수는 뭐니?

학생: $2x$요.

조안호쌤: 양변에 곱하면 되겠지? 곱해 봐라!

학생: ???

조안호쌤: 분수의 곱하기를 못하니? 아니면 $\frac{x}{x}$가 1인 것을 모르니?

학생: $x+2=4x$요. 아! 이제 됐어요.

조안호쌤: 분모가 미지수라도 무서워하지 말고 알고 있는 그대로만 하면 돼! 수학에서 사용되는 원리는 수가 어떤 수이든지 같은 방법이 적용된단다. 그래서 확실하게 안다는 것이 중요한 거야.

• 분수의 계산에서 음의 부호는 반드시 분자에 올려주어야 한다.

분자가 다항식일 때는 음의 부호와 괄호의 문제가 오답을 일으킨다. 다음 문제는 분수계수의 방정식이니 먼저 2를 곱하여 간단하게 만드는 방법이 좋다. 먼저 오답의 유형을 보자.

$$1-\frac{x-1}{2}=2$$
$$\Rightarrow 2-x-1=4(\times) \cdots\cdots\cdots ①$$
$$\Rightarrow 2-x+1=2(\times) \cdots\cdots\cdots ②$$

먼저 방정식에서 '$-\dfrac{x-1}{2}$'를 별도로 떼어내서 살펴보자!

계산에서 분수 앞의 음의 부호를 반드시 분자에 올려주어야 한다고 했다. 음의 부호를 분자에 올려주지 않는다면 분수의 계산은 모두 안 된다고 보아야 한다. 물론 분자가 항이 여러 개 있을 때는 괄호가 있다고 생각하여 분배법칙을 적용해야 한다.

그러면 $-\dfrac{x-1}{2}=\dfrac{-(x-1)}{2}=\dfrac{-x+1}{2}$ 이 된다.

여기에 2를 곱하면 $-x+1$이다.

따라서 $1-\dfrac{x-1}{2}=2$의 양변에 2를 곱하면 올바른 식은 $2-x+1=4$이다.

①은 음의 부호 처리가 잘못되었고 ②는 음의 부호를 처리하다가 각 항에 빠짐없이 곱하는 것을 놓쳤다.

2부
방정식 : 숙달을 필요로 하는 식

연립방정식

47

'방정식 $x+3=5$'와 같은 식은 일원일차방정식이라고 한다. 이것은 x의 값이 하나로 결정되었다. 그러나 '방정식 $x+y=3$'와 같이 미지수가 두 개인 일차방정식은 이원일차방정식이라고 한다. 그런데 이원일차방정식을 한 개 더 묶어 한 쌍으로 만들면 이원일차방정식이 연립되었다고 해서 연립이원일차방정식이라고 한다. 이름이 길다 보니 연립일차방정식 또는 간단히 연립방정식이라고도 한다.

• 연립방정식: 2개 이상의 방정식을 한 쌍으로 묶어 놓은 것

$$\begin{cases} x+y=3 \\ 2x+7=5 \end{cases}$$

따로 떨어져 있는 두 방정식의 미지수 값은 각각 다를 수 있다.

그러나 $\begin{cases} x+y=3 \\ 2x+7=5 \end{cases}$ 처럼 두 식을 하나로 묶어 놓은 것은 한 문제이니 x끼리 같고, y끼리 값이 같다. 두 일차방정식의 공통인 해가 이 연립방정식의 해이다. 그리고 연립방정식의 해를 구하는 것을 '연립방정식을 푼다.'라고 한다.

가감법과 대입법

연립방정식을 푸는 방법은 크게 두 가지가 있다.

- 가감법: 두 일차방정식에서 등호의 왼쪽 또는 오른쪽끼리 더하거나 빼서 한 미지수를 소거하여 해를 구하는 방법.
- 대입법: 한 방정식을 다른 방정식에 대입하여 한 미지수를 소거하는 방법

등호가 있는 것은 모두 등식의 성질로 푼다고 했던 필자의 말이 기억이 나는가? 연립방정식도 등식이고, 가감법이든 대입법이든 모두 등식의 성질이 기본이다. 연립방정식을 풀기 위해 두 방정식에서 한 미지수를 없애는 것을 '소거'(지워서 없애버린다는 뜻)라고 하고, 대신 집어넣는 것을 '대입'이라고 한다. 대입에서 대신 집어넣을 수 있는 이유는 같기 때문이다. 대입을 할 수 있는 근거는 등식의 성질이라는

말이다. 물론 같으니 안 집어넣어도 되는데, 대신 집어넣는 이유는 문제가 요구하는 것을 구하기 위해서이거나 편리하기 때문이다. 가감법에서 변끼리 더하거나 뺄 수 있는 이유도 '등식의 성질'이다. 다음의 대화는 변끼리 빼는 것도 등식의 성질임을 보여주고 있다.

조안호쌤: 연립방정식의 가감법에서 좌변은 좌변끼리 우변은 우변끼리 빼거나 더해도 되는지 아니?

학생: 그래도 된다고 하는데, 솔직히 왜 그런지는 모르겠어요.

조안호쌤: 연립방정식 $\begin{cases} 2x+y=5 \\ x+y=3 \end{cases}$ 에서 보자!

$2x+y=5$의 양변에 $x+y$를 빼서

$2x+y-(x+y)=5-(x+y)$라고 해도 되니?

학생: 등식의 성질로 상관없죠.

조안호쌤: $x+y$는 3과 같다는 식이 있지 않니? 우변의 $x+y$ 대신에 3을 넣어도 되겠지?

그래서 $2x+y-(x+y)=5-3$이란 식이 만들어졌는데, 어때? 좌변끼리 우변끼리 뺀 모양이 되었지?

학생: 이제 알겠어요. 그런데 왜 다른 선생님들은 이렇게 안 알려줘요?

조안호쌤: 너희들이 알 거라고 생각해서 안 알려준 거야. 네가 왜 그런 거냐고 물어본 적은 있어?

학생: 그리고 보니 물어본 적은 없네요.

조안호쌤: 너희들이 물어봐야 선생님들도 고민을 하게 된단다.

학생: 그래도 선생님은 저희가 모르는 것을 알아야 하지 않나요?

조안호쌤: 너희가 묻지를 않는데, 선생님이 어떻게 아니? 문제가 풀리고 나면 사실 궁금한 것도 사라지고 오랫동안 푼다 해도 이유를 끝까지 모르게 된단다. 그래서 궁금한 것이 사라지면 공부도 끝이라고 하는 것이야.

학생: 자꾸 물어보지 않으면 실력이 늘지 않는다는 말이네요.

조안호쌤: 문제 하나 낼 테니 맞춰봐라. $x=3$이고 $y=5$일 때, $x-y$의 값은 뭐야?

학생: -2요.

조안호쌤: 직접 대입해서 풀었니? 아니면 좌변끼리 우변끼리 빼어서 구했니?

학생: 선생님은 제가 바보인 줄 알아요? 변끼리 빼서 구했어요. 그런데 진짜 신기해요. 이거 잘만 이용하면 문제를 편하게 구하겠어요.

조안호쌤: 수학에서 식이 길어지는 것은 대부분이 등식의 성질을 이용하는 거란다. 빨리 풀기 위해서도 필요하지만 식의 전개를 이해하기 위해서는 항상 등식의 성질을 이해해야 된단다. 알았냐?

학생: 옛써!

연립방정식을 푸는 순서

- 첫째, 분수 계수의 방정식이면 정수 계수의 방정식으로 만들자!
- 둘째, 어떤 미지수를 없애는 것이 좋을까?
- 셋째, 가감법으로 풀 것인가 대입법으로 풀 것인가?
- 넷째, 미지수를 없앨 때는 그 미지수를 없애는 데만 주력하자!
- 다섯째, 나머지 미지수는 암산으로만 구해보자!

연립방정식의 풀이법은 가감법과 대입법이라고 할 수 있다. 그리고 가감법과 대입법의 공통점은 미지수와 식이 각각 2개인 식에서 미지수 하나를 없애서 미지수와 식이 각각 한 개인 식을 만든다는 것이다. 어떤 학생들은 가감법이 좋다고 가감법으로만 풀고, 어떤 아이는 대입법으로만 풀려고 하는 경향이 있다. 아니다. 가감법과 대입법을 모두 잘해야 한다. 그래야 어떤 방법으로 하는 것이 빠를 것인가 하는 선택을 할 수 있게 된다. 3원 연립방정식 등 미지수가 많아도 역시 한 개의 미지수를 없애서 이원연립방정식으로 만들고 다시 연립방정식을 풀면 되는데 자칫 식이 길어지면 지금 하고 있는 것이 무엇인지를 잊어버릴 소지가 있어서 네 번째 사항을 적었고, 일차방정식을 암산으로 풀게 하려고 다섯 번째 사항을 적었다.

연립방정식을 풀다 보면 갑자기 비례식이 나오는 경우가 있다. 비례식은 초등학교의 내용이니 중학교에서 다시 설명하지 않고 그냥 문제로써 주로 볼 것이다. 중학교 선생님들은 '비례식을 방정식으로 바꾸는 방법을 초등학교에서 다 배웠지?'하고 말한다. 그러면 학생들이 이구동성으로 배운 적이 없다고 말한다. 초등학교에서는 미지수 대신에 □를 사용하였다. 비의 성질을 외우게 시켜서 비례식을 만들고, 비례식의 성질을 외우게 한다. 이유를 설명하지 않고 외우게 시켰고 만든 식이 방정식이라는 생각이 없었기에 배우지 않았다고 하는 것이다. 게다가 이유를 모르고 외웠기 때문에 잊어버린 중학생들이 많다. 그래도 기억하는 학생이라면 괜찮지만, 그렇지 않다면 똑같은 공부를 다시 할 수는 없다.

- 비의 전항과 후항이 0이 될 수는 없다.
- 초등 교과서의 비례식의 성질: 내항의 곱과 외항의 곱은 같다.
- 조안호의 비례식 정리: 비를 분수로 바꾸고, 등식의 성질로 양변에 분모의 최소공배수를 곱한다.

조안호쌤: 비례식 2 : 3=7 : x을 방정식으로 만들 수 있니?

학생: $2 \times x = 3 \times 7$요. '내항의 곱과 외항의 곱은 같다'를 이용하여 구하잖아요.

조안호쌤: 왜 내항의 곱과 외항의 곱이 같은지 아니?

학생: 그냥 외웠지 왜 그런지는 모르는데요.

조안호쌤: 비를 분수로 만들 수 있지?

학생: 예! $\dfrac{2}{3} = \dfrac{7}{x}$가 돼요.

조안호쌤: 이 식의 이름은 무어야?

학생: 등식이요.

조안호쌤: 이 식을 푸는 방법은?

학생: 등식은 항상 등식의 성질로 풀어요.

조안호쌤: 좋아. 등식의 성질 중 어떤 것을 이용할래?

학생: 양변에 분모의 최소공배수를 곱하겠어요.

조안호쌤: 왜?

학생: 그래야 정수 계수의 방정식으로 바뀌어요.

조안호쌤: 분모의 최소공배수는 뭐니?

학생: $3x$요.

조안호쌤: 양변에 곱해봐!

학생: $2x=21$이요.

조안호쌤: 처음에 구한 식 $2 \times x = 3 \times 7$과 비교해 봐라.

학생: 같네요.

조안호쌤: 처음 초등학교에서 비례식의 성질을 배울 때, 등식의 성질을 모르는 상태에서 배웠기 때문에 그냥 외우게 시켰기 때문에 몰랐던 거야. 이유도 모르고 외우면 금방 잊어버린다는 거 알지?

학생: 아! 그래서 자꾸 잊어버리는구나! 이거 하는 방법 잊어버리고 못하는 애들 많아요.

필자가 일천하여 그런지 다른 나라에서는 비례식의 성질이라고 공식처럼 외워서 푸는 경우는 없었던 것으로 알고 있다. 비례식이 많이 나온다면 공식으로 만들어 사용하는 것도 의미가 있겠지만, 수학에서 비례식이 많이 나오지 않는다. 따라서 공식을 만들어 외우기보다는 '등식의 성질'로 유도하여 원리를 알려주고, 중요한 등식의 성질을 한 번이라도 더 사용하도록 하는 것이 나아 보인다. 비례식의 성질이든 등식의 성질이든 어렵지 않으니 하면 하겠지만, 항이 복잡해지면 괄호를 사용해야 하는 문제가 발생할 수 있다. 전항이든 후항이든 항이니, 항의 개념을 생각해 보면 될 것이다.

49 연립방정식의 해와 그래프

연립방정식을 풀다 보면 예를 들어 $x=2$, $y=3$처럼 한 쌍의 해를 갖는다. 이것은 $(2,3)$이라는 좌표평면 위의 점이 된다. 이것은 연립방정식의 각각 일차방정식이 하나의 직선이고 두 직선이 만나는 점이기 때문이다. 그런데 모든 연립방정식이 한 쌍의 해를 갖는다고 생각하면 안 된다. 평면 상에 있는 두 직선이 있을 수 있는 경우는 교차 이외에도 평행과 일치의 경우가 있기 때문이다.

• 해가 존재하지 않는 연립방정식(두 직선이 평행한 경우)

$$\begin{cases} x+y=5 & \cdots ① \\ x+y=3 & \cdots ② \end{cases}$$

위 식을 가감법으로 풀어 ①식에서 ②식을 빼면 좌변은 모두 없어지고 0=2라는 '말도 안 되는 등식'이 나온다. 상식적으로 생각해 봐도 된다. 두 수를 더해서 5가 되기도 하고 3도 되는 경우는 없다. 이것을 다시 직선이라는 관점에서 다시 보자! 평행선의 정의는 '기울기가 같고 만나지 않는 직선'이다. 방정식을 각각 y에 대하여 정리하면 $y=-x+5$와 $y=-x+3$이라는 직선이 되는데 직선의 기울기가 -1로 같다. 기울기가 같고 y절편이 다르니 평행하다. 따라서 이 두 직선은 만나지 않으니 두 방정식을 만족하는 공통의 점은 없다. 지금 이 설명이 이해가 안 된다면 일차함수를 공부한 뒤에 다시 보아도 된다. 자주 출제되는 한 유형만 보자!

🖌️ 다음 연립방정식의 해가 없도록 a의 값을 정하여라.

$$\begin{cases} x+3y=5 \\ x+ay=3 \end{cases}$$

답 3

해가 없으려면 '말도 안 되는 등식'이어야 하니 상수항을 제외하고 미지수가 모두 없어져야 한다. 따라서 $3y$와 ay가 같아야 하니 $a=3$이다. 문제가 요구하는 것이 무엇인지를 안다면 너무도 쉬운 문제가 된다.

• 해가 무수히 많은 연립방정식(두 직선이 일치하는 경우)

$$\begin{cases} x+y=5 & \cdots\ ① \\ 2x+2y=10 & \cdots\ ② \end{cases}$$

②의 식을 양변에 2로 나누면 $x+y=5$로 ①의 식과 같게 된다. ①식 에서 ②식을 빼면 좌변과 우변이 모두 없어지고 0=0이라는 항등식 또는 부정의 문제가 된다.

y에 관하여 정리하면 두 식은 모두 $y=-x+5$라는 같은 직선이다. 같은 직선이니 당연히 기울기도 같고 y절편도 같다. 두 직선을 일치하 게 그리면 직선의 모든 점이 서로 만나게 된다. 무수히 많은 점이 해가 된다는 말이다. 다음 문제를 풀어 보자!

🏹 다음 연립방정식의 해가 무수히 많도록 a의 값을 정하여라.

$$\begin{cases} -x-3y=-5 & \cdots ① \\ 2x+ay=10 & \cdots ② \end{cases}$$

답 6

답은 6인데 −6이라는 오답을 내는 학생이 많다. 가감법에서 계수의 절댓값만 같게 하는 것이 익숙해져서이다. 해가 무수히 많으려면 두 방정식이 같아야 한다. ①식의 양변에 −2를 곱하고 각각의 계수를 같게 해야 한다.

• 일자연립방정식을 각각 한 평면 위에 있는 두 직선으로 보고 정리한다.
   1) 기울기가 다를 때, 한 점에서 만난다. (해는 1개)
   2) 기울기가 같고 y절편이 다를 때, 만나지 않는다. (해는 0개)
   3) 기울기과 y절편이 모두 같을 때, 일치한다. (해는 무수히 많다)

평면에서 두 직선의 위치 관계는 한 점에서 만나거나 평행하거나 일치하거나 하는 위 세 가지밖에 없다. 그런데 간혹 두 직선이 한 점에서 만나고 그 점 이외의 점에서 만난다는 표현을 쓰는 문제가 있다. 그러면 한 점과 또 다른 점이라고 생각하여 두 점에서 만난다고 생각이 흐르는 경우가 있다. 한 점과 또 다른 점에서 만난다면 일치하는 경우밖에 없다. 항상 정확하지 않은 지식에 오류가 파고든다.

이차방정식을 시작하기 전에 이차방정식이 무엇인가를 보자! 이차
방정식이라고 하면 보통 $ax^2+bx+c=0$(단, $a\neq0$)을 떠올린다. 물론
이것도 차수(문자의 곱해진 개수)가 2차이니 이차방정식이 맞지만
$xy+3=0$과 같은 것도 이차방정식이다. 물론 '$xy+3=0$'은 문자가 2
개이고 식이 하나라서 부정방정식이고 또 다른 식이나 조건이 주어
지지 않는 한 풀 수 없다.

• 조안호의 이차방정식 정의: 다항방정식에서 가장 큰 차수의 항이
  2차인 식

흔히 풀고 있는 이차방정식 $ax^2+bx+c=0$는 미지수가 1개인 이차방정식이다. 미지수가 한 개 있고 식이 한 개 있으니 어떤 방식으로든 풀 수 있다는 사실을 기억해야 한다.

먼저 'x에 관한 방정식 $ax^2+bx+c=0$'의 여러 가지 형태부터 보자!

- 이차항의 계수가 0인 경우: $bx+c=0$
- 일차항과 상수항이 0인 경우: $ax^2=0$
- 상수항이 0인 경우: $ax^2+bx=0$
- 일차항이 0인 경우: $ax^2+c=0$

'$ax^2+bx+c=0$'는 그냥 등식일 뿐, 변수가 무엇인지도 알 수 없다. 따라서 문제는 변수가 무엇인지 그리고 a,b,c가 상수라면 0일 수도 있으니 이들의 분류가 필요하다. 이차방정식의 풀이에도 사용하지만, 식의 종류도 모르고 문제를 풀 수는 없다. 만약 'x에 관한 방정식 $ax^2+bx+c=0$'에서 a가 0인 경우는 이차방정식이 아니라 일차방정식이 된다. 그래서 몇 차 방정식이란 말이 없이 'x에 관한 방정식 $ax^2+bx+c=0$'만 나온 문제라면, $a=0$인 경우와 $a\neq0$인 경우로 나누어서 생각해야 한다. 문제에서 '이차방정식 $ax^2+bx+c=0$'이라고 하면서 푸는 문제가 많다. 이것이 갖는 의미를 정확하게 이해해야 한다. 무척 중요한 것이니 정확하게 이해하기 바란다.

- '이차방정식 $ax^2+bx+c=0$'란 식이 갖는 의미

첫째, $a \neq 0$이라고 하는 것이다.

둘째, 방정식이라고 하였으니 항등식이나 말도 안 되는 등식이 아니란 말이다.

셋째, 이차가 될 수 있는 미지수가 x밖에 없어서 x가 변수이다.

🧑 조안호쌤: 어느 정사각형 모양 땅의 넓이가 $9m^2$라면 이 땅의 한 변의 길이는 얼마니?

🧑 학생: 한 변의 길이를 x라 하면 $x^2=9$이니 $x=3$이네요.

🧑 조안호쌤: $x^2=9$을 풀면 왜 $x=3$이야?

🧑 학생: 물론 $x^2=9$을 풀면 $x=\pm3$인데 어차피 길이는 음수가 될 수 없잖아요.

🧑 조안호쌤: 이렇게 풀 수 있는 이유는 '등식의 성질'이다.

🧑 학생: 이것도 등식의 성질이었군요.

🧑 조안호쌤: 간단하고 쉬우니 별거 아니라고 생각될 수도 있겠지만, 무척 중요하고 확실하게 나올 때까지 충분히 연습해야 하는 것이란다.

🧑 학생: 별거 아닌 줄로 알았어요.

🧑 조안호쌤: 항상 쉬울 때가 중요해. 그리고 복호($\pm$)를 잊지 않았으니 잘했다. 네 말대로 답은 3m야. 하지만 $x^2=9$을 풀 때는 항상 정식으로 $x=\pm3$까지 가야 돼! 답이 아닌 것을 골라내는 것은 그다음이야!

👦 학생: 알았어요.

🧑 조안호쌤: 이차방정식을 풀어서 나온 것을 '해'라고 하는데 해와 답은 같지 않을 수도 있단다. 이차방정식을 풀 때는 항상 먼저 정식으로 풀고 나서, 묻는 답인가를 생각해야 된다.

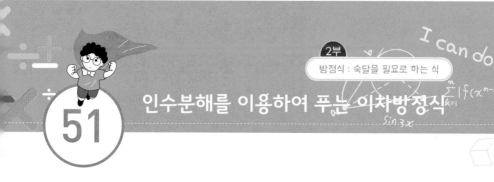

51

인수분해를 이용하여 푸는 이차방정식

미지수가 하나인 이차방정식 $ax^2+bx+c=0$을 푸는 방법은 두 가지다. 등호가 있으니 등식의 성질로 푸는 것과, 또 0이 있으니 0의 성질로 푸는 방법이 있다. 등식의 성질로 푸는 것은 완전제곱의 꼴로 푸는 근의 공식이다. 그리고 0의 성질로 푸는 것은 인수분해로 푸는 것이라고 할 수 있다. 이중 0의 성질, 즉 인수분해로 푸는 방법을 먼저 설명하려고 한다. 이차방정식을 인수분해로 푸는 핵심 개념은 두 수의 곱이 0일 때로 만들고 그 성질을 이용하는 방법이다. 학생들이 인수분해를 잘하니까 무의식적으로 문제를 푸는 경우가 많은데 개념을 정확하고 튼튼하게 할 필요가 있는 중요 개념이다.

• 두 수 또는 식 A, B에 대하여 $A \times B = 0$이면, 다음 세 가지 경우 중에서 어느 하나가 성립한다.

　(1) $A=0$ 그리고 $B=0$

　(2) $A \neq 0$ 그리고 $B=0$

　(3) $A=0$ 그리고 $B \neq 0$

　　즉, $AB=0$이면, $A=0$ 또는 $B=0$

두 수의 곱이 0이라면 적어도 하나는 0이어야 한다. 두 수의 곱이 0일 때를 초등학생들에게 물어보면 $0 \times 1, 0 \times 2, 0 \times 3$ 등을 말한다. 그러다가 '0하고 0을 곱하면 안 되냐?' 하고 물어보면 '그것도 돼요.'라는 대답을 한다. 이미 알고 있는 것이다. 다만 중학생이니 이것을 세분하여 위처럼 생각해 볼 수 있어야 한다. 그래야 두 수의 곱이 0이 나오는 경우가 위 세 가지 밖에 없음을 명확히 할 수 있다. 역으로 $AB \neq 0$라면 두 수 모두가 0이 아니어야 한다.

많은 학생들이 $(x-2)(x-3)=0$을 풀어 처음부터 $x=2,3$라고 쓰는데, 처음에 몇 번은 '$x-2=0$ 또는 $x-3=0$'을 거쳐서 '$x=2$ 또는 $x=3$'이라는 답이 나오도록 연습해야 한다. 그렇지 않으면 $x(x-2)=0$의 답으로 2라고 하나만 답을 하든지, $2(x-2)(x-3)=0$의 답으로 $x=4,6$이라는 말도 안 되는 오답을 만들어낸다.

👦 조안호쌤: 두 수의 곱 즉 $AB=0$일 때가 무슨 말인지 아니?

👧 학생: A 또는 B가 0이라는 거지요.

조안호쌤: 좋아! 그럼 문제 들어간다. A가 0이면 B는 무엇이 돼야 하니?

학생: B는 0이 아니어야 해요.

조안호쌤: 틀렸어.

학생: 그럼, B는 0이어야 해요.

조안호쌤: 틀렸어.

학생: 0이어도 틀리고 0이 아니어도 틀리는 게 어딨어요.

조안호쌤: 그런 게 여기 있다. 찍으려고 하지 말고 생각을 해봐라. 어려운 것이 아니야.

학생: 그러고 보니 B가 0이어도 되고 0이 아니어도 돼요.

조안호쌤: 그러니 답이 뭐야?

학생: A가 0일 때, B는 아무거나 되어도 된다는 거군요.

조안호쌤: 그럼 A가 0이 아니라면 B는 뭐가 되는데?

학생: B는 0이 되어야 해요.

조안호쌤: '이때 B는 반드시 0이어야 한다.'라고 '반드시'를 붙여보면 어떨까?

학생: '반드시'를 붙여도 돼요.

조안호쌤: 정리해 보자! A가 0이라면 B는 어떤 수도 상관없지만, A가 0이 아니라면 B는 반드시 0이어야 한다. 반대로 B의 경우도 마찬가지겠지?

인수분해가 지수법칙을 만날 때

$(2^\alpha+1)(2^\beta-1)$을 전개하면 $2^{\alpha+\beta}-2^\alpha+2^\beta-1$이 된다.

그렇다면 $2^{\alpha+\beta}-2^\alpha+2^\beta-1$을 다시 인수분해 하여 $(2^\alpha+1)(2^\beta-1)$로 나타낼 수 있을까? 많은 고등학생들이 모른다고 하거나 인수분해가 되는지조차 생각하지 못한다. 하지만 치환을 한다면 얼마든지 풀 수 있다.

$2^{\alpha+\beta}-2^\alpha+2^\beta-1$에서 $2^\alpha=X$, $2^\beta=Y$라 놓으면

$XY-X+Y-1$이 되어 인수분해가 된다.

$XY-X+Y-1=X(Y-1)+(Y-1)=(X+1)(Y-1)$

다시 원래대로 역치환을 하면 $(X+1)(Y-1)=(2^\alpha+1)(2^\beta-1)$

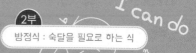

52 제곱근을 이용하여 푸는 이차방정식

이차방정식을 인수분해로 푸는 것은 곱해서 0이 되는 '0의 성질'을 이용하였다면, 완전제곱식으로 만드는 것은 일차항을 없애려는 노력이 숨어있다.

- 일차방정식: $ax+b=c \Rightarrow x=\dfrac{c-b}{a}$

- 이차방정식: (인수분해) 또는 $ax^2=b \Rightarrow x^2=\dfrac{b}{a} \Rightarrow x=\pm\sqrt{\dfrac{b}{a}}$

- 고차방정식: (인수정리) 또는 $x^n=a(x>0,\ x\neq1)$

$$\Rightarrow (x^n)^{\frac{1}{n}}=a^{\frac{1}{n}} \Rightarrow x=a^{\frac{1}{n}}$$

🧑‍🦱 조안호쌤: $x^2=4$를 풀 때, $x=\pm\sqrt{4}=\pm2$로 풀었던 거 기억나니?

😊 학생: 그럼요.

🧑‍🦱 조안호쌤: 그럼 $(x+1)^2=4$에서 제곱을 풀 수 있겠니?

😊 학생: 이걸 어떻게 풀어요?

🧑‍🦱 조안호쌤: 복잡해져서 안 보이는구나! $x+1$을 A로 놓아서 $A^2=4$라고 놓으면 풀겠니?

😊 학생: $A=\pm2$요.

🧑‍🦱 조안호쌤: 이제 A 대신에 $x+1$을 다시 넣으면 $x+1=\pm2$이 되지? 이때 좌변의 1을 이항하면 $x=-1\pm2$가 되지?

😊 학생: 그런데 이렇게 하니 복잡해요.

🧑‍🦱 조안호쌤: 치환을 해서 복잡해 보이는 거야! 치환하지 않고 직접 할 수 있으면 그렇게 복잡하지는 않을 거야.

😊 학생: 그런데 $x=\pm2-1$로 하면 안 돼요?

🧑‍🦱 조안호쌤: 왜 안 되겠니? 그런데 +일 때 −일 때를 계산해야 하는 데 $x=-1\pm2$와 $x=\pm2-1$를 직접 계산해 봐라. 어느 것이 더 편한지.

😊 학생: 아무래도 '$x=-1\pm2$'가 편하네요.

완전제곱의 꼴로 이차방정식 풀기

이차방정식을 푸는 가장 빠르고 편리한 방법은 인수분해이다. 그러나 인수분해가 복잡하거나 유리수의 범위를 벗어날 때는 완전제곱의 꼴로 이차방정식 풀기를 해야 한다. 즉, x가 있는 항을 x의 일차식의 제곱, 즉 완전제곱식으로 고치면 인수분해가 안 되는 이차방정식도 풀 수 있다.

- 예) $x^2+6x+3=0 \Rightarrow x^2+6x+9=-3+9$
$$\Rightarrow (x+3)^2=6, \; x=-3\pm\sqrt{6}$$

인수의 제곱의 꼴 즉 $(x+a)^2=b$의 형태로 만드는 것이니 그냥 제곱식이라고 해도 되는데, 완전제곱식이라고 하는 것은 관용상의 표현일 뿐이다. 완전제곱의 꼴로 이차방정식의 문제를 푸는 연습은 많이 할수록 좋다. 물론 '근의 공식'이 있어 대입만 해도 답이 나오겠지만 완전제곱식을 만드는 과정 자체가 중요하다. 같은 아이디어로 이차함수의 일반형을 표준형으로 만들게 된다.

조안호쌤: $2x^2+6x+1=0$을 $(x+a)^2=b$의 꼴로 만드는 연습을 해보자!

학생: 그냥 인수분해 하면 안 돼요?

조안호쌤: 인수분해를 할 수 있으면 해봐라!

학생: 안되네요.

조안호쌤: 완전제곱 꼴은 인수분해가 안될 때 하는 방법이야. $2x^2+6x+1=0$을 완전제곱 꼴로 만들 때, 제일 먼저 이차항의 계수를 1로 만들어야 돼! 어떻게 하면 되겠니?

😊 학생: 양변을 2로 나누면 되지요.

😊 조안호쌤: 양변을 2로 나누면 $x^2+3x+\dfrac{1}{2}=0$이 된다.

먼저 x^2+3x만 보고 x의 계수 3의 반이 뭐니?

😊 학생: 1.5요.

😊 조안호쌤: 1.5의 제곱은 뭐니?

😊 학생: 계산해야 돼요?

😊 조안호쌤: 3의 반을 소수로 하면 다음에 제곱을 할 때 어려워져.

그러니 3의 반을 분수로 해야 돼! '3의 반'이 뭐니?

😊 학생: $\dfrac{3}{2}$요.

😊 조안호쌤: $\dfrac{3}{2}$의 제곱은 뭐니?

😊 학생: $\dfrac{9}{4}$요. 분수가 편하네요.

😊 조안호쌤: 이제 x^2+3x에 $\dfrac{9}{4}$를 더해주고 다시 빼주면….

😊 학생: 더해주고 도로 빼줄 걸 왜 그런 일을 해요?

😊 조안호쌤: $x^2+3x+\dfrac{9}{4}$가 돼야 $\left(x+\dfrac{3}{2}\right)^2$이라는 완전제곱의 꼴이 되어 일차항을 없애주려는 눈물겨운 노력이 보이지 않니? 나는 이것을 발견하고는 뛸 듯이 기뻐했을 당시 수학자의 얼굴이 선한데….

😊 학생: 저는 전혀요.

😊 조안호쌤: 어찌 되었든 $x^2+3x+\dfrac{9}{4}-\dfrac{9}{4}$까지가 x^2+3x에 해당하니까 나머지도 써 주면 $x^2+3x+\dfrac{9}{4}-\dfrac{9}{4}+\dfrac{1}{2}=0$이 된다.

완전제곱의 꼴로 바꾸면

$\left(x+\dfrac{3}{2}\right)^2-\dfrac{9}{4}+\dfrac{1}{2}=0$이고, 정리하면 $\left(x+\dfrac{3}{2}\right)^2=\dfrac{7}{4}$이지. 이제 풀 수

있겠지?

🧑 학생: 풀 수는 있겠는데 매번 이렇게는 못하겠어요.

👨 조안호쌤: 누가 매번 하라고 했냐? 다만 여러 번은 연습해야 할 거야.

인수분해가 안 되는 이차방정식을 완전제곱의 꼴로 바꾸어서 매번 풀기에는 시간이 너무 오래 걸려서 근의 공식이 만들어졌다. 근의 공식은 기본적으로 이차방정식의 완전제곱의 꼴로 만들기와 같다. 대부분의 학생들이 근의 공식은 외운다. 그런데 근의 공식을 유도하는 과정에 미지수가 많아서 연습은 거의 하지 않는다. 그러나 반드시 근의 공식을 유도하는 과정을 여러 번 해야 한다. 유도과정에는 판별식, 근과 계수와의 관계, 허수, 복소수와 켤레복소수 등 근의 공식에서 퍼져나가는 개념들이 많이 있다. 그런데 근의 공식조차 유도하지 못하면 원인도 모르고 푸는 결과가 되거나 이해 없이 외우는 우를 범하게 된다. 그러니 반드시 누구의 도움도 없이 스스로 여러 번 직접 연습해 보는 것이 좋다.

$ax^2+bx+c=0(a\neq0)$을 완전제곱식으로 나타내어 근을 구해보자.

$$ax^2+bx+c=0$$

(1) 양변을 x^2의 계수로 나누어라.

$$x^2+\frac{b}{a}x+\frac{c}{a}=0$$

(2) 상수항을 우변으로 이항하여라.

$$x^2+\frac{b}{a}x=-\frac{c}{a}$$

(3) 좌변을 완전제곱식으로 만들어 정리하여라.

$$x^2+\frac{b}{a}x+(\frac{b}{2a})^2=-\frac{c}{a}+(\frac{b}{2a})^2$$

$$(x+\frac{b}{2a})^2=\frac{b^2-4ac}{4a^2}$$

(4) (3) 의 이차방정식을 풀어라.

$$x+\frac{b}{2a}=\pm\frac{\sqrt{b^2-4ac}}{2a}\text{(단, } b^2-4ac\geq0 \text{ 일 때)}$$

$$x=\frac{-b\square\sqrt{b^2-4ac}}{2a}\text{(단, } b^2-4ac\geq0 \text{ 일 때)}$$

이차방정식은 모두 근의 공식으로 풀린다. 다음 유형을 직접 풀어보사!

(1) $x^2-3=0$

$$x=\frac{0\square\sqrt{0^2-4\times1\times(-3)}}{2\times1} \Rightarrow x=\frac{\pm\sqrt{12}}{2} \Rightarrow x=\pm\sqrt{3}$$

(2) $x^2-5x=0$

$$x=\frac{-(-5)\square\sqrt{(-5)^2-4\times1\times0}}{2\times1} \Rightarrow x=\frac{5\pm\sqrt{25}}{2} \Rightarrow x=0,5$$

(3) $x^2-5x-3=0$

$$x=\frac{-(-5)\square\sqrt{(-5)^2-4\times1\times(-3)}}{2\times1} \Rightarrow x=\frac{5\pm\sqrt{37}}{2}$$

물론 (1)과 (2)는 근의 공식으로 풀지 않는다. (1)은 완전제곱의 꼴이니 $x^2=3 \Rightarrow x=\pm\sqrt{3}$로 풀고 (2)는 공통인수를 뽑아서 $x(x-5)=0 \Rightarrow x=0,5$로 푸는 것이 당연히 편하다. 하지만 모든 이차방정식이 근의 공식으로 풀린다는 것을 보여주려고 한 것이다.

이차방정식의 풀이 방법은 인수분해와 제곱근의 성질(근의 공식)을 이용하는 두 가지 방법이 있다. 이 두 가지를 철저히 하는 것 못지않게 중요한 것은 모든 이차방정식을 이 두 가지 방법으로 풀며 '이 밖에는 방법이 없다'는 것을 확실하게 알아야 한다는 것이다. 식이 복잡하거나 계수가 문자로 되어있으면 인수분해도 어렵고 근의 공식으로 풀자니 복잡할 것 같다는 생각이 든다. 결국 다른 방법이 있을 것이라 지레 짐작하고 문제를 포기하는 학생이 많다. 그러면 선생님에게 물어보려고 하는 학생들이 많은데, 선생님들도 아는 것이 이 두 가지밖에 없다. 직접 풀어보지 않고 물어보면 설사 배웠다 해도 얻는 것이 적게 된다. 따라서 이차방정식을 풀 줄 안다가 아니라 '어떤 이차방정식도 풀 수 있다!'는 생각을 가져야 한다.

54 근과 계수와의 관계

이차방정식 $x^2+6x-8=0$을 풀 때, 가장 먼저 생각해 봐야 할 것은 인수분해이다. 그런데 곱해서 -8이 되고 더해서 6이 되는 것을 찾을 수는 없다. 그렇다면 할 수 없이 완전제곱의 꼴로 바꾸어서 풀거나 근의 공식을 사용할 수밖에 없다. $a=1$, $b=6$, $c=-8$로 보고 근의 공식을 이용하여 풀면 $x=-3\pm\sqrt{17}$이 된다. 이때의 두 근을 따로 쓰면 $x=-3+\sqrt{17}$와 $x=-3-\sqrt{17}$이다. 이 두 근은 인수분해에서 곱이 -8이 되고 합이 6이 되는가를 확인해 보자!

- 두 근의 곱: $(-3+\sqrt{17})(-3-\sqrt{17})=9-17=-8$
- 두 근의 합: $(-3+\sqrt{17})+(-3-\sqrt{17})=-6$

두 근의 곱은 예상했던 대로 −8이 맞지만 두 근의 합은 6이 아니라 −6이다. 이것은 인수와 근과의 부호 차이 때문에 생겨나는 것이다. 예를 들어 한 근이 $x=\alpha$라면 인수는 $(x-\alpha)$로 부호가 바뀌는 현상이 일어나기 때문이다.

- 이차방정식 $ax^2+bx+c=0$의 두 근을 α와 β라 할 때,

  $ax^2+bx+c=0 \Rightarrow x^2+\dfrac{b}{a}x+\dfrac{c}{a}=0$이고 인수정리하면

  $(x-\alpha)(x-\beta)=0 \Rightarrow x^2-(\alpha+\beta)x+\alpha\beta=0$이다.

  이때 $x^2+\dfrac{b}{a}x+\dfrac{c}{a}=0$와 $x^2-(\alpha+\beta)x+\alpha\beta=0$의 계수를 비교하면

  $\alpha\beta : \dfrac{c}{a}$, $\alpha+\beta: -\dfrac{b}{a}$

- 직접 확인해 보는 것도 좋다.

  $ax^2+bx+c=0$ 의 근은 $x=\dfrac{-b\square\sqrt{b^2-4ac}}{2a}$와 $x=\dfrac{-b\square\sqrt{b^2-4ac}}{2a}$이다.

  $\alpha\beta : \left(\dfrac{-b\square\sqrt{b^2-4ac}}{2a}\right)\left(\dfrac{-b\square\sqrt{b^2-4ac}}{2a}\right)=\dfrac{c}{a}$

  $\alpha+\beta: \left(\dfrac{-b\square\sqrt{b^2-4ac}}{2a}\right)+\left(\dfrac{-b\square\sqrt{b^2-4ac}}{2a}\right)=-\dfrac{b}{a}$

직접 적용되는 것을 보자! '이차방정식 $x^2+6x+a=0$의 한 근이 $-3+\sqrt{17}$일 때, a의 값을 구하라(단, a는 유리수).'라는 문제가 있다면 물론 $x=-3+\sqrt{17}$를 대입해도 된다.

하지만 생각을 바꿔서 근의 공식에 의하여 풀어서 $-3+\sqrt{17}$이 근이

라면 $-3-\sqrt{17}$도 근이 된다. 따라서 두 근의 곱인 상수항 a가 된다.

$(-3+\sqrt{17})(-3-\sqrt{17})=9-17=-8$로 $a=-8$이 된다.

이는 근과 계수 사이의 관계로 이차방정식을 푼 것이다.

한 가지만 추가해 보자!

$x=-3+\sqrt{17}$에서 -3을 좌변으로 이항을 하면 $x+3=\sqrt{17}$이 된다.

등식의 성질에 따라 양변을 제곱을 하면

$(x+3)^2=(\sqrt{17})^2 \Rightarrow x^2+6x+9=17 \Rightarrow x^2+6x-8=0$으로

역시 a의 값이 보인다.

55 중근

이차방정식은 보통 2개의 근을 갖는데 근이 겹쳐서 하나가 될 때 이 근을 주어진 방정식의 중근이라고 한다.

• 이차방정식 $ax^2=b$ 또는 $(x-a)^2=b$에서, b가 0일 때 x의 값은 중근을 갖는다.

$ax^2=b$에서 a는 0이라면 이차방정식은커녕 미지수가 없어지니 방정식이 될 수 없고 해가 특수한 등식 즉 부정이나 불능의 문제로 가게 된다. 즉, 중근은 $ax^2=0$의 꼴이 되어야 한다. 만약 b가 0이 아니라면

$x^2 = \dfrac{b}{a} \Rightarrow x = \pm\sqrt{\dfrac{b}{a}}$ 로 $x = +\sqrt{\dfrac{b}{a}}$ 또는 $x = -\sqrt{\dfrac{b}{a}}$ 라는

두 개의 근을 갖게 된다.

조안호쌤: $(x-3)^2 = 0$에서 x의 값은 얼마니?

학생: 그러니까 전개하면 $x^2 - 6x + 9 = 0$인데, 그다음에 어떻게 해야 하는지 갑자기 모르겠어요.

조안호쌤: 전개는 왜 했니? 설사 $x^2 - 6x + 9 = 0$로 되어있어도 인수분해를 해야 하는데.

학생: 그러게요.

조안호쌤: 이차방정식을 푸는 방법은 뭐가 있니?

학생: 인수분해와 근의 공식이요.

조안호쌤: 이 생각을 가지고도 헷갈리니?

학생: $x^2 - 6x + 9 = 0$를 근의 공식으로 풀었어야 했네요.

조안호쌤: 인수분해 된 것을 전개하여 근의 공식으로 푼다고?

학생: 정말, 인수분해 된 것이 안 보였네요.

조안호쌤: 한 문제를 풀어도 정리가 되어 있어야 해.

학생: 알았어요.

조안호쌤: $x^2 = 0$에서 x의 값은 얼마니?

학생: $x = 0$이요.

조안호쌤: 이차방정식은 근이 두 개인데 왜 하나만 답일까?

학생: $x^2 = 0$에서 $x = \square\sqrt{0} = \square 0$ 인데, 0에 $+$나 $-$나 의미가 없기 때

문이죠.

조안호쌤: 잘했어. 그럼, $(x-3)^2=0$도 같은 방법으로 풀어봐라.

학생: $x-3=\square\sqrt{0}=\square 0$ 으로 $x=3$이요.

조안호쌤: 0말고 제곱해서 0이 되는 경우를 생각해 봐!

학생: 없어요.

조안호쌤: 확실해?

학생: 예.

$(x-a)^2=0$은 $(x-a)(x-a)=0$으로 해는 $x=a$ 또는 $x=a$가 된다. 이는 $x=a$라는 근이 중첩되어 한 개의 근을 갖는데 이를 중근이라고 한다. 그렇다면 중근은 '근이 한 개인가? 아니면 2개인가?'라는 문제가 발생한다. 이때의 근이 2개이고 그 두 근이 같다고 확실하게 정리하고 있어야 한다. 중근을 2개라고 생각하지 않으면 고등학교에서 틀리는 문제가 엄청 많게 된다. 구체적인 예를 통해 중근을 알아보자. $x^2-6x+9=0$나 $(3x-1)^2=0$과 같은 식처럼 $(x-a)^2=0$ 꼴로 되거나 만들 수 있을 때, 중근을 갖는다고 할 수 있다. 정리하면 $(x-a)^2=b$와 같은 꼴에서 반드시 $b=0$이어야 한다. 이렇게 개념이 정리가 되지 않았다면 $(x-1)^2=1$나 $x^2=4$와 같은 꼴을 보고도 중근을 갖는다고 하는 경우가 발생한다. 만약 실수했다면, 벌로 끝까지 풀어서 $(x-1)^2=1$는 $x=0$ 또는 2, $x^2=4$은 $x=\pm2$가 됨을 확인해야 실수가 줄게 된다.

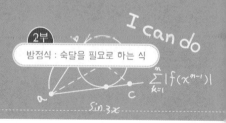
판별식

56

x에 대한 방정식 $ax^2+bx+c=0(a\neq0)$을 근의 공식으로 풀면

$x=\dfrac{-b\pm\sqrt{b^2-4ac}}{2a}$(단, $b^2-4ac\geq0$일 때)이 된다.

그런데 왜 '$b^2-4ac\geq0$ 일 때'라는 예외 조항을 두었을까? b^2-4ac
가 음수라면 어떤 일이 일어날까? $x^2=-4$라는 식에서 보듯이 '음수
의 세곱근'은 존재하지 않는다는 것을 기억할 것이다.

$x^2+4=0$으로 놓고 근의 공식에 대입해 보자!

$x=\dfrac{0\,\square\,\sqrt{0^2-4\times1\times4}}{2\times1}$ ⇨ $x=\dfrac{\pm\sqrt{-16}}{2}$ 처럼 루트 안이 음수이다.

루트 안 즉 b^2-4ac이 음수이면 고등학교에 가서 배우겠지만 허수인
근, 즉 허근이 된다. 이차방정식의 해를 구하려면 인수분해나 근의

공식으로 직접 구하는 방법밖에 없다. 그러나 근의 개수만을 알려면 굳이 해를 구하는 과정을 모두 할 필요가 없다. 루트 안, 즉 b^2-4ac이 양수이면 서로 다른 두 실근, 0이면 서로 같은 두 실근, 음수이면 서로 다른 두 허근을 갖는다. 다시 실수인 근의 개수로 본다면, 양수이면 해가 2개이고 0이면 중근, 음수이면 해를 갖지 않게 된다. 이렇게 근의 개수만을 판별할 수 있다고 해서 b^2-4ac를 판별식 $D(discriminant)$라고 한다.

- 조안호의 판별식(D=b^2-4ac)의 정의: 이차방정식에서 실근의 개수만을 판별하는 식

  D=b^2-4ac>0 : 실근이 2개 (서로 다른 두 실수인 근)

  D=b^2-4ac=0 : 실근이 2개 (서로 같은 두 실수인 근)

  D=b^2-4ac<0 : 실근이 0개 (서로 다른 두 허근)

판별식은 첫째, 이차방정식에서만 쓸 수 있다. 너무 당연하여 아무도 말을 하지 않지만, 간혹 다항식이나 3차 방정식에서 사용하려는 고등학생을 본다. 둘째, 판별식은 실근의 개수만을 판별할 뿐인데, 그래프의 모양과의 혼동을 겪는 고등학생이 정말 많다. 어려워지는 고등학교에서는 방정식을 함수와의 관련성을 가지고 푼다. 이때 그래프의 모양과 헷갈린다는 말이다. 고등학생들이 오죽이나 많이 틀리고 헷갈리는 것을 많이 보았으면, 필자가 판별식의 정의를 만들고 외우라고 했을까를 생각해 보기 바란다. 직접 문제로 한번 보자! 중

학교의 문제는 쉽다. 판별식 $D=b^2-4ac$은 근의 공식의 일부이니 못 외우는 학생도 없다. '이차방정식 $x^2+6x-2k=0$이 중근을 가질 때, k의 값을 구하여라.'라는 문제에서 '미지수 2개이고 식이 한 개'이니 단서에 집중하여야 한다. 주어진 단서는 '중근'이다.

$D=b^2-4ac=0$이니 $36-4\times(-2k)=0$ ⇨ $36+8k=0$으로 $k=-\dfrac{9}{2}$이다.

물론 이 문제는 완전제곱의 꼴로도 풀 수 있고 간단한 문제라 그 편이 더 편한 방법이 된다. x^2의 계수가 1이니 x의 계수를 가지고 '반의 제곱'을 활용할 수 있다. 6의 반의 제곱 즉 9가 $-2k$와 같아야 완전제곱 꼴이 된다.

따라서 $-2k=9$ ⇨ $k=-\dfrac{9}{2}$이다.

만약 위 문제의 단서가 실근이나 허근을 갖는다고 했다면 $36-4\times(-2k)\geq0$이나 $36-4\times(-2k)<0$이 되어 부등식의 문제로 변하게 된다.

부등식

수의 범위나 영역을 표현하는 식

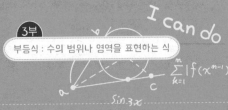
57 부등식의 성질

필자는 학생들에게 모든 수는 수직선에 있고 수직선에서 오른쪽에 있는 수들이 크도록 일렬로 서 있다고 보아야 한다고 강조한다. 수직선에 있는 수들의 일정한 범위를 나타내는 식이 필요하고 그것을 나타낸 식이 부등식이다. 그런데 말 자체로만 의미를 살펴보면, 부등식은 '부등호가 있는 식'이다. 먼저 부등호부터 보자. 등호(=)가 같다는 것을 나타내었다면 부등호는 같지 않다(≠)는 것을 나타낸다고 할 수 있다. 초등학교에서 <, >만을 사용하다가 갑자기 ≤, ≥가 추가되어 나타난다. 만약 $x < 3$라고 한다면 'x가 3보다 작은 수직선 상의 범위'를 나타낸다. $x \le 3$은 'x가 3보다 작거나 또는 $x = 3$인 수직선 상의 범위'를 나타낸다. 초과와 미만을 나타낼 때는 <, >를 사용하고, 그 수를 포함하는 이상과 이하를 나타낼 때는 ≤, ≥를 사용하면 된다.

- 조안호의 부등호 정의: '큰 쪽으로 입을 벌려라'라는 명령 기호
- 교과서의 부등식: 부등호를 사용하여 수 또는 식 사이의 대소 관계를 나타낸 식
- 조안호의 부등식 정의: 수직선에서 수의 범위를 나타내기 위한 식
- 부등식의 성질: 부등식의 양변에 같은 수를 더하거나 빼거나, 같은 양수를 곱하거나 나누어도 부등호의 방향은 바뀌지 않는다. 단, 음수를 곱하거나 나누면 부등호의 방향이 바뀐다.

조안호쌤: $3<5$는 맞는 식이니?

학생: 큰 쪽으로 입을 벌리고 있으니 맞아요.

조안호쌤: 양변에 -1을 곱하면 어떻게 될까?

학생: 부등호의 방향이 바뀌어요.

조안호쌤: 왜 부등호의 방향이 바뀌지?

학생: 양변에 음수를 곱하거나 나누면 부등호의 방향이 바뀐다고 배웠어요. 그런데 왜 그런지는 모르겠어요.

조안호쌤: 부등호를 '큰 쪽으로 입을 벌리는 기호를 사용하라'는 명령 기호로 보면 간단해져! 양변에 -1을 곱한 -3과 -5중에 어느 것이 더 크니?

학생: -3요.

조안호쌤: 그래서 −3>−5가 된 거야.

학생: 꼭 그렇게 이해해야 되나요? 그냥 음수를 곱하면 부등호의 방향이 바뀐다고만 외우면 안 되나요?

조안호쌤: 네 말대로 음수를 곱하면 항상 부등호의 방향이 바뀌니 식을 푸는 데는 상관없어. 그런데 만약 부등식을 만들어야 하는 과정이 필요하다면, 부등호의 성질 자체를 알아야 하기 때문에 이런 과정에 대한 이해도 필요해. 특히 다음에서 설명하는 부등식의 사칙계산을 이해하기 위해서는 말이지.

많은 사람들이 수는 배낭 속에 있다는 등 온 세상의 곳곳에 있다고 말한다. 그러나 필자는 이런 열린 사고방식이 오히려 수학의 특성에서 벗어나서 오히려 수학을 어렵게 한다고 본다. 모든 수는 수직선에 있으며 이들 수의 범위를 부등식으로 표현하는 것으로 보아야 한다고 생각한다. 문제에서 최댓값이나 최솟값 등의 수의 범위를 묻는데, 수직선이 생각이 나지 않고 수가 어딘가에 있다고 생각하거나 부등식이 생각나지 않는다면 문제를 풀기는커녕 문제를 이해하는 것조차도 못할 것이라고 생각한다.

부등식은 방정식보다 더 복잡하여 처음에는 방정식과 동일하다고 생각하기 쉽지만 범위를 나타내야 하기에 방정식보다 부등식을 만들기가 더 까다롭다. 부등식도 결국은 함수의 정의역이나 치역의 범위로 넘어가야 한다. 그런데 현재 중학교에서는 간단한 일차부등식만 다루고 연립부등식 등을 고등과정으로 올려 보냈다. 그러나 교과서가 요구하는 쉬운 부등식만 다루었다가는 연습이 되지 않았다가 갑자기 어려워지는 고1의 이차부등식에서 고전을 면치 못하게 될 것이다. 중학교에서 좀 더 수준을 높여 놓지 않으면, 고등학교에서 까다로운 단원이 될 것이다. 이 책에서 좀 더 깊이 다루고 있는 이유이기도 하다.

부등식의 성질을 이용한 어려운 문제는 대부분 음수와 분수를 포함시킬 때이다. 조금 어렵지만 여러 가지 개념을 담은 문제를 하나 다루어보자.

🖐 다음 중 옳은 것은? (단, a, b, c는 0이 아니다.)

① $-a+c>-b+c$ 이면 $a>b$이다.

② $a>b$이면 $ac>bc$이다.

③ $a>b$이면 $\dfrac{a}{c}>\dfrac{b}{c}$이다.

④ $\dfrac{1}{a}>\dfrac{1}{b}$ 이면 $a<b$이다.

⑤ $\dfrac{a}{c}>\dfrac{b}{c}$ 이면 $ac>bc$이다.

답 ⑤

먼저 주어진 조건부터 보자. a, b, c가 0이 아니라는 말은 음수일 경우도 감안해서 문제를 풀라는 말이다. ①은 전형적인 문제이다.

$-a+c>-b+c \Rightarrow -a>-b \Rightarrow a<b$이므로 틀렸다.

②나 ③도 c가 양수일 때는 성립하지만,

음수($c<0$)일 때는 각각 $ac<bc$, $\dfrac{a}{c}<\dfrac{b}{c}$가 되어 항상 옳다고 할 수는 없다.

④가 매력적인 오답이니 잘 정리해놓기 바란다. 두 양수의 경우에 역수를 취하면 부등호의 방향이 바뀌기 때문이다. 게다가 a와 b가 모두 음수라고 할 때도 두 수의 곱이 양수이니 $ab>0$이다. $\dfrac{1}{a}>\dfrac{1}{b}$ 의 양변에 양수인 ab를 곱하면 부등호의 방향이 바뀌지 않아서 $b>a$로 맞아 보이는 것이 함정이다. 그러나 a와 b의 부호가 다를 때는 역수를 취한다 해도 부등호의 방향이 바뀌지 않는다. 길게 설명하니 어려운 것 같지만 양수와 음수를 각각 역수를 취한다 해도 부등호의 방향이 바뀌지 않는다는 것은 조금만 생각해도 당연할 것이다. 문제는 ⑤가 낯설었을 것이다. 그런데 양변에 양수를 곱하면 부등호의 방향이 바뀌지 않는다는 것은 이미 알고 있다.

$\dfrac{a}{c}>\dfrac{b}{c}$의 양변에 양수인 c^2(c가 양수이든 음수이든 제곱을 하게 되면 양수가 된다.)을 곱하면 $ac>bc$이 된다. 이 문제는 이 사실을 알려주려고 출제한 것이다. 이는 다양한 곳에서 이용된다.

만일 $\dfrac{b}{a}<0$이라면 양변에 a^2(양수)을 곱한 $ab<0$도 성립한다.

따라서 $\dfrac{b}{a}<0$을 보고 a와 b의 부호가 다르다는 것을 마음으로 확실하게 받아들이게 한다. 이런 것들이 중3의 이차함수에서 계수들의

부호를 결정하는 데 사용된다. 조금만 더 진전해 보자!

$\frac{x-2}{x-3} \leq 0$란 식의 양변에 $(x-3)^2$을 곱하면 $(x-2)(x-3) \leq 0$이라는 이차부등식이 된다. 이차부등식은 고등과정이지만, 부등식의 연습이 오래 걸리는 것임을 감안하여 이 책에서 미리 다루고자 한다. 만약 어렵다면 함수를 공부한 뒤에 다시 공부하는 한이 있어도 학생들이 배웠으면 한다.

58 부등식의 읽기

부등식을 정복하려고 마음을 먹었다면 부등식의 읽기를 자주 해야 한다. 일차부등식이나 이차부등식의 해를 수직선에 나타내면 수의 범위가 되고, 이를 다시 함수에서 좌표평면에 나타내면 수의 영역이 된다. 부등식은 수의 범위, 올바른 부등식을 만들기 위해서뿐만 아니라 문제에 대한 이해를 위해서 꼭 필요하다. 부등식은 당연히 부등식의 단원에서도 사용되지만, 중·고등 수학의 핵심 단원인 방정식과 함수에서 다양하게 모두 다룬다는 말이고 중요한 단원이라는 말이다. '~일 때, x와 y의 범위는?'과 같은 문제는 대개 그 범위를 부등식으로 나타내라는 문제이다. 이런 수의 범위에서는 자연수나 정수가 아니라 최소 분수까지, 좀 더 학년이 올라가 고등학생이 된다면 무리수, 즉 실수까지 생각하지 않으면 문제가 꼬이는 경우가 많다. 그래서 수를 인식하려면 모든 수는 수직선 상에 있음을 생각해야만 한다고 필자가 강조하는 것이다. 그렇다고 부등식을 무턱대고 읽는 것이 아니라 반드시 의미가 살 수 있는 읽기를 해야 한다. 그래야 문제로부터 식을 만들 때 부등호를 가져다 쓸 수 있을 만큼의 연습이 된다.

• 조안호의 부등식 읽기: 미지수를 주어로 해서 읽지 않으면, 수의 범위가 머리에 잡히지 않는다.

👨‍🎓 조안호쌤: '$x<3$'를 읽을 수 있니?

👦 학생: '3은 x보다 크다.'요.

👨‍🎓 조안호쌤: 3을 기준으로 읽었구나! 이번에는 x를 기준으로 읽어볼래.

👦 학생: 'x는 3보다 작다.'요.

👨‍🎓 조안호쌤: 어떤 게 맞아?

👦 학생: 둘 다 맞는 거 아닌가요?

👨‍🎓 조안호쌤: 두 가지 모두 맞아. 그런데 어떤 것으로 읽는 것이 좋을까?

👦 학생: 그때그때 달라요.^^

👨‍🎓 조안호쌤: 이번에는 아니야. 미지수를 주어로 해서 부등식을 읽어야 할 거야.

👦 학생: 무슨 말인지 모르겠으니 예를 들어봐 주세요.

👨 조안호쌤: '$x<3$ 인 자연수'를 x를 주어로 읽어봐라.

👦 학생: x를 기준으로 읽었을 때는 'x는 3보다 작은 자연수'이니 1 과 2가 떠오르네요.

👨 조안호쌤: '$x<3$ 인 자연수'를 3을 기준으로 읽어봐라.

👦 학생: '3은 x보다 큰데 자연수…'로 1과 2가 아니라 자꾸 4, 5와 같은 수가 떠오르며 머리가 혼란해져요.

👨 조안호쌤: 맞아. 부등식에 미지수가 있을 때는 대부분 미지수의 범위가 궁금한 것이니 꼭 미지수를 기준으로 읽어야 해.

👦 학생: 그래야 할 것 같아요.

a는 양수, b는 음수라고 할 때, 많은 학생들이 '$a : +, b : -$'와 같이 표시해놓고 문제를 푸는 경우가 많다. 이렇게 표현하는 것이 시각적 으로나 머릿속으로도 정리가 잘 되니 더더욱 그런 방법을 사용하는 학생이 많다. 그러나 앞으로 어떤 문제도 그런 식으로 출제되지 않 는다. 수학은 수식이 언어이고 수식을 사용하는 방법대로 표기하고 읽어야만 제대로 공부하는 것이다. 그러니 a는 양수, b는 음수라는 표현이 필요할 때, 귀찮더라도 반드시 $a>0, b<0$라고 표현해야 하 고 또 익숙해져야 한다.

3부

부등식 : 수의 범위나 영역을 표현하는 식

I can do

일차부등식의 풀이

간단한 일차부등식의 풀이는 등호가 부등호로만 바뀌었을 뿐 일차
방정식의 풀이와 거의 같다. 일차방정식을 열심히 푼 학생에게 일차
부등식은 기호에 익숙해지는 연습만 조금 해도 될 것이다. 한 가지
다르다면 음수를 곱하거나 나누면 부등호의 방향이 바뀐다는 것만
주의하면 된다. 부등식이 어려워지면, ㄱ 수의 포함 여부를 생각해
야 할 때이고 고등학교에서 이 부분을 다룰 때 어려워질 것이다. 다
음은 부등식의 풀이 방법이다. 방정식과 비교를 하기 바란다.

• 일차부등식의 풀이 방법

  1) 계수가 분수라면 분모의 최소공배수를 곱하여 계수를 정수로

만든다.

2) 일반적으로 괄호가 있으면 푼다.

3) 양변을 정리하여 $ax \geq b$, $ax \leq b$, $ax > b$, $ax < b(a \neq 0)$의 꼴로
만든다.

4) 양변을 a로 나누되 a가 음수이면 부등호의 방향을 바꾼다.

조안호쌤: $x \geq 3$에서 x가 3이 될 수 있을까?

학생: 당연하지요. $x \geq 3$가 'x는 3 이상의 범위'란 것은 알고 있어요.

조안호쌤: 그렇다면 $3 \geq 3$이라고 써도 될까?

학생: 그렇게 써 놓고 보니 어색하기는 하지만 맞는 거잖아요.

조안호쌤: $3 \geq 3$이 무슨 뜻인지를 알려주려고 그래! $3 \geq 3$는 '$3 > 3$
또는 $3 = 3$'을 뜻해.

학생: 그렇게 얘기하니 더 모르겠네요.

조안호쌤: '또는'이라는 말이 무슨 뜻인지 몰라서 그래.

학생: '또는'이 '둘 중에 하나'라는 뜻이 아니에요?

조안호쌤: 둘 중의 하나만 맞아도 맞는다고도 할 수 있지만, 중
요한 것이니 기회에 잘 알았으면 좋겠다.

학생: 중요하다면 알려주세요.

조안호쌤: 수학적으로는 다르게 사용돼. 'A 또는 B가 맞다'가 옳
은 말이려면, '① A는 맞고 B는 틀린 경우 ② A는 틀리고 B는 맞
는 경우 ③ A도 맞고 B도 맞는 경우'의 세 가지 중의 하나이기만
하면 맞는 것이 된다.

학생: 그러니까 둘 중의 하나만 옳아도 되지만, 둘 다 옳아도 된다는 말이 아니에요?

조안호쌤: 맞아. 이렇게 빨리 알아듣다니 대단한데. 그래도 못 믿겠어서 하나만 더 물어볼게.

학생: 선생님이 학생을 못 믿으면 안 되지요. ^^

조안호쌤: 어떤 수학자가 생과일주스 가게에 가서 '사과주스나 키위주스를 주세요?'라고 말했대.

학생: 그런데요?

조안호쌤: 그런데 그 수학자가 혹시나 하는 불안감에 '그 둘을 섞지는 말아 주세요.'라고 말했다는 것이야. 그 이유는 무엇일까?

학생: 아! 현실 생활 속에서는 거의 그럴 일이 없겠지만, '사과ㅈ ㅜㅡ스 또는 키위주스'에는 그 둘을 섞는 것도 포함되는군요.

x는 정수이고 y의 범위는 $0 \leq y < 1$일 때, $x+y=6$이다. x의 값은?

답 6

y의 범위 $0 \leq y < 1$를 분해하였을 때, y는 0이거나 $0 < y < 1$이다. 그런데 $0 < y < 1$의 범위일 때는 y가 소수가 된다. (소수)+(정수)≠(정수)이니 $x+y=6$로부터 $0 < y < 1$의 조건은 성립할 수 없다. 그러면 당연히 $y=0$이 될 수밖에 없게 되고 $x=6$이 된다. 당연한 문제를 너무 어렵게 풀었다고요? 그렇다면 여러분이 흔히 하는 대입법으로 풀어보자! $x+y=6$을 y에 관하여 정리하면 $y=-x+6$이 된다. 이것을

$0 \leq y < 1$에 대입하면 $0 \leq -x+6 < 1$이 된다. 이것을 풀면 $-6 \leq -x < -5$ ⇨ $5 < x \leq 6$인데, 이 범위에서 정수인 x는 6밖에 없다. 간단하지만 평상시에 부등식의 범위를 분리하는 연습이 되지 않으면, 당황하거나 두려움이 생긴다.

연립부등식

60

I can do

일차부등식들을 연립방정식처럼 연결하여 '공통인 범위'를 구하도록 묻는 식을 연립일차부등식이라고 한다. 그런데 중학교에서 다루는 것은 일차부등식이어서 연립일차부등식이 정식 명칭이나 간단히 연립부등식이라 한다.

- 연립부등식의 형태:

    1) $A < B < C$ ⋯①

    2) $\begin{cases} A < B \\ C < D \end{cases}$ ⋯②

- $A=B=C$ 꼴의 방정식은 식 2개의 연립방정식으로 보아야 한다.
- $A<B<C$ 꼴의 부등식은 식 2개의 연립부등식으로 보아야 한다.

연립방정식에서 $A=B=C$의 꼴이면, $A=B$, $B=C$, $A=C$ 중에서 두 개의 식만을 선택하고 이들의 공통인 해를 구하였다. 그래서 $A=B=C$를 미지수 2개의 연립방정식이라고 보아야 한다. 만약 복잡한 식이 사용되는 고등학교에서 이 개념을 이해하지 못하고 식 3개를 모두 활용하려 든다면, 항등식이 나와서 이해가 안 되는 상태가 되는 고등학생을 많이 보았기 때문에 하는 말이다. 마찬가지로 $A<B<C$이면, 만들 수 있는 $A<B$, $B<C$, $A<C$의 식 중에서 '$A<B$, $B<C$'를 선택하여 사용되는 연립부등식이라고 생각하여야 한다. $A<C$라는 부등식은 $A<B$와 $B<C$의 공통 범위보다 더 넓은 범위를 가지고 있기 때문에 의미가 없기 때문이다. 그렇다고 항상 $A<B<C$이면 $A<B$와 $B<C$의 형태로 바꾸는 것은 아니다. $3<7x-4<24$와 같이 가운데에만 미지수를 가지고 있는 꼴에서는 $3<7x-4<24$ ⇨ $7<7x<28$ ⇨ $1<x<4$ 처럼 분리하지 않고도 구할 수 있다. 만약 그렇지 않다면 결국 ①은 ②의 형태로 바꿔서 풀어야 한다.

②꼴의 부등식을 풀어서 수직선에 나타내었을 때, 다음과 같은 꼴들
이 부등식의 범위가 된다.

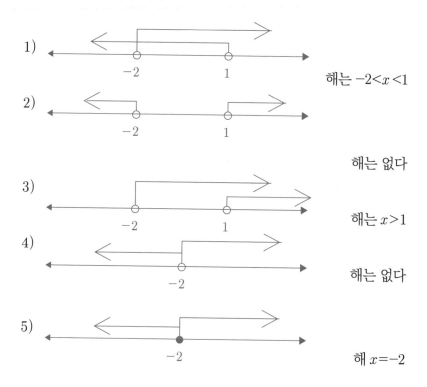

1) 해는 $-2 < x < 1$

2) 해는 없다

3) 해는 $x > 1$

4) 해는 없다

5) 해 $x = -2$

앞으로 복잡한 방정식이나 부등식을 풀 때면 종종 '그리고'와 '또는'
이라는 말의 혼동이 오곤 한다. 이것을 정식으로 다루는 고등학교의
집합에서는 교집합과 합집합으로 배운다. 집합을 배우기 전의 중고
등학교 어려운 문제에서 거의 대부분 이 개념이 쓰인다고 할 정도로
많이 나온다. 학생들이 정확하게 이해했으면 좋겠다. 다음 문제를
보자!

🖋 $x-1 \geq 2 \cdots$ ①과 $\begin{cases} x-1>2 \\ x-1=2 \end{cases}$ $\cdots$ ②는 어떻게 다른가?

한 마디로 ①은 일차부등식이고 ②는 연립부등식이라고 불리며 그 사용 의미가 다르다. ①은 '$x-1>2$ 또는 $x-1=2$'라는 의미로 '또는'이라는 말을 사용한다(합집합). ②는 '$x-1>2$ 그리고 $x-1=2$'라고 중간에 '그리고'라는 교집합의 의미를 가지고 있다. 각각의 의미가 다르므로 해도 다르다. 직접 풀어서 살펴보면

①의 해는 $x \geq 3 (\because x>3$ 또는 $x=3)$이다.

②의 해는 $x>3$와 $x=3$을 모두 만족시켜야 한다.

그런데 수직선에서 생각해 볼 때, x가 3이면서 3보다 큰 수는 없으므로 답은 '해가 없다'이다.

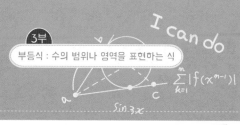

3부
부등식 : 수의 범위나 영역을 표현하는 식

61 부등식의 활용

부등식의 활용에서 학생들이 가장 어려워하는 문제로 보통 의자 문제를 꼽는다. 의자 문제를 학생들이 어려워하는 것은 기수와 서수의 개념을 정확하게 이해하지 못하기 때문이다. 우선 기본이 되는 것부터 배우고 나서 문제를 풀어보자.

조안호쌤: 자연수가 1, 2, 3, 4, …, x까지 있어. 자연수는 몇 개니?

학생: 수세기잖아요. 이제 알아요. x개요.

조안호쌤: 그럼 x바로 앞의 자연수는 뭐니?

학생: 어떻게 알아요?

조안호쌤: '1, 2, 3, 4, …, x'을 '1, 2, 3, 4, …, $(x-3), (x-2), (x-1),$

x'로 쓸 수 있어.

🧑 학생: 그럼, $(x-1)$요.

🧔 조안호쌤: 만약 '17'이란 수가 있다면 17은 17개란 양의 의미도 있지만 17번째라는 순서의 의미도 있어.

🧑 학생: 그거야 선생님이 여러 번 강조하셔서 알고 있지요.

🧔 조안호쌤: 그런데 이것을 미지수에서도 똑같이 적용할 수 있다는 거야. x라는 미지수를 x개로 볼 수 있고, 다시 x번째의 수로 바라볼 수 있느냐가 어렵다고 할 수 있어.

🧑 학생: 그건 안다니까요.

🧔 조안호쌤: 그렇게 바로 알아듣고 쉽게 사용한다면 걱정이 없겠다. 바로 이거 때문에 의자 문제를 어려워하고 나중에 함숫값이나 삼각함수를 못 그리게 되는 이유가 된단다.

🧑 학생: 그럼 예를 들어 설명해 줘요.

긴 의자가 여러 개 있습니다. 학생 전체가 앉을 때 한 의자에 2명씩 앉으면 학생이 10명 남습니다. 그래서 다시 한 의자에 6명씩 앉혔더니 이번에는 의자가 4개 남는다고 합니다. 그렇다면 이 긴 의자는 몇 개가 있고 전체 학생의 총수는 얼마겠습니까?

🧔 조안호쌤: 보통 미지수를 작은 수로 놓는 것이 편하단다. 학생의 수보다는 의자의 수가 적으니 의자의 개수를 x라 하자. 의자의 개수를 x라 하면 학생의 수는 몇 명이니?

🙎 학생: 일단 $2x+10$이란 식이 나와요.

🧑 조안호쌤: 전체 의자의 수 x가 변하지 않으니 학생의 수인 $2x+10$도 변하지 않는다고 할 수 있다. 그런데 의자에 6명씩 앉힐 때, 의자 4개가 남는다는 말은 뭘까?

🙎 학생: 의자의 개수 x개에서 4개가 남는다니 빼서 $x-4$가 나오는 것까지는 이해하겠어요. $(x-4)$개의 의자에 6명씩 앉았으니 $6(x-4)$가 되는 것도 알겠어요. 그런데 이런 설명을 듣다 보면 갑자기 $(x-5)$가 나오는 게 이해가 안 돼요.

🧑 조안호쌤: 네가 $x-4$가 무엇을 뜻하는지가 이해가 안 되어서 그래. 잘 들어봐라. 의자의 개수를 순서의 수로 전환해야 이해가 될 수 있어. 전체 의자 x개에 의자마다 번호를 써 놓는다고 보자. 그러면 '1, 2, 3, 4, $\cdots$, $(x-6)$, $(x-5)$, $(x-4)$, $(x-3)$, $(x-2)$, $(x-1)$, x'로 쓸 수 있어. 이제, 4개가 남는 의자이니 어떤 의자가 남겠어?

🙎 학생: '$(x-3)$, $(x-2)$, $(x-1)$, x'가 남는 의자겠네요.

🧑 조안호쌤: 그럼 남는 의자를 순서대로 놓으면?

🙎 학생: '1, 2, 3, 4, $\cdots$, $(x-6)$, $(x-5)$, $(x-4)$'에 학생들이 앉게 될 것이네요. 여기까지 이해가 됐어요.

🧑 조안호쌤: $(x-4)$가 남는 의자의 개수도 되지만, $(x-4)$번째 의자라는 말이기도 하다는 거지.

🙎 학생: 바로 이 부분을 이해하지 못했는데, 넘어가서 문제가 되었군요.

👦 조안호쌤: $(x-4)$번째 의자에 학생이 몇 명 앉아있을까?

👧 학생: 글쎄요. 1명은 반드시 앉아있어야 하고요. 6명까지는 앉아 있을 수 있겠네요.

👦 조안호쌤: 그럼 $(x-5)$번째는 의자에 학생이 몇 명 앉아 있을까?

👧 학생: 당연히 6명이 모두 앉아 있겠지요.

👦 조안호쌤: 다시 양으로 이해해 보자. 전체 학생의 수는 $6(x-5)$ 보다는 크고 $6(x-4)$보다는 작거나 같겠지?

👧 학생: 이해되었어요.

👦 조안호쌤: 전체 학생의 수가 $2x+10$이었잖아.

그러니 부등식으로 만들면 $6(x-5)<2x+10\leq6(x-4)$가 돼.

👧 학생: 이해는 되는데 연습은 해야 될 거 같아요.

👦 조안호쌤: 당연하지. 수학도 다른 공부처럼 이해가 최우선이지 만 그다음은 반드시 연습을 해서 내 거로 만들어야 돼! 그런데 풀 어서 답이 나왔니?

👧 학생: 식을 만든다면 푸는 거는 어렵지 않아요.

연립방정식으로 풀면 $\dfrac{34}{4}\leq x<10$으로 의자의 개수는 9개이고

학생 수는 $(2x+10)$이니 28명이요.

👦 조안호쌤: 부등식은 고등학교에서 다시 방정식과 함수에 연결되 어 어떤 것보다도 골치 아픈 개념으로 바뀐다. 귀찮다고 대충 넘 어가면 안 돼!

👧 학생: 예.

I can do

62 부등식의 사칙계산

부등식끼리의 연산을 정식으로 교과서에서 다루지는 않는다. 그러나 이것을 이용해야 하는 문제는 계속 출제되고 있다. 설사 선생님들이 가르친다 하더라도 학생들은 이해를 하지 못해서 '가장 큰 수에서 가장 작은 수를 빼면, …'과 같이 마치 공식처럼 외우는 학생들이 많다. 부등호란 '큰 쪽으로 입을 벌리는 기호'로, 연산으로 만들어지는 수들이 부등호로 만드는 수식의 범위라는 생각에만 충실하면 된다. 다음에서 그 공통점을 찾으면 어렵거나 외워야 할 필요가 없다.

• $-1 < a < 3$, $2 < b < 4$ 일 때, 이를 연립부등식처럼 놓고

$$-1 < a < 3$$
$$) \; 2 < b < 4$$

1) $a+b$의 범위

두 부등식을 더했을 때 $a+b$가 만들어진다.

$$-1 < a < 3$$
$$+ \;) \; 2 < b < 4$$

위 식의 수들과 아래 식의 수들을 더할 때 만들 수 있는 모든 계산은 $-1+2$, $-1+4$, $3+2$, $3+4$이다. 이 중에 가장 작은 수는 1이고, 가장 큰 수는 7이 된다. 그렇다면 $a+b$의 범위는 1과 7 사이에 있다. 즉, $1 < a+b < 7$이다.

2) $a-b$의 범위

두 부등식을 뺐을 때 $a-b$가 만들어진다.

$$-1 < a < 3$$
$$- \;) \; 2 < b < 4$$

위 식의 수들과 아래 식의 수들을 뺄 때 만들 수 있는 모든 계산은 $-1-2$, $-1-4$, $3-2$, $3-4$이다. 이 중에 가장 작은 수는 -5이고 가장 큰 수는 1이 된다. 따라서 $a-b$는 -5와 1 사이에 있다. 즉, $-5 < a-b < 1$이다.

3) ab의 범위.

　　두 부등식을 곱했을 때 ab가 만들어진다.

$$-1 < a < 3$$
$$\times \,)\ \ 2 < b < 4$$

위 식의 수들과 아래 식의 수들을 곱할 때 만들 수 있는 모든 계산은 -1×2, -1×4, 3×2, 3×4이다. 이 중에 가장 작은 수는 -4이고 가장 큰 수는 12이다. 따라서 ab는 -4와 12 사이에 있게 된다. 즉, $-4 < ab < 12$이다.

4) $\dfrac{a}{b}$의 범위

　　두 부등식을 나누었을 때 $\dfrac{a}{b}$가 만들어진다.

$$-1 < a < 3$$
$$\div \,)\ \ 2 < b < 4$$

위 식의 수들과 아래 식의 수들을 나눌 때 만들 수 있는 수는 $-1\div2$, $-1\div4$, $3\div2$, $3\div4$이며 분수로 만들면 각각 $-\dfrac{1}{2}$, $-\dfrac{1}{4}$, $\dfrac{3}{2}$, $\dfrac{3}{4}$이다.

이 중에 가장 작은 수는 $-\dfrac{1}{2}$이고 가장 큰 수는 $\dfrac{3}{2}$이다.

따라서 $\dfrac{a}{b}$의 범위는 $-\dfrac{1}{2} < \dfrac{a}{b} < \dfrac{3}{2}$이다.

곱과 몫은 음수 때문에 규칙이 만들어지지 않지만, 합과 차는 다음처럼 규칙이 만들어진다. 그래서 선생님들이 합과 차에서 규칙이 되는 아래의 2개를 말씀하시는 것이다.

- 합의 범위는 작은 수끼리 더한 것과 큰 수끼리 더한 것의 사이에 있다.
- 차의 범위는 작은 수에서 큰 수를 뺀 것과 큰 수에서 작은 수를 뺀 것의 사이에 있다.

선생님들이 말씀하시는 경우가 있어서 이해하라고 적은 것이다. 이해하면 굳이 외울 필요가 없다. 기억이 나지 않으면, 각각의 계산한 4개 중에서 가장 작은 것과 가장 큰 것의 사이에 존재한다고 생각하면 끝난다.

5) $a-2b$의 범위

$a-2b$는 a와 $-2b$의 합이다. $-2b$의 범위를 구하기 위해 $2<b<4$의 각 변에 -2을 곱하면 $-4>-2b>-8$이다. 모두 계산하기 때문에 $-8<-2b<-4$로 바꾸지 않고 곧바로 계산해도 된다.

$$-1<a<3$$
$$+\underline{)\ -4>-2b>-8}$$

위 식의 수들과 아래 식의 수들을 더하면 $-1-4$, $-1-8$, $3-4$, $3-8$이

다. 따라서 $a-2b$의 범위는 $-9<a-2b<-1$이다. 이제 등호의 처리 문제가 아직 남았는데, 두 수의 계산에서 사용되는 수가 두 부등식에 공통으로 등호를 포함할 때만 붙이면 된다.

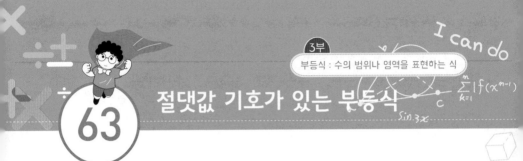

63 절댓값 기호가 있는 부등식

절댓값은 '양수로 만들라는 명령 기호'이고, 모르는 수의 범위를 나누어 고려하는 한층 더 깊은 생각으로 가는 첫 출발이라고 했다. 또 고등학교에서는 모든 단원에서 나오니 중학교에서 충실히 하라고 했다. 그러나 중학교에서는 공부를 잘하는 학생들조차 간단한 절댓값들을 외우거나 정식으로 풀기를 싫어하는 학생이 많다. 물론 절댓값을 빨리 처리하는 방법이 있지만, 그것을 지금 익히면 기술이라서 개념의 연습이 안 된다. 지금은 귀찮아도 충실히 연습해야 하는 것이 최선이다. 그러나 연습을 스스로는 잘 하지 않아서 억지로 시키는 경우가 많다.

😀 조안호쌤: |x|<3에서 x의 범위가 뭐니?

😎 학생: x는 음수가 될 수 있으니 -2, -1, 0, 1, 2요.

😀 조안호쌤: 음수를 생각한 것은 잘했는데, 내가 언제 x가 정수라고 했니?

😎 학생: 그럼 어떡해요?

😀 조안호쌤: 뭘 어떡해. 정의대로 풀어야지.

😎 학생: 절댓값을 푸는 것을 봤는데 너무 귀찮고 복잡해요. 그냥 외워서 사용하면 안 돼요?

😀 조안호쌤: 안돼.

😎 학생: 그럼 고등학교에 가서 연습하면 되지요.

😀 조안호쌤: 수학은 처음 나올 때가 가장 쉬운 거야. 고등학교에서는 더 복잡해지기 전에 연습해야 돼.

😎 학생: 공부 잘하는 애들도 그냥 외워서 풀던데요.

😀 조안호쌤: 맞아. 잘하는 학생들 중에서도 외워서 푸는 경우가 많아. 그런데 이런 친구들도 고등학교에서 더 복잡해지기 전에 미리 연습해야 돼. 그리고 진짜 공부 잘하는 애들은 이미 여러 번 연습해서 중간 과정을 쓰지 않아도 될 정도로 되었기 때문이야.

😎 학생: 꼭 해야 된다는 말이죠?

😀 조안호쌤: 꼭!

중학교의 문제들에서 자주 나오는 절댓값이 있는 부등식의 종류는 |x|<3와 |x|>3이다. 차근차근 살펴보자.

$|x|<3$에서 절댓값 기호 안에 있는 수 x가 될 수 있는 수는 당연히 실수 전체이다. 그런데 '절댓값은 양수로 만들어라.'라는 명령 기호이다. 따라서 절댓값의 기호 안에 있는 수인 x가 양수와 0일 때는 그대로 나와도 된다. 그러나 음수일 때는 양수로 만들기 위해서 (−)기호를 붙여야 절댓값의 기호를 없앨 수 있다.

1) $x \geq 0$일 때, $|x|<3$는 $x<3$이고 이를 수직선에 나타내면

해는 $0 \leq x < 3$

2) $x<0$일 때, $|x|<3$는 $-x<3$ ⇨ $x>-3$이고 이를 수직선에 나타내면

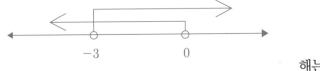

해는 $-3 < x < 0$

그런데 x의 범위가 실수 전체이니, '$x \geq 0$인 경우 또는 $x<0$인 경우'로, 역시 '$0 \leq x < 3$ 또는 $-3 < x < 0$'이 범위이다. 따라서 $|x|<3$의 범위는 $-3 < x < 3$이다.

이제 $|x|>3$의 범위를 알아보자.

1) $x \geq 0$일 때, $|x| > 3$는 $x > 3$이고 이를 수직선에 나타내면

해는 $x > 3$

2) $x < 0$일 때, $|x| > 3$은 $-x > 3 \Rightarrow x < -3$ 이고 이를 수직선에 나타내면

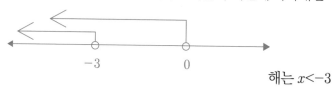

해는 $x < -3$

역시 x가 실수 전체이니, '$x \geq 0$인 경우 또는 $x < 0$인 경우'로 '$x < -3$ 또는 $x > 3$'가 $|x| > 3$의 범위가 된다.

- $|x| < 3$의 범위는 $-3 < x < 3$이다.
- $|x| > 3$의 범위는 '$x < -3$ 또는 $x > 3$'이다.

정리하느라고 위처럼 적어놓은 것이다. 정의대로 직접 연습하지 않고 외우면 물론 당장의 어려움은 피할 수 있겠지만 더 큰 위험을 안고 가는 것이다. 고등학교에서 이것을 처음 접한 고등학생들이 개념도 없으면서 기술을 접하거나 난이도 있는 문제에서 헤매는 것을 본다. 고등학교에서 확장된 많은 문제들이 쏟아져 나오기 전에 중학교에서 정의대로 충분한 연습을 해야 된다.

I can do

64 부등식과 최대·최솟값

문제를 풀다 보면 최댓값이나 최솟값이란 용어가 나와서 당황하는 경우가 있다. 물론 최댓값은 가장 큰 수이고 최솟값은 가장 작은 수라는 것을 몰라서 학생들이 어려워하는 것이 아니다. 학생들이 간과하는 것은 '무엇' 중에서 가장 크거나 가장 작은가를 묻는다는 것을 간과하기 때문이다. '미지수가 변수이고 그 변수의 변화하는 범위를 알았다면, 너는 그중에 가장 작은 값과 가장 큰 값을 나에게 말해볼래?'가 최댓값이나 최솟값을 묻는 출제자의 마음이다.

조안호쌤: 3, 5란 숫자 중에 최댓값은 뭐니?

학생: 5요.

🧑‍🦱 조안호쌤: 그래. 최댓값은 둘 중에 가장 큰 수이니 5가 맞다. 최 솟값은 뭐니?

👧 학생: 3요. 숫자가 2개밖에 없는데 그렇게 물어보니 좀 어색해요.

🧑‍🦱 조안호쌤: 초등학교에서는 '여러 개의 숫자 중에 가장 작은 수 는?'처럼 물어봤기에 2~3개에서 이런 물음이 어색할 수 있어. 하지만 숫자가 두 개이든 여러 개이든 가장 큰 수를 물어보니 묻 는 대로 답하면 되는 거야. 그럼 $3 \leq x \leq 5$에서 최솟값은 얼마고 최댓값은 얼마니?

👧 학생: 각각 3과 5요.

🧑‍🦱 조안호쌤: $x \geq 7$에서 x의 최솟값은 얼마니?

👧 학생: 7이요.

🧑‍🦱 조안호쌤: $x \geq 7$에서 최댓값은 얼마니?

👧 학생: 몰라요.

🧑‍🦱 조안호쌤: 그럼 $x > 7$에서 최솟값은 얼마니?

👧 학생: 이것도 모르겠네! 분수가 있어서 모르지 않나요?

🧑‍🦱 조안호쌤: 그래. 나도 몰라. 그러니 이렇게 문제가 나오지는 않 겠지?

👧 학생: 에이. 뭐가 있는 줄 알았잖아요.

🧑‍🦱 조안호쌤: 네가 갖고 있는 생각은 그것이 깨지기 전까지는 확신 을 갖는 것이 좋아. 그래야 항상 자신감 있게 수학 문제를 대하 게 되는 거야.

👧 학생: 알았어요.

부등식의 최댓값과 최솟값은 부등식을 풀기만 하면 비교적 간단하게 된다. 예를 들어 '$3x+6 \geq 3(2x-1)$을 만족하는 x의 최댓값은?'이란 문제는 $3x+6 \geq 6x-3 \Rightarrow 3 \geq x$으로 최솟값은 모르지만 최댓값은 3이다. 이처럼 단순하기 때문에 단서를 하나 더 달고 나타나는 것이 보통이다. 보통 '정수'라는 단서를 달고 나타나는데, '$3x+6 > 3(2x-1)$을 만족하는 x의 값 중 가장 큰 정수는?'처럼 나타난다. 풀어보면 $3 > x$의 범위에서 가장 큰 정수는 2이니 이것이 답이 된다. 쉽다고? 문제를 x가 아니라 다른 미지수로 바꾸어도 풀 수 있고, 설사 그것이 함숫값의 변화 범위여도 최댓값과 최솟값을 풀 수 있는 힘이 있길 빈다.

🖌 x에 대한 연립부등식 $\begin{cases} x-2 \leq 2x-a \\ 3x-4 \leq 10-4x \end{cases}$ 가 해를 갖도록 상수 a의 값을 정할 때, a의 최댓값은?

답 4

'x에 대한 연립부등식'이라고 표현하였으니 변수는 x이고 a는 상수이다. 우선 부등식을 정리부터 해보자. $x-2 \leq 2x-a$에서 $a-2 \leq x$이고, $3x-4 \leq 10-4x$에서 $x \leq 2$이다. $a-2 \leq x$와 $x \leq 2$가 해를 가지기 위해서는 $a-2 \leq x \leq 2$의 조건을 갖추어야 한다. 그리고 수직선에서 $a-2$가 통째로 움직인다고 볼 때, 가장 클 때는 2가 될 때이다. 따라서 $a-2=2 \Rightarrow a=4$이다. 답이 나왔지만 여전히 혼동될 것이다. $a=4$를 $a-2 \leq x \leq 2$에 대입하면 $2 \leq x \leq 2$가 된다. 이때 $x=2$가 됨을 고등학교에서는 '샌드위치 정리'라고 부른다.

이차부등식과 고차부등식

65

이차부등식이나 고차부등식은 고등학교에서 다룬다. 어렵다고 느끼는 학생이라면 건너뛰고 고등학교에 가서 다시 살펴보아도 좋다. 그러나 개념 자체는 어렵지 않으므로 부등식에 대하여 좀 더 공부하고 싶은 사람은 관심을 가져보는 것도 나쁘지 않다. 이차부등식이라고 하니 미리 겁먹는 학생이 있을지도 모르지만 $xy<0$와 같이 차수가 이차이고 부등식이면 이차부등식이다. 문제를 예로 들면 '$xy<0$, $x>y$일 때 x와 y의 범위는?'과 같은 문제이다. 두 수의 곱이 음수라면 부호가 다르다. 즉, 둘 중에 하나는 음수이고 나머지 하나는 반드시 양수가 되어야 한다. 그런데 x가 크다 했으니 양수가 되고 y는 음수이다. 즉, $x>0$, $y<0$이 답이다. 이 정도면 중1 학생들도 이해하는

난이도이고 이 정도면 이차부등식을 이해할 수 있다.

- 두 수의 곱이 음수이면, 부호가 다르다.
- 두 수의 곱이 양수이면, 부호가 같다.

대표적인 이차부등식의 유형인 $(x-2)(x-5)<0$과 $(x-2)(x-5)>0$을 비교해 보자.

$(x-2)(x-5)<0$에서 $(x-2)$와 $(x-5)$의 곱이 '음수'이다. 두 수의 곱이 음수이려면 서로 부호가 달라야 하는데, 어느 것이 양수이고 어느 것이 음수인지에 따라 두 종류가 있다. 이것을 식으로 나타내면, 둘 중에 하나는 양수이고 하나는 음수이어야 한다. 이를 좀 더 체계적으로 구분해 보면 '$x-2<0$이고 $x-5>0$'…①이거나 '$x-2>0$이고 $x-5<0$'…②이어야 한다. ①을 만족하는 해는 없고 ②의 해는 $2<x<5$이다. 따라서 ① 또는 ②의 범위는 $2<x<5$이다. 따라서 $(x-2)(x-5)<0 \Rightarrow 2<x<5$이다.

$(x-2)(x-5)>0$에서도 $(x-2)$와 $(x-5)$의 곱으로 보면 '양수'이다. 두 수의 곱이 양수이려면 두 수가 모두 양수이거나 모두 음수일 때만 양수가 된다. 즉, '$x-2>0$ 이고 $x-5>0$'…①이거나 '$x-2<0$ 이고 $x-5<0$'…②이어야 한다. ①의 해는 $x>5$이고 ②의 해는 $x<2$이다. ① 또는 ②의 범위는 '$x>5$ 또는 $x<2$'이다. 따라서 $(x-2)(x-5)>0 \Rightarrow$ '$x>5$ 또는 $x<2$'이다.

이차부등식이라고 어려울 것이라고 생각했는데 하나하나 알다 보면 일차연립부등식에 불과하다는 생각이 들 것이다. 어려웠다면 '그리고'와 '또는'의 의미를 구분하는 것이었다. 사실 고등학생들이 이차부등식을 위처럼 풀지는 않고 함수로 설명할 것이다. 그런데 어려워하는 학생들이 많아서 여기서는 간단히 부등식 자체로 설명하고 '그리고'와 '또는'의 의미를 연습시키려는 의도가 컸다.

이제 고차부등식도 한번 다루어 보자. 고등학교에서 배우는 내용이기는 하지만 이런 문제는 고등학교에 가서도 깊이 있게 다루지 않는다. 다만 신유형의 문제를 다룰 때 종종 다루어지는 개념이니 내신이 아니라 수능시험을 잘 보려면 이런 개념을 잘 다룰 수 있어야 한다. 이런 개념은 알고 보면 쉽지만, 이런 연습을 평소에 하지 않으면 문제를 풀 때 필요한 조건이 머리에 떠오르지 않는다. 고차부등식이라 해도 어떤 새로운 것이 적용되는 것이 아니라 알고 있는 것에서 깊이 들어가는 것이라고 생각하면 된다. 3차 이상의 부등식을 고차부등식이라고 하는데 간단한 고차부등식 문제를 하나 다루어보자.

✯ 부등식 $a^2 < a^3$에서 a의 범위는?

답 $1 < a$

위 문제를 세 가지 관점에서 해결해 보고자 한다.

첫째, 먼저 직관적인 방법으로 a가 될 수 있는 수가 무엇인가를 생각해 보자.

물론 수의 범위는 실수 전체이지만 위 문제는 거듭제곱이 있음으로 해서 더 많이 거듭해서 곱한 수가 더 크다는 것을 알 수 있다. 직관적으로 볼 때, 적어도 1보다 작은 진분수는 아니라는 것이다. 이렇게 간단하게만 생각하면 자칫 음수를 무시할 소지가 있다. 좀 더 논리적으로 보면, 수의 범위를 다시 $a \leq -1$, $-1 < a \leq 1$, $1 < a$로 생각해 볼 수 있다. 구체적으로 각 범위에 들어가는 수들, 예를 들어 -2, 0, 2와 같은 수를 대입해 보면 $(-2)^2 < (-2)^3$, $0^2 < 0^3$, $2^2 < 2^3$으로 등식이 성립하는 것은 2뿐이고 결국 a의 범위는 $1 < a$가 된다.

둘째, 부등식을 직접 푸는 관점에서 생각해 보자.

$a^2 < a^3$에서 항을 한 변으로 모아 정리하면 $0 < a^3 - a^2$으로 공통인수로 묶으면 $0 < a^2(a-1)$이 된다. 이 식을 말로 나타내면 a^2과 $(a-1)$의 곱이 양수라는 것이다. 두 수의 곱이 양수라면 두 수가 모두 양수이거나 모두 음수이어야 한다. 그런데 a^2이 이미 양수이니 $(a-1)$은 양수이어야만 한다. 이를 식으로 나타내면 $a-1 > 0$ 즉 $a > 1$이 된다.

셋째, 또 다른 관점에서도 보자.

위 문제에서 $a=0$을 대입해 보면 성립하지 않으므로, a^2은 양수이다. 따라서 위 부등식의 양변에 a^2을 나누어도 부등호의 방향이 바뀌지 않으며 곧바로 $1 < a$가 나올 수도 있다. 그렇다고 모든 문제에서 이

런 적용이 가능하지는 않다. 예를 들어 $a^2 < a^5$이라면 양변에 a^2을 나누면 $1 < a^3$이 나와서 a가 아닌 a^3의 범위가 나온다. 이때 a^3의 범위를 구하는 것은 다시 직관적으로 수의 범위를 다시 생각하거나 고등학교에서 배우는 삼차함수를 이해해야 한다.

어렵겠지만 내친김에 고등학생들조차 무슨 말인지 모르는 어려운 것을 한 번 다루어보자!

'다음 a, b가 $a^2 < a < b < b^2$의 관계를 가질 때, ~'란 단서를 가지고 물어본다고 가정해 보자. 우선 대소의 비교가 가능한 것을 보니 a, b는 실수이다. 식을 하나하나 분리하여 살펴보면, $a^2 < a$, $a < b$, $b < b^2$이라는 조건이 된다. $a < b$는 잠시 보류하고 $a^2 < a$와 $b < b^2$만 살펴봐도 되겠지요? 이들은 '$y = x^2$과 $y = x$'라는 함수로 설명하면 훨씬 쉽겠지만, 여기서는 굳이 부등식으로 설명한다. 크기 비교의 난이도 높은 문제들은 결국 함수로 설명할 수밖에 없겠지만 부등식 자체로 설명하는 경우를 본 적이 없어서 이 기회에 한 번 해보자는 의미이다.

$a^2 < a$를 이항하고 인수분해 하면 $a(a-1) < 0$이다. a와 $(a-1)$이라는 두 수의 곱으로 보면 음수이니 부호가 다르다. 따라서 a가 양수라면 $(a-1)$은 음수, a가 음수라면 $(a-1)$은 양수가 된다. 그런데 a가 $(a-1)$보다는 크니 위 두 조건 중에 'a가 양수라면 $(a-1)$은 음수'만 성립한다. '$a > 0$ 그리고 $a - 1 < 0$'를 수직선에 나타내면 '$0 < a < 1$'이란 조건이 만들어진다. 다시 직관적으로 생각해 보자! 원래의 수

와 제곱한 수가 있는데 제곱한 수가 적다면 이는 진분수일 것이다.

$b<b^2$을 역시 이항하고 인수분해 하면 $b(b-1)>0$이 된다. 두 수의 곱이 양수이니 부호가 같다. $a>0$이고 $a<b$이니 b도 $(b-1)$도 모두 양수이어야 한다. 수직선에서 '$b>0$ 그리고 $b-1>0$'인 부분을 구하면 $b>1$이 성립한다. 다시 직관적으로 생각해 보자! 원래의 수와 제곱한 수가 있는데 제곱한 수가 크다면 이는 1보다 큰 대분수일 것이다. 정리해 보면 $a^2<a<b<b^2$의 관계를 가진다고 하는 것은 결국 '$0<a<1<b$'을 알려준 것과 같게 된다.

66 이차부등식과 함수

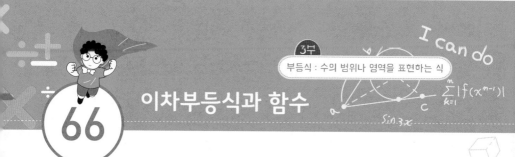

앞서 이차부등식을 '부등식의 성질'로만 이해시켰었다. 그런데 부등식의 성질로 이해하는 것보다는 함수를 통해서 직관적으로 이해하는 것이 좀 더 편하고 교과서는 함수로만 소개하고 있다. 부등식의 성질로 설명한 것은 함수로 하는 것이 이해가 안 되었을 경우에 크로스 체킹을 시키겠다고 생각한 것이다. 이차부등식을 함수로 설명할 것인데, 만약 이해하기가 어렵다면 함수의 개념이 부족한 것이니 함수를 공부한 뒤에 다시 살펴보자.

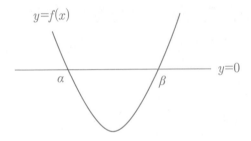

$(x-\alpha)(x-\beta)<0$를 $y=(x-\alpha)(x-\beta)$라는 이차함수와 $y=0$(축)이라는 직선으로 볼 때, 이차곡선이 직선 아래에 있는 x의 범위 즉, 이차곡선의 함숫값이 음수일 때의 x의 범위를 물어보는 것이다.

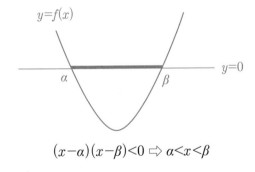

$$(x-\alpha)(x-\beta)<0 \Rightarrow \alpha<x<\beta$$

y의 값이 0보다 작은 x의 범위는 두 수의 사이 즉 '$\alpha<x<\beta$'에 있게 된다. 이것은 함수로 볼 때는 정의역이 된다.

역시 $(x-\alpha)(x-\beta)>0$를 $y=(x-\alpha)(x-\beta)$라는 이차함수와 $y=0$(축)이라는 직선으로 볼 때, 이차곡선이 직선 위에 있는 x의 범위 즉, 이차곡선의 함숫값이 양수일 때의 x의 범위를 물어보는 것이다.

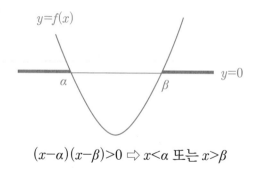

$$(x-\alpha)(x-\beta)>0 \ \Rightarrow \ x<\alpha \ 또는 \ x>\beta$$

y의 값이 0보다 클 때의 x의 범위는 '$x<\alpha$ 또는 $\beta<x$'로 작은 수보다는 작고 큰 수보다는 큰 범위에 있게 된다. 이것은 함수로 볼 때는 정의역이 된다. 보통 함수는 최댓값이나 최솟값 등은 치역의 범위에 의하여 결정되지만, 이처럼 x에 대한 이차부등식은 치역의 범위에 대한 정의역의 범위를 묻는 것이다.

✏️ $x>3$일 때, $x-k>0$을 만족하는 자연수 k를 모두 구하여라.

📋 답 1, 2, 3

수학의 수식은 간결하여 그 의미를 이해하면 좀 더 쉬울 수 있지만, 그렇지 않다면 이해하기가 어렵다. 위 문제를 평상시의 말로 해본다. '3보다 큰 수인 x에서 어떤 자연수를 뺐을 때, 항상 양수가 될까?'라는 말이라는 것을 안다면 답은 쉽게 보인다. 같은 개념의 문제들을 보자. 고1에서 '$x>3$일 때, $y=x-k$에서 $y>0$을 만족하는 자연수 k를 모두 구하여라.'와 같은 문제이다. 또 고2의 지수함수에서는

'$y=(a^x+1)^2+2-k$ (단, $a>0$, $a\neq1$)가 x축과 만나지 않기 위한 자연수 k를 모두 구하여라.'로 변하게 된다. 답이 모두 1,2,3이 되도록 문제를 만들었다.

여러 가지 부등식

부등식은 수의 크기를 비교하는 기호이다. 일반적인 수가 아니라 아주 큰 수이거나 아주 작은 수를 비교하기 위해서는 거듭제곱을 사용하게 되니 밑과 지수를 사용하는 수가 사용되고 이 수들을 비교하게 된다. 중학교에서는 밑은 실수이고 지수는 자연수로 한정하여 사용한다. 그러나 나중에는 밑을 양수로 한정시키고 지수를 다양하게 확장하게 된다.

- 밑이 자연수인 부등식: $2^x < 2^y \Rightarrow x < y$
- 밑이 진분수인 부등식: $\left(\dfrac{1}{2}\right)^x < \left(\dfrac{1}{2}\right)^y \Rightarrow x > y$

상식적으로 밑이 1보다 큰 같은 수를 거듭제곱했을 때, 지수가 큰 수가 클 것이다. 역으로 진분수는 많이 곱할수록 작아진다. 이 두 가지의 구분이 혼동되면 음수 지수 즉, $\frac{1}{2}=2^{-1}$이라는 관점에서 보면 간단해진다.

$\left(\frac{1}{2}\right)^{x}<\left(\frac{1}{2}\right)^{y} \Rightarrow 2^{-x}<2^{-y} \Rightarrow -x<-y \Rightarrow x>y$이다.

부등식은 '밑이 같고 지수가 다른 부등식', '밑이 다르고 지수가 같은 부등식', '지수가 음수인 부등식', '지수가 분수인 부등식' 등으로 변한다. 나중에 음수이고 분수인 지수가 되었을 때, 혼동을 하게 되니 음수 지수까지는 중학교에서 해놓기 바란다. 다음은 부등식이 음수 지수와 최솟값이 만나는 경우의 문제이다.

✒ $\left(\frac{1}{2}\right)^{n-1}<0.01$ 에 대하여, 자연수 n의 최솟값을 구하여라.

답 8

고등학교의 문제 중에 마지막 일부를 떼어온 문제이다. n에 자연수를 넣어가며 비교해도 되지만 수학은 항상 시간과의 싸움이다.

0.01은 $\frac{1}{100}$이고 $\left(\frac{1}{2}\right)^{6}=\frac{1}{64}$, $\left(\frac{1}{2}\right)^{7}=\frac{1}{128}$이다.

따라서 $\left(\frac{1}{2}\right)^{7}<\frac{1}{100}$, $\left(\frac{1}{2}\right)^{8}<\frac{1}{100}$, …일 때 성립한다.

이때 답을 7로 하면 안 된다. 마지막까지 침착함을 잃지 않고 지수를 비교하면 $n-1=7$로 최솟값 $n=8$이다. 어려웠다면 고등학교의 문제라서 어려운 것이 아니라 거듭제곱이 2^{10}까지 잘 외워지지 않는 탓이 크다. 고등학교에 진학하면 저절로 거듭제곱이 외워지는 것이 아니다.

부
04

함수
수학의 최종 도착지

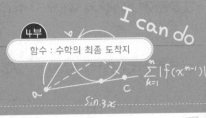

68 함수의 정의

함수는 수학의 최종 도착지이며 중학교에서 가장 중요한 단원이다. 함수는 고등학교 수학의 90% 이상을 차지하니 하나하나 준비하는 데 소홀함이 없어야 한다. 먼저 함수의 정의를 보자.

- 교과서의 함수 정의: 두 변수 x와 y에 대하여 x의 값이 변함에 따라 y의 값이 오직 하나씩 정해지는 대응 관계
- 조안호의 함수 해석
  - '두 변수 x와 y에 대하여'의 뜻
    ① x, y가 아닌 것은 모두 상수이다.
    ② 두 변수 사이에서만 함수관계가 성립한다.

③ '두 변수 a, b에 대하여'처럼 변수를 바꿔도 된다.

- 함수의 조건: x가 결정될 때, y의 값도 하나로 결정(존재성과 유일성)
- 함수의 조건이 성립할 때, y를 x의 함수라 하고 $y=f(x)$와 같이 나타낸다.

많은 사람들이 함수의 정의 중에서 '함수의 조건', 즉 'x의 값이 변함에 따라 y의 값이 오직 하나씩 정해지는 대응 관계'에 집중하여 설명한다. 이것도 알아야겠지만, 더 중요한 것은 '두 변수 x와 y에 대하여'라는 말이 갖는 의미를 정확하게 이해하고 외우는 것이 무엇보다 중요하다고 본다. 또 하나 '대응 관계'라는 것을 중요하게 생각하여야 한다. 함수는 수학에서 무엇보다도 중요하지만, 함수의 첫 단추부터 안 꿰어지고 심지어는 $f(x)$만 보아도 무섭다는 학생도 많다. 함수의 의미를 하나하나 살펴보자. 함수(函數)는 $function$의 중국어 음역으로 알려져 있다. 그러나 함(函)에 '상자에 넣다'라는 뜻이 있다.

🧑‍🦱 조안호쌤: 함수를 배우게 되었는데 혹시 우리말 중에 '함'자 들어가는 말을 찾아봐라!

😊 학생: '함 사세요!'의 함이요.

🧑‍🦱 조안호쌤: 그래! 그리고 또?

😊 학생: ?

🧑‍🦱 조안호쌤: 하나만 얘기해 줄게. 사물함이 있지.

😊 학생: 그러고 보니 많네요. 잠수함, 함대, 보석함 등등.

조안호쌤: 함에는 무언가를 담는다는 뜻이 있지? 함수는 무엇을 담는다는 뜻일까?

학생: '수'요.

조안호쌤: 함수란 수를 담는 그릇이라는 거지. 혹시 초등학교에서 이렇게 생긴 문제를 풀어본 적 있니?

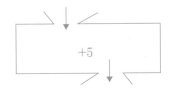

학생: 예!

조안호쌤: 어떤 수를 집어넣으면 5를 더해서 내보내는 기계라고 보자. 3을 집어넣으면 어떻게 되니?

학생: 8이 되어 나와요.

조안호쌤: 4를 집어넣으면 어떻게 되니?

학생: 9요.

조안호쌤: 그럼 x를 집어넣으면 어떻게 되니?

학생: $5x$요.

조안호쌤: 왜, 갑자기 규칙이 바뀌었니?

학생: 아니 $x+5$요.

조안호쌤: t를 집어넣으면 어떻게 되니?

학생: $t+5$요.

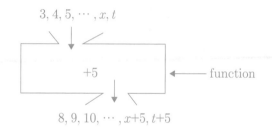

$$3, 4, 5, \cdots, x, t$$

$$+5 \quad \longleftarrow \text{function}$$

$$8, 9, 10, \cdots, x+5, t+5$$

🧑 조안호쌤: 이 상자를 *function*이라고 하는데 '기능, 함수'라는 뜻이 있어서 '변환 과정'을 뜻하는 말이야. 함수를 보다 보면 앞 글자인 *f* 라는 게 많이 보이지?

🧑 학생: 예!

🧑 조안호쌤: *f*는 혼자서도 쓰이기도 하지만 대부분 옆에 괄호를 붙여서 $f(x)$를 많이 사용하지? 그런데 이때의 '( )'는 무엇을 뜻하는 말인지 아니? 상자에서의 집어넣는 구멍이야. 그럼 $f(3)$이 뭐야?

🧑 학생: 8이요. 아~ 이제 알겠어요. '$f(3)=8$'이란 3을 집어넣었을 때, 8이 되어 나온다는 뜻이었군요.

🧑 조안호쌤: 그럼 $f(x)$는 뭐니?

🧑 학생: $f(x)=x+5$요.

🧑 조안호쌤: $f(t)$는 뭐니?

🧑 학생: $f(t)=t+5$요.

🧑 조안호쌤: 그럼 $(x)=x+5$와 $f(t)=t+5$는 같니, 다르니?

🧑 학생: 글쎄요. 문자만 바뀌었지 같은 함수에서 일어난 일이니 같은 것이 아닐까요?

조안호쌤: 맞아. 같아. x 대신에 어떤 수를 넣어도 모두 같은 관계를 갖는 식이 되는 거야. 그리고 두 변수를 바꿔도 된다고 했잖아. 이것을 잊어버리면 고등학교의 합성함수가 모두 이해가 안 되어 어려움에 처하게 된단다.

학생: 별거 아닌 것 같은데요.

조안호쌤: 함수에서 하나를 알면 이것으로 수백 문제를 풀게 된단다.

학생: 그렇게 중요하다는 말이죠.

조안호쌤: '함수 $f(x)=x+5$'와 같은 식을 '관계식'이라고 하는 거야. 이들 관계를 잘 이해하려면 다음의 '대응'에 대해 이해해야만 할 것이다.

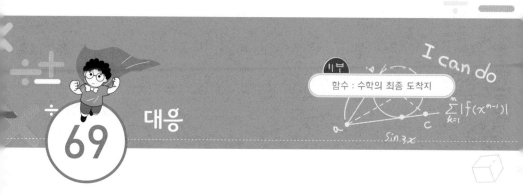

I can do

69 대응

대응은 현 교육과정에서 삭제되었기에 중학교 과정에서는 나오지 않는다. 그러나 고교 과정에서 대응을 다룰 때는 마치 중학교에서 대응을 다루었던 것처럼 어렵게 나온다. 대응으로의 접근 없이 함수를 설명하는 것이 군더더기 없이 매끄러워 보일지는 몰라도 학생들의 이해를 돕는 데는 부족해 보인다. 대응에 대한 이해가 다소 번거로울 수는 있지만 고등학교에서의 어려움을 대비하고 함수를 좀 더 개념적으로 접근할 수 있도록 하기 위해 대응을 다룬다. 대응은 그림으로 보여줌으로써 보다 직관적인 이해를 도와 순서쌍으로의 이전을 용이하게 해준다.

상자에 3을 넣으면 5를 더해서 8이 되어 나오고, 4는 9로, 5는 10으로 나온다. x를 넣으면 당연히 $x+5$가 나오게 된다. 앞에서 설명했듯이 이것은 $f(3)=8$, $f(4)=9$, $f(5)=10$, $\cdots$, $f(x)=x+5$로 다시 표현된다. 이를 짝짓기를 이용하여 표현하면 그림과 같이 나타낼 수 있는데 이를 대응이라 한다.

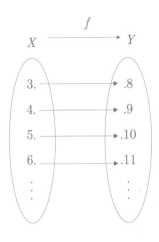

이때 X를 정의역, Y를 공역이라고 한다. 집합 X의 원소들을 x, 집합 Y의 원소들을 y라 할 때, 정의역은 '정의된 구역'의 약자로 변수 x가 취할 수 있는 값의 범위 또는 '변수 x가 정의된 영역'으로 이해하면 된다. 공역에서 '공'은 '함께 공'자로 '정의역과 함께 있는 영역'이란 뜻이다. 보통 함수에서 아무런 말이 없을 때는 정의역과 공역은 실수 전체이다. 범위가 실수 전체인 경우가 많겠지만 점차 일부의 범위가 주어지는 문제를 대하게 될 것이다.

정의역 X의 원소 x에 대응하는 공역 Y의 원소 y를 함숫값이라 한다.

예를 들어 $f(3)=8$ 이면 8을 3에서의 함숫값이라고 한다. 함숫값 전체의 집합을 치역이라고 하는 데, 치역은 항상 공역 안에 있다는 사실이 가장 중요하다.

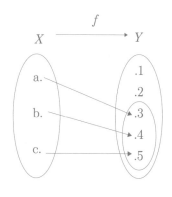

정의역: $\{a, b, c\}$
공역: $\{1,2,3,4,5\}$
치역: $\{3,4,5\}$

• 함숫값들의 범위를 치역이라고 한다.

• 치역은 반드시 공역 안에 있다.

상자 모양으로 되돌아가서 볼 때, $f(x)=x+5$는 결국 함숫값 y와 같게 된다. 그래서 $f(x)=x+5=y$라는 식을 얻게 된다. 이 식은 다시 $f(x)=x+5$, $f(x)=y$, $y=x+5$라는 세 개의 식이 만들어진다. 이 세 개의 식을 자유자재로 문제에서 요구하는 대로 바꾸거나 꺼내서 쓸 수 있어야 한다. 특히 $y=x+5$라는 식을 $f(x)=x+5$라는 식으로 생각해야 특정한 수의 함숫값 즉 $f(0)$, $f(3)$과 같은 함숫값을 무조건 대입하면 구해진다는 생각에서 벗어나 이해하면서 구할 수 있게 된다. 정리하면,

- $y=f(x)=($관계식$)$으로부터

  $f(x)=($관계식$)$ 또는 $y=($관계식$)$

그런데 학생들 중에는 관계식에 대한 오해를 가지고 있는 학생이 많다. 관계식이 $f(x)=2x+3$과 같은 일차함수나 $f(x)=3(x-2)^2+4$와 같은 이차함수, 즉 방정식의 형태로만 되어 있다고 생각하는 것이다. 함수의 정의를 다시 읽어보면 알겠지만, 함수에 규칙이 있다고 볼 수는 없다. 즉, $f(3)=8$도 함수이고, 관계식은 $f(x)=(x$보다 작은 소수의 개수$)$, $f(x)=(x$의 약수의 개수$)$ 등 얼마든지 방정식으로 나타낼 수 없는 식이 될 수도 있다.

70

함수가 되는 대응

대응의 종류는 일대일대응, 일대다대응, 다대일대응, 다대다대응이 있다. 다음은 대응의 각 종류를 하나씩 예를 든 것이다. 이런 종류의 대응 중에 함수가 되는 대응은 일대일대응과 다대일대응 뿐이다.

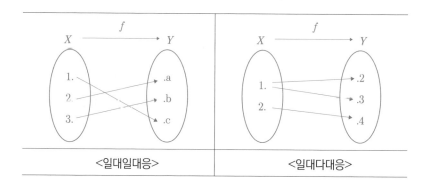

| <일대일대응> | <일대다대응> |

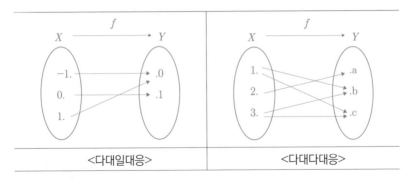

<다대일대응>   <다대다대응>

다시 함수의 정의를 상기해 보자.

- 함수가 되는 대응: 일대일대응, 다대일대응
- 조안호의 '함수의 조건': 반드시 한번 장가(시집) 간다.

정의 중에 'x의 값이 변화함에 따라 y의 값이 오직 하나로 결정될 때, ~'라는 표현이 있었다. 이것이 함수의 조건이었다. x에 대응하는 y가 한 개만이 있어야 한다는 것이다. 이것을 '유일성'과 '존재성'이라고 한다. 먼저 '유일성'을 설명하면 위 <일대다대응>에서 X의 원소 1에 대응하는 Y의 원소가 2와 3이 나와서 유일성에서 어긋나기에 함수가 안 된다는 것이다. 다시 상자 모양에서 설명한다면 1을 넣으면 2와 3이 나와서 어떤 것인지 알 수 없다는 뜻이다. '존재성'은 상자 모양에 어떤 수를 집어넣으면 반드시 나와야 한다는 것이다.

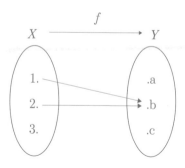

위 대응은 함수가 아니다. 1을 넣으면 b가 나오고 2를 넣어도 b가 나왔다. 이것은 상관이 없고 여기까지만 보면 함수이다. 이처럼 x에 대응하는 Y의 원소는 얼마든지 겹쳐도 된다. 그러나 3에 대응하는 Y의 원소가 없어서 함수가 아니다. 이것은 3을 아직 대응시키지 않은 것이 아니라 3을 대응시켰는데 없는 것이다. 즉, 상자에 3을 넣었는데 결과치가 나오지 않은 것이다. 정리하면 1개를 집어넣었을 때 반드시 한 개가 나와야 한다는 뜻이다. 다만 그래서 대응 중에서 함수가 되는 대응은 일대일대응과 다대일대응이 된다. 필자는 이를 가르칠 때, '반드시 한번 장가(시집)가야 한다.'로 표현한다. 이는 안 가도 안 되고, 두 번 가도 물론 세 번 가도 안 된다.

71 좌표평면

점을 좌표평면에 나타내는 것은 그것을 처음 발견했을 때의 이야기가 도움이 될 것 같아서 소개한다. 좌표평면을 처음 개발은 철학자이며 수학자였던 데카르트(*Descartes, R.* 1596-1650)가 해군에 있을 때였다. 무료한 나날을 선실에서 누워서 바둑판 모양의 천정을 바라보고 있었는데 마침 파리가 천정에 달라붙어 있었다. 이 파리가 있는 위치를 말하기 위해서는 어떤 기준점에서 '오른쪽으로 몇 칸 그리고 위로 몇 칸'처럼 말할 수 있었다는 것이다. 이처럼 점을 평면 상의 위치로 나타낼 수 있도록 한 것이 좌표평면이고 그 위치인 점을 좌표라고 한다. 한 마디로 점에 이름을 붙인 것을 좌표라 한다는 것이다. 이것은 수학사에 획기적인 일로 함수나 방정식을 그림으로 나타낼 수 있게 되었다는 것을 뜻한다. 어렸을 적의 '보물 찾기'가 생각난다. 어느 큰 나무에서 동쪽으로 10걸음 그리고 거기서 다시 북쪽으로 5걸음.

좌표평면은 가로로 된 수직선(수가 있는 직선)의 원점에 세로로 수직선의 원점이 교차하도록 그린다. 이때의 가로 수직선을 x축, 세로 수직선을 y축이라고 하고, x축과 y축을 합하여 좌표축이라 한다. 두 직선이 수직으로 교차하여 얻은 평면에 있는 모든 점을 좌표로 나타낼 수 있기에, 이 평면을 좌표평면이라고 한다. 좌표평면은 다음 그림과 같이 좌표축에 의해서 네 부분으로 나누어진다. 이 때, 그 각각을 좌표축의 숫자가 모두 양수인 제1사분면부터 시계 반대 방향으로 제2사분면, 제3사분면, 제4사분면이라고 한다. 단, 좌표축 위의 점은 어느 사분면에도 속하지 않는다.

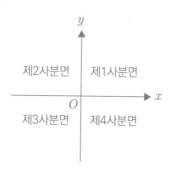

• 좌표축에서 점의 위치

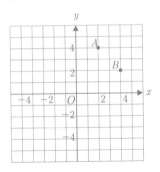

좌표평면에서 점 A의 위치는 x축 위의 눈금이 2이고 y축 위의 눈금이 4이다. 이것을 $A(2,4)$라고 나타내고, 같은 방법으로 점 B의 위치는 $B(4,2)$이다. 좌표평면에 있는 모든 점은 좌표로 나타낼 수 있다. 원점을 O로 나타내는 데 이것은 0이 아니라 영어 *Origin*의 앞 글자이다. 즉, 원점도 $O(0,0)$으로 나타낸다는 것이다. 두 개의 원소가 소괄호로 묶여 있으면서 좌표를 나타내는 데 이것을 순서쌍이라고 한다. 순서쌍은 말 그대로 '순서가 있는 쌍'이다. 그래서 점 A와 점 B를 나타내는 순서쌍 $(2,4)$와 $(4,2)$는 서로 다른 위치를 나타내고 있다.

이제 관점을 달리해서 '상자'에서 볼 때, $(2, 4)$는 집어넣는 수가 2일 때, 나오는 수가 4라는 말이다. 즉, $(2, 4)$는 '$x=2$ 일 때, $y=4$'라는 말이다. 그래서 $f(2)=4$와 같다.

여기에 한 번만 더 꼬면 $(2, f(2))$라는 같은 순서쌍을 얻게 되는데, 이들이 정리되지 않고 교과서가 나오는 바람에 많은 학생들이 당황하는 경우가 많다. 정리하면,

- 좌표: $(2, 4)$ 또는 $(2, f(2))$
- 방정식의 한 해 : $x=2$일 때, $y=4$
- 함숫값: $f(2)=4$

학생들이 함수를 처음부터 어려워하는 것은 함수의 정의를 외우지 않았고, 좌표와 함숫값과 방정식의 해로 연결되는 이 세 개를 자유자재로 활용하지 못하기 때문이다. 많은 학생들이 수를 대입하는 과정 만으로 함수를 해결하려는 경향이 있다. 방정식을 잘하는 학생이 대입으로 문제를 풀었을 때 어렵지 않고 답도 맞았으니 자칫 이것을 함수를 잘하는 것으로 착각하는 경우가 많다. 이유를 모르고 대입하다 보면 자신이 지금 하는 것이 무엇 때문에 하는 것인지 모르거나 아니면 정답을 맞춘 과정을 다른 사람에게 설명할 수 없다. 진정한 함수의 실력은 방정식과 함수를 통합하려는 노력 속에서 이루어진다.

점들이 모여서 직선이나 곡선이 된다. 데카르트의 아이디어는 기하학적 내용을 방정식으로 나타내어 그 결과를 기하학적(그림)으로 다시 번역하는 것이다. 또한 함수의 개념을 명확히 직선 또는 곡선의 방정식으로 나타내는 획기적인 표현법을 마련한 것은 물론, 위치를 좌표(x, y)라는 개념을 도입하여 표현함으로써 그림과 방정식이라는 이질적인 것을 하나로 통합하는 계기가 되었다. 또한 방정식을 그래프로 나타내어 직관적으로 파악하는 것이 가능하게 하였다.

72 정비례는 비례의 강조

정비례와 반비례는 초등학교에서 비례식을 배웠으니 비례로 설명하면 간단한데, 비례를 새롭게 정의를 내리려 하다 보니, 설명이 장황해졌고 오히려 학생들로부터 오류가 만들어지는 것으로 보인다.

- 교과서의 정비례 관계: 두 변수 x, y에 대하여 x의 값이 2배, 3배, 4배, … 변함에 따라 y의 값도 2배, 3배, 4배, … 가 될 때, y는 x에 정비례한다고 하며 관계식은 $y = ax(a \neq 0)$이다.
- 조안호의 정비례 관계 정의: 비례식에서 두 변수의 비가 일정한 것. 정비례는 좁은 의미에서의 비례이다.

교과서의 정비례 설명은 자칫 'x의 값이 커지면 y의 값도 커지는구나!'로 알아듣는 학생이 대부분이다. x의 값이 커지면 y의 값이 커진다거나 작아진다는 의미가 아니다. 그렇다고 'x의 값이 커지는 비율만큼, y의 값도 같은 비율로 커진다.'도 아니다. 교과서를 좀 더 보완한다면 'x의 값이 커지는 비율만큼, y의 값도 같은 비율로 커지거나 작아진다.'라고 해야 할 것이지만, 이렇게 설명했을 때도 알아듣는 학생은 거의 없을 것으로 보인다. 학생들은 '비례'라는 말에서 예전에 배운 '1:2=2:4'와 같은 비례식이 기억이 난다. 학생들이 비례도 비율도 배웠으니 그것을 통해서 가르치면 된다. 초등학교에서 비례와 비율을 대충 가르쳤다면 중학생인 지금이라도 제대로 가르치면 된다. 비례는 어떤 두 수가 일정한 비율을 가질 때, 쓰는 말이다. 'y는 x에 정비례한다.'라고 하면, 두 수를 $x : y$로 놓았을 때를 말하는 것이다. 그런데 $x : y$ =1:2라고 하면 이것을 방정식으로 만들 수 있다. 초등학생 때, 비례식의 성질로 '내항의 곱과 외항의 곱은 같다'를 이유도 모르고 외운 학생이 많을 것이다. 비례식을 배웠을 때는 등식의 성질을 배우지 않은 상태이기에 그냥 외우게 시켰기 때문이다. 등식의 성질을 이용하여 비례식을 방정식으로 만들어보자.

- $x : y = 1 : a$
  ⇨ $\dfrac{x}{y} = \dfrac{1}{a}$ (∵비를 비의 값으로)
  ⇨ $ax = y$ (∵ 양변에 분모의 최소공배수 ay를 곱하여)
  ∴ $y = ax \, (a \neq 0)$

(참고: ∴는 '그러므로', ∵는 '왜냐하면'이라는 뜻이다.)

'$1:a$'에서 비의 기본적인 사항을 얘기해야 할 것 같다. 첫째, 비는 전항과 후항에 0이 올 수 없으니 $a \neq 0$이다. 둘째, 비에서 전항과 후항에 각각 전항을 나누면 전항은 항상 1이 될 수 있다. 전항과 후항에 같은 수를 나누는 것은 비를 분수로 만들면 분수의 위대한 성질을 사용할 수 있기 때문이다. 좀 더 자세한 내용을 알고 싶다면 필자의 유튜브 동영상을 참고하기 바란다. '정비례'나 '비례'라는 문제의 조건에서 항상 $y=ax$를 생각해야 한다. 그런데 '$y=2x+1$'과 같은 식은 비례도 반비례도 아니다. 직관적으로 비례식에서 위와 같은 식이 얻어지지 않을 것이란 것을 느낄 수도 있겠지만, 직접 확인해 보자!

'$y=2x+1$'에서 x가 1일 때 y는 3이고, x가 2일 때 y는 5이다. 이것을 비례식으로 만들면 '$1:3=2:5$'라는 잘못된 비례식이 만들어진다. 즉, 비례하지 않으니 $y=2x+1$와 같이 $y=ax$의 꼴이 아닌 식은 비례, 즉 정비례가 아니었던 것이다.

$y=ax$에서 a를 비례상수라고 한다.

$y=ax$를 $ax=y$로 놓고 a에 대하여 정리하면 $a=\dfrac{y}{x}$가 된다.

그래서 'y가 x에 대하여 정비례할 때, $\dfrac{y}{x}$는 a로 일정하다.'라고 말한다.

a는 $y=ax$를 '원점을 지나는 직선'으로 볼 때 '기울기'가 된다.

반비례

73

4부

함수 : 수학의 최종 도착지

교과서의 반비례 설명은 학생들에게 정비례보다도 더 많은 혼동을 일으킨다.

- 교과서의 반비례 관계: 두 변수 x, y에 대하여 x의 값이 2배, 3배, 4배, …

  변함에 따라 y의 값도 $\frac{1}{2}$배, $\frac{1}{3}$배, $\frac{1}{4}$배, … 가 될 때, y는 x에 반비례한다고 하며 관계식은 $y = \frac{a}{x}(a \neq 0)$이다.

- 조안호의 반비례 관계 정의: 비례식을 방정식으로 만들 때, 두 변수의 곱이 일정한 것

학생들이 가장 혼동하는 것은 첫째, 반비례를 비례하지 않는 것으로 착각하는 학생이 많다. 세상 모든 것은 비례와 비례하지 않는 것이 있으며, 비례에는 비례식이 될 수 있는 정비례와 반비례가 있다. 그리고 비례를 좁은 의미로 사용할 때는 정비례를 의미하니 비례를 정비례로 인식하라고 한 것이었다. 반비례도 비례식으로부터 나왔다. $x : y = 1 : a$에서 y와 a의 위치를 바꾸면, $x : a = 1 : y \Rightarrow xy = a$가 된다. 그래서 두 수의 곱이 일정하다고 하는 것이다.

둘째, 교과서의 설명을 오해하고 x의 값이 커지면 y의 값이 작아지는 것이라고 생각하는 학생들이 많다. 많은 학생들이 배와 배수를 혼동하고 아직 기울기에 대한 개념이 없어서, 교과서대로 정비례든 반비례든 x의 값에 따른 y의 값의 변화로 이해하기 어렵다. 따라서 비례식을 통한 관계식 자체로 이해하는 것이 오해로부터 가장 자유로울 수 있을 것이다.

• $y = \dfrac{a}{x}$를 $xy = a$로 변형시켜서 이해하라.

1) $y = \dfrac{a}{x}$는 분수의 성질과 a의 부호에 따른 변화가 겹쳐서 이해하기가 어렵다.

2) $xy = a$는 x, y를 a의 약수로 인식하면 쉽다. 단, 약수에는 음의 약수가 있다는 것을 잊으면 안 된다.

3) 반비례한다고 할 때, 두 수의 곱이 일정하다는 생각을 해야 한다.

$y=\dfrac{a}{x}$의 양변에 x를 곱하면 $xy=a$란 식이 얻어지는데 a가 비례상수 라서 변하지 않으니 '일정하다'고 표현한 것이다.

예를 들어 $y=\dfrac{6}{x} \Rightarrow xy=6$에서 6의 약수를 표로 나타내어본다.

x	1	2	3	6	-1	-2	-3	-6
y	6	3	2	1	-6	-3	-2	-1

표에서 x의 값과 y의 값의 곱은 6으로 6의 약수들이다. 이것은 다시 순서쌍 $(1,6)$, $(2,3)$, $(3,2)$, $(6,1)$, $(-1,-6)$, $(-2,-3)$, $(-3,-2)$, $(-6,-1)$,이 되어 그래프 위의 점으로 나타내게 된다. 위 표는 편의 상 약수, 즉 정수의 점만 구한 것이다. 실제로는 많은 분수를 넣음으 로서 매끈한 곡선이 된다. 역으로 반비례 그래프에서 한 점을 알 수 있다면 곧바로 관계식을 구할 수 있게 된다. 예를 들어 반비례그래 프 위의 한 점이 $(3,-6)$이라면 두 수를 곱한 수 -18이 비례상수가 되어 관계식은 $y=\dfrac{-18}{x}$이 된다. 그래프를 그리다 보면 자연히 알게 되겠지만 비례상수인 a의 절댓값이 클수록 원점에서 멀어지게 된다.

• 반비례 관계식의 정의역과 치역은 0을 제외한 실수이다.

$y=\dfrac{a}{x}$은 원래가 비례식으로부터 왔으니 비의 정의에 의하여 a,x,y도 0이 아니었을 것이다. 그러나 $y=\dfrac{a}{x}$는 독자적인 반비례 관계식이어 야 하니 $a\neq0$이 필요하다. 원래 수는 분모가 0이 아니어야 하니 굳 이 추가할 필요는 없으나 변형시킨 $xy=a$를 사용한다면 $axy\neq0$이라

는 조건이 필요하다. $axy{\neq}0$는 a,x,y가 모두 0이 아니라는 말이다. 반비례의 그래프를 그려보면 당연한 말이 되겠지만 그래서 반비례의 그래프는 원점을 지나지 않는다.

• 반비례 관계식의 비례상수가 분수일 때는 $y=\dfrac{b}{ax}$의 꼴로 나타난다.

반비례의 관계식을 $y=\dfrac{a}{x}$로 알고 있는 많은 학생들이 $y=\dfrac{3}{x}$과 같은 식을 보다가 $y=\dfrac{1}{3x}$란 식을 보면 고등학생들조차 당황하고 안 배웠다고 한다. 비례상수가 분수일 때를 생각하지 않은 것이다.

$y=\dfrac{a}{x}$에서 비례상수가 $\dfrac{1}{3}$이면 $y=\dfrac{\frac{1}{3}}{x}$이 된다.

이것은 $y=\dfrac{1}{3}\times\dfrac{1}{x}$이고 다시 $y=\dfrac{1}{3x}$가 된다.

• 반비례 그래프는 고등학교에서 분수함수로 간다.

반비례의 관계식은 $y=\dfrac{6}{x}$과 같이 $y=\dfrac{a}{x}$의 꼴이 되어야 한다. 만약 '$y=\dfrac{6}{x}-2$'란 관계식이 있다면 이것은 반비례가 아니다. x가 1일 때, y는 4가 되고 x가 2일 때, y는 1이 되는데 이들의 곱이 반비례가 되지도 않고 '일정'하지도 않기 때문이다. '$y=\dfrac{6}{x}-2$'와 같은 식은 $y=\dfrac{6}{x}$란 반비례 관계식을 y축으로 평행이동한 그래프이지만 나중에 다룰 때는 '분수함수'란 이름으로 배우게 될 것이다.

y=ax의 그래프

정비례나 비례한다고 할 때, $y=ax$라는 관계식을 떠올려야 한다고 하였다. 이것이 갖는 의미를 직관적으로 이해하기 위해서는 그래프로 나타내야 한다. $y=ax$의 그래프는 직선이다. 다소 이상하게 들릴 수도 있는데, 어떤 직선이든 모양이 같다. 그러니 모든 직선은 $y=ax$라는 직선을 이해하는 것이 기본이 된다. '직선'이라는 것을 알기 위해서 몇 가지 선행해서 알아야 하는 것들이 있어 언급한다.

• 교과서의 선분 : 두 점 사이를 곧게 이은 선
• 조안호의 선분 정의 : 서로 다른 두 점 사이를 가장 짧게 그은 선
• 조안호의 직선 정의 : 선분을 양쪽으로 연장한 선

- 조안호의 직선의 결정 조건 : 한 점과 기울기가 주어진 경우
- 교과서의 '한 점이 주어진 직선' : 그 점을 지나는 직선은 무수히 많다.
- 조안호의 '한 점이 주어진 직선' : 그 점에서 돌고 있는 직선

'두 점 사이를 곧게 이은 선'이라는 교과서의 내용은 초등 저학년용으로 정의도 아니니 버리고, 필자의 정의로 대체해야 한다. 서로 다른 두 점 사이를 가장 짧게 이은 선분의 양쪽을 연장한 것이 직선이다. 그러니 서로 다른 두 점을 지나는 직선은 하나로 결정되어, 직선의 결정 조건이 두 점처럼 보인다. 그러나 실질적으로 두 점이 주어질 때, 가장 먼저 기울기를 구한다. 따라서 보다 실질적인 직선의 결정조건은 한 점과 기울기라고 할 수 있다. 한 점과 기울기가 주어져야 움직이지 않는 직선을 구할 수 있는데, 만약 한 점만 주어지거나 기울기만 주어진다면 직선이 결정되지 않고 움직이게 된다. 이것을 필자는 미결정직선이라고 해서 앞으로 기울기와 함께 매우 중요하게 다룰 것이다. 한 점을 지나는 직선은 무수히 그을 수 있으니 많다고 할 수 있는데, 이것을 '그 점에 돌고 있는 직선'으로 바라보자는 것이 필자의 생각이다.

- $y=ax$ 그래프의 특징
1) 원점에서 돌고 있는 직선이다.
2) $(1,a)$를 지난다.

3) $a>0$일 때, 그래프는 제1사분면과 제3사분면을 지나고, x의 값이
증가함에 따라 y의 값도 증가한다.

4) $a<0$일 때, 그래프는 제2사분면과 제4사분면을 지나고, x의 값이
증가함에 따라 y의 값은 감소한다.

$y=ax$의 그래프는 항상 '$x=0$ 일 때, $y=0$'이 성립하니 $(0,0)$을 지나
는 직선이라고 할 수 있는데, 이것을 필자하고 공부하는 사람은
$(0,0)$, 즉 원점에서 돌고 있는 직선이라고 보자는 것이다. $y=2x$라는
그래프를 그리기 위해서 $(-1,-2)$, $(0,0)$, $(1,2)$, $(2,4)$, $(3,6)$등 여러
개의 점이 필요한 것은 아니다. 직선은 선분을 만들기 위해 필요로
하는 두 점만 있으면 된다. 그런데 이미 항상 원점을 지난다고 했으
니 한 점만 더 있으면 된다. a가 분수가 아니라면 $(1,a)$가 그중 좋을
것이다. $y=ax$에서 a의 부호에 따른 직선의 모양은 기울기를 배우면
자연스럽게 해결될 것이다.

🧑‍🦱 조안호쌤: $y=\dfrac{1}{3}x$란 그래프를 그릴 수 있니?

👧 학생: 예! x에 아무거나 두 개를 넣어서 두 점을 찾고 이걸 이으
면 돼요.

🧑‍🦱 조안호쌤: 너는 x에 어떤 수를 넣었으면 좋겠나?

👧 학생: 아무 수나 넣어도 되겠지만, 나는 똑똑하니까 0과 3을 넣
을 거예요.

🧑‍🦱 조안호쌤: 진짜 똑똑한가 봐! 왜 그걸 넣었는지 설명해 볼래?

🙂학생: 0을 넣으면 어떤 수든 0을 곱하면 0이 되니 (0,0)이 될 것이고 $\frac{1}{3}$에 곱해서 자연수가 되는 것은 3의 배수인데 이왕이면 제일 작은 것을 넣는 것이 좋겠지요. 3을 넣으면 (3,1)이 되니까요.

직선을 그리기 위해서는 두 점을 찍고 최단거리로 이어주고 다시 연장선을 그으면 된다. 또 다른 방법으로 직선을 그릴 수는 없을까?

- $y = ax$ 에서 a는 비례상수이고 또 그래프에서는 '기울기'이다.

- 조인호의 기울기 정의: 기울어진 정도를 분수 $\left(\dfrac{\Delta y}{\Delta x}\right)$로 나타낸 것

- 기울기 $= \dfrac{(y의\ 증가량)}{(x의\ 증가량)} = \dfrac{(y의\ 변화량)}{(x의\ 변화량)} = \dfrac{\Delta y}{\Delta x}$

한 점을 지나는 직선은 화살표가 있는 과녁판을 돌리는 것처럼 무수히 많다. 이것을 못 움직이게 하려면 또 다른 한 점을 알려줄 수도 있

다. 또 다른 아이디어는 한 점에 '기울어진 정도'를 알려주면 움직이지 못하게 될 거란 것이다. 이 기울어진 정도를 직선에서는 기울기라 한다. '기울어지다'는 평상시 벽면에 액자를 걸 때나 길의 경사 등에 사용한다. 이때 '왼쪽으로 많이 또는 좀 더 정확하게 표현하면 오른쪽 위로 30°정도 조금 기울어졌다'처럼 각도를 사용한다. 그런데 각도는 수가 아니다. 각도를 '수'로 표현하여 나타낸 수가 '기울기'이고 여기서도 분수가 사용된다.

교과서는 기울기를 $\dfrac{(y의\ 증가량)}{(x의\ 증가량)}$라고 하는데,

학생들은 증가량이라는 것이 갖는 고정관념 때문에 음수가 나오는 것이 이상하다고 생각한다.

고등학교에서는 대신에 $\dfrac{(y의\ 변화량)}{(x의\ 변화량)}$라는 용어를 사용하니

증가량이 불편하다면 변화량을 사용하라는 의미로 소개한다.

그런데 $\dfrac{\Delta y}{\Delta x}$를 나중에 배우고 싶고 불편할 것이다.

그러나 이 수식을 사용한다면, 기울기, 두 점 사이의 거리, 원의 방정식, 미분 등 앞으로 여러모로 사용되고 기울기가 미분과 떼려야 뗄 수 없는 관계임을 감안하여 꼭 익혔으면 한다. Δx(델타엑스)에서에서 Δ는 그리스 문자로 영어의 D에 해당한다. D는 $Difference$(차이)의 앞 글자이다.

👦 조안호쌤: 네가 어떤 친구에게 '어제 도봉산에 올라가는 데 굉장히 힘들었어. 경사가 30°는 되는 거 같았어'라고 말했는데 30°가

뭔지 모른다면 어떻게 설명할래?

🤓 학생: 30°를 모르는 애가 어디 있어요? 정 그러면 각도기 갖다가 알려주지요.

🐵 조안호쌤: 각도기가 없다면?

🤓 학생: 손으로 표시하거나 그림을 그려 알려주지요.

🐵 조안호쌤: 좋은 생각이야. 그런데 '말'로만으로 알려주려면 어떻게 해야 할까?

🤓 학생: ?

🐵 조안호쌤: 좋은 생각이 있어. '앞으로 3 걸음을 갈 때, 위로 2 걸음 가는 정도'라고 말하면 돼!

이걸 분수 $\frac{2}{3}$로 표현하고 '기울기'라고 한다.

$\frac{2}{3}$가 '수'이니 기울기를 수로 나타낸 것이 되는 거야!

함수 $y = \frac{2}{3}x$에서 $\frac{2}{3}$가 이 직선의 기울기라는 거지.

😊 학생: 그럴 수도 있겠네요.

🐵 조안호쌤: 이제 산을 내려갈 때도 해보자. '앞으로 3 걸음 갈 때, 아래로 2 걸음 가는 정도'를 어떻게 표현할까?

😊 학생: $\frac{-2}{3}$요.

🐵 조안호쌤: 그럼 '앞으로 1 걸음 갈 때 위로 3 걸음 가는 정도'가 뭐니?

😊 학생: $\frac{3}{1}$이니 3이요. 이런 식으로 하니 기울기가 자연수가 될 수 있네요.

🧑‍🦱 조안호쌤: 어때? 기울기를 이렇게 이해하니 쉽지?

😊 학생: 이해도 했고 좋은 생각인 듯하지만 그래도 그림이 더 낫겠는데요.

🧑‍🦱 조안호쌤: 그래 맞아! 너 말 잘했다. 그러니 함수의 관계식을 가지고 그래프를 많이 그려보아야 해.

😊 학생: 알았어요. 그런데 한 가지 궁금한 게 있어요. '앞으로 몇 걸음 위로 몇 걸음'처럼 왜 귀찮게 이리 갔다 저리 갔다 하지요? 그냥 그 방향으로 쪽 가면 되지 않나요?

🧑‍🦱 조안호쌤: 예를 들어 '동남쪽 방향'처럼 말이냐?

😊 학생: 예.

🧑‍🦱 조안호쌤: 그러면 좌표축이 x축과 y축 2개가 아니라 방향을 나타내는 축이 모두 필요하게 된단다. 다양한 축을 나타내려면, 고3의 벡터를 배워야 비로소 할 수 있을 거야.

'기울어지다'를 알기 위해서는 먼저 기울어지지 않은 상태, 즉 '평평하다'부터 알아야 한다. 기울어지지 않은 상태의 기울기는 0이고, 좌표평면에서는 그 기준선이 x축이다. 특히 정비례 그래프 $y=ax$는 모두 원점 (0,0)을 지나니 또 다른 한 점만 구하면 된다.

다음 그림처럼 $y=-\dfrac{3}{4}x$라면 원점에서 앞으로 4걸음(칸) 갈 때 아래로 3걸음(칸) 간 지점에 점을 찍고 다시 원점과 이어주면 된다.

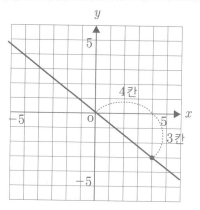

주의해야 할 점은 $-\dfrac{3}{4}=\dfrac{3}{-4}=\dfrac{-3}{4}$이지만 처음에는 $-\dfrac{3}{4}$을 $\dfrac{-3}{4}$으로 생각해서 먼저 앞으로 가고 분자의 +와 −에 따라 다시 이동해야 한다. 적어도 당분간은 $\dfrac{3}{-4}$이라고 생각하지 않는 것이 좋다. 또한 자연수의 기울기는 분수로 바꾸어야 한다. 예를 들어 $y=4x$ 라면 기울기가 4로 분수로 바꾸면 $\dfrac{4}{1}$이니 앞으로 1칸 갈 때 위로 4칸, $y=-2x$라면 −2는 $\dfrac{-2}{1}$이니 앞으로 1칸 갈 때, 아래로 2칸이라고 생각한다. 기울기에 대한 연습을 많이 해야만 그래프를 머릿속에 떠올릴 수 있게 된다.

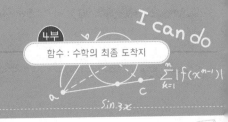
76 일차함수

두 변수 x, y에 대하여 y가 x에 관한 1차식일 때, 'y는 x에 관한 일차함수' 또는 간단히 '일차함수'라 한다. 보통 $y=ax+b(a\neq0)$의 꼴로 나타난다.

- 일차함수의 기본형 : $y=ax(a\neq0)$
- 일차함수의 표준형 : $y=ax+b(a\neq0)$
- 정비례(=비례) $\subset$ 일차함수 $\subset$ 일차방정식

위에서 보듯이 정비례와 일차함수는 '$+b$'의 유무만 다르고, 일차함수에서 보면 b가 0이면 정비례가 된다. 즉 정비례는 일차함수에 포

함되는 특수한 경우라고 볼 수 있다.

한 도형을 일정한 방향과 거리만큼 이동하는 것을 평행이동이라고 한다. 비례에서 볼 때 $y=ax$의 우변에만 '$+b$'를 하는 것이니 y의 값만이 변하게 된다. 따라서 아래의 일차함수 $y=ax+b$의 그래프는 $y=ax$의 그래프를 y축의 방향으로 b만큼 평행이동한 것이다. 이런 관점에서 정비례 $y=ax$는 일차함수의 기본형이라고 볼 수도 있다. 평행이동은 기울기가 같다는 말이기도 하다. 예를 들어 $y=3x+4$의 그래프는 $y=3x$의 그래프를 y축의 양의 방향으로 4만큼 평행이동한 직선이다.

$y=-\dfrac{1}{3}x-4$의 그래프는 $y=-\dfrac{1}{3}x$의 그래프를 y축의 음의 방향으로 4만큼 평행이동한 직선이다. 이처럼 기본형 $y=ax(a\neq0)$에서 b만큼 이동하면 $y=ax+b(a\neq0)$가 된다. 그런데 이 b를 y절편이라고 한다.

- 교과서의 y절편: y축과 만나는 점의 y좌표
- 조안호의 y절편 실전: y축과 만나는 점

직선 안에는 많은 점이 있지만 좌표평면에서 절편은 특별한 의미를 갖는 중요한 점이다. y절편의 정의는 교과서대로 'y축과 만나는 점의 y좌표'임이 맞지만, 보다 실전적으로 문제에 적용하려 한다면 y절편을 'y축과 만나는 점'으로 외우기를 권한다. 절편을 '점'으로 인식하여야 $y=ax$의 y절편이 0이니 (0,0)을 지난다는 것을 인식하게

되고 한 점을 아는 직선이다. 그러면 $y=ax$를 원점에서 돌고 있는 직선이라는 머릿속 그래프가 완성된다. 예를 들어 'y절편이 7인 직선'이라는 단서가 있을 때, $(0,7)$에서 돌고 있는 직선이며 관계식은 $y=ax+7$이라고 곧장 쓸 수 있어야 한다. 이렇게 할 수 있음과 없음은 고등학교에서 어마어마한 차이로 이어질 것이다. 많은 사람들이 y절편을 구하기 위해서는 x가 0일 때의 값이라고 하고, x절편은 y가 0일 때의 값이라고 한다. 이런 식으로만 연습하면 훨씬 더 많은 연습을 해야 그 의미가 들어간다. 절편이란 말에서 '절'은 '끊는다'는 의미이다. 따라서 $y=ax+b$의 그래프에서 y절편은 y축을 끊는 점이고 x절편은 x축을 끊는 점이다. 이 의미가 들어가면 직선의 관계식만을 가지고 직선을 떠올리는데 많은 도움을 받게 된다.

• 기울기와 y절편으로 일차함수 그래프 그리기

지금까지 우리는 기울기 그리고 절편에 대해서 알아보았다. 일차함수는 모두 직선이다. 이 두 가지를 가지고 일차함수의 관계식의 모든 직선을 그릴 수 있다.

🧑 조안호쌤: $y=-\dfrac{3}{4}x+4$란 그래프를 그리려면 어떻게 하면 되니?

🧑 학생: x에 0과 4을 넣는 것이 가장 편해요. 그러면 $(0,2)$와 $(4,1)$이란 점을 구해지는데, 이 점을 이으면 돼요.

🧑 조안호쌤: 그러면 일일이 대입해서 두 점을 구해야 하니 귀찮지

않니?

🙂 학생: 그럼 어떻게 해요?

😀 조안호쌤: y절편이 4이니 y축의 4에서 만나잖아. 그러면 이미 한 점 구한 거 아냐? 그리고 그 점에서부터 기울기를 이용해서 다시 한 점을 구하면 되잖아.

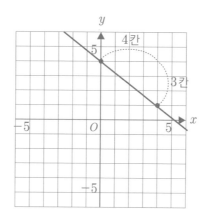

🙂 학생: 이렇게 하니 편해요.

😀 조안호쌤: 함수는 그래프를 많이 그려야 하는데, 이렇게 하면 많이 그려볼 수 있겠지?

🙂 학생: 이런 식으로 그리면 얼마든지 그릴 수 있겠어요.

함수의 그래프를 자를 대며 정성껏 그리는 사람들이 있다. 함수의 그래프는 개형을 빠르게 구하는 것이 목적이니 열심히 잘못 공부하는 것이다. 좌표평면에 점을 찍고 이어서 그래프를 그리면 일일이 점을 구하는 것도 번거롭거니와 함수에서 얻는 것이 적어진다. 점을 구하는 것은 방정식의 대입에 불과하기 때문이다. 방정식은 구체적인 수를 구하는 데는 좋지만 예측을 할 수는 없다. 함수는 관계식만으로 머릿속에 그래프가 떠올라야 올바른 공부다.

예를 들어 '$y = \frac{1}{2}x + 3$'이란 관계식을 보고 당연히 x절편이 음수라는 것과 적어도 -3이나 -4가 아니라 더 적은 수라는 것이 머릿속에 떠올라야 제대로 된 함수 공부라 할 수 있다.

77 두 점으로 일차함수 관계식 만들기

직선의 관계식을 만들기에 가장 좋은 조건은 기울기와 y절편을 알려줄 때이다. 그다음으로 좋은 것은 기울기와 한 점이 주어진 경우이다. 대입을 하든 무엇을 하든 간에 직선의 관계식을 구하기 위해서는 기울기를 구해야만 한다. 그래서 임의의 서로 다른 두 점이 주어지면, 가장 먼저 해야 할 것은 기울기를 만드는 일이다. 한 직선 안에는 무수히 많은 점들이 있는데 이 중 어떤 두 점을 선택하든지 기울기는 같기 때문이다. 그렇다면 두 점을 통해서 일차함수 관계식 $y=ax+b$의 기울기 a의 값을 구할 수 있게 된다.

구체적인 예를 들어보자. 두 점 $(3,5)$, $(6,3)$이 있을 때, x의 좌표만 보면 3에서 6으로 3이 커졌고, y의 좌표만 보면 5에서 3으로 2가 작아졌다.

이것을 분수로 나타내면 $\dfrac{-2}{3}$이라는 기울기가 된다.

그러면 관계식 $y=ax+b$에서 a를 구했으니 대입해 보면 $y=-\dfrac{2}{3}x+b$
가 된다.

이제 y절편 역시 주어진 점 중 하나만 대입하면 구할 수 있는데 어느 점을 대입하여도 그 값은 같다. 그렇다면 $(6,3)$보다는 조금이라도 더 편한 수인 $(3,5)$을 대입하는 것이 좋을 것이다. 두 점을 (a,b), (c,d)로 놓고 일반화해보자.

• 두 점 (a, b), (c, d) 사이의 (기울기)$=\dfrac{\Delta y}{\Delta x}=\dfrac{d-b}{c-a}=\dfrac{f(c)-f(a)}{c-a}$

두 점이 $(3, 5)$, $(6, 3)$처럼 모두 알려주는 경우는 암산으로도 기울기를 구할 수 있을 것이다. 그러나 점의 좌표가 음수이거나 분수 또는 미지수가 포함된다면 기울기를 구하는 식을 만들 필요가 있다. 예를 들어 두 점이 $(1, a)$, $(b, 2)$라면, 부호가 틀리지 않도록 $\dfrac{2-a}{b-1}$라는 정확한 기울기식을 만들 필요가 있다. 기울기는 직선에만 쓰이는 용어이다. 그러나 '기울기'에서 사용되던 $\dfrac{\Delta y}{\Delta x}$가 나중에 '변화율'로 바뀌게 되어 일차함수가 아닌 다른 함수에서도 사용 가능하게 되기 때문이다.

• 함수 $f(x)$에 대하여 a에서 b까지의 변화율은 $\dfrac{f(b)-f(a)}{b-a}$

함수 $f(x)$가 직선이어도 되지만 직선이 아니어도 변화율은 구할 수 있다는 것이다.

문제에서 $\dfrac{f(b)-f(a)}{b-a}$라는 식이 나오면,

$(a, f(a))$와 $(b, f(b))$사이의 변화율인 줄 알아야 한다.

예를 들어 $f(x)$에 대하여 x가 1에서 3까지 변화한다는 조건이 주어진다면 $\dfrac{f(3)-f(1)}{3-1}$이란 변화율을 만들 수 있어야 한다.

⭐ (1) 함수 $y=3x-5$에 대하여 x가 3에서 10까지 변화했을 때, y의 변화율은?

⭐ (2) 함수 $y=x^2$에 대하여 x가 3에서 10까지 변화했을 때, y의 변화율은?

📋 (1) 21 (2) 91

(1) 두 가지 방법으로 풀어보자!

첫째, 일차함수의 변화율은 풀어볼 것도 없이 기울기이니 $\dfrac{\Delta y}{\Delta x}=3$이다.

x가 3에서 10까지 변화하였다니

$\Delta x=7$이고, 이것을 대입하면 $\dfrac{\Delta y}{7}=3$로 y의 변화율 $\Delta y=21$이다.

둘째, $\dfrac{\Delta y}{\Delta x}=\dfrac{f(10)-f(3)}{10-3}$이니 $\Delta y=f(10)-f(3)$이다.

y의 변화율 Δy는 $f(10)-f(3)=(3\times 10-5)-(3\times 3-5)=21$이다.

(2) 이차함수의 변화율은 각각 달라서 $\Delta y=f(10)-f(3)$을 구할 수밖에 없다.

$f(10)-f(3)=10\times10-3\times3=91$이다.

간혹 이차함수 $y=ax^2$에서 a가 기울기이냐고 물어보는 문제들이 있는데, 기울기는 직선에만 있는 것이고 a는 이차함수의 폭과 관련된다. 변화율을 본격적으로 사용하게 되는 시점은 미적분이지만, 간혹 기울기가 아닌 변화율의 개념으로 문제가 출제되므로 알아두는 것이 좋다.

78 함수는 부정방정식

함수 '$y=2x+3$'을 방정식이라는 관점에서 보면 미지수 2개이고 1개의 등식이다. 미지수의 개수와 식의 개수가 다른 전형적인 부정방정식이다. 이 식을 만족하는 x, y는 무수히 많아서 정할 수는 없다. 그러나 그 해들을 순서쌍으로 나타낸 점들의 모임인 선으로 나타낼 수는 있다. 이 선을 우리는 그 함수의 그래프라고 한다. 함수를 방정식보다 어려워하는 것은 방정식에서 미지수인 x나 y를 구하려던 습관이 독립변수인 x와 종속변수인 y와의 관계를 묻는 관점으로 전환하지 못한 탓이 크다.

• 기본형: 함수 $f(x)=ax\,(a\neq0)$

- 표준형: 함수 $f(x)=ax+b(a\neq0)$
- 일반형: $x,\ y$에 관한 방정식 $ax+by+c=0(a\neq0,\ b\neq0)$

직선의 관계식 $y=ax+b(a\neq0)$를 보자. 이때 a는 기울기이고 b는 y절편이다. 보통 $x,\ y$를 미지수라 하고 $a,\ b$를 이미 아는 수인 기지수로 본다. 그러나 값을 구하지 않아도 되는 변수 $x,\ y$를 제외한다면 오히려 미지수가 $a,\ b$인 셈이 된다. 이 두 개의 미지수만 해결하면 온전한 직선의 방정식을 구하게 된다. 미지수가 2개인 것과 두 점만 있으면 직선을 구한다는 말은 아주 밀접한 관계가 있다. 한 개의 점은 한 개의 방정식을 알려주는 것이기 때문이다.

예를 들어 $y=ax+b(a\neq0)$에서 두 점 $(2,3)$, $(4,5)$를 알려준다면 각각 대입하여 $3=2a+b$와 $5=4a+b$라는 연립방정식을 알려준 것과 같다. 방정식의 관점에서 보면 두 점에서 기울기를 구하고 다시 y절편을 구하는 방법도 어찌 보면 함수를 증강시키는 방법에 불과하다. 함수의 관점에서 문제를 푸는 것이 중요하지 않다는 것이 아니라 '기울기'라는 개념을 튼튼히 한다면 나머지는 간단한 방정식이라는 것을 말하고 싶은 것이다.

- 모든 직선은 '두 점' 또는 '한 점과 기울기'로 구한다.

직선의 결정조건이 '두 점' 또는 '한 점과 기울기'라고 했다. 그러니 모든 직선의 그림을 그리거나 관계식을 구하는 것이 모두 두 점 또는 한 점과 기울기만 있으면 된다. 또한 앞서 y절편을 올바른 정의와는 다르지만 'y축을 끊는 점'으로 인식하라고 했다. 그러니 x절편도 마찬가지이다. x절편과 y절편을 각각 $(x,0)$, $(0,y)$로 생각해야 하는 것이 훨씬 실전적이다. 이렇게 보면, '기울기, 보통의 한 점, x절편, y절편'이라는 4가지 중에 2가지를 뽑아서 조합한 문제이다.

조금 더 구체적으로 보면 다음의 7가지(원래 6가지이나 보통의 두 점이 있어서)가 직선의 관계식을 구하라는 모든 문제의 유형으로 나오게 된다.

- 직선의 관계식을 구하라는 모든 유형

  ① 기울기와 y절편   ② 기울기와 x절편

  ③ 기울기와 한 점   ④ x절편과 한 점

  ⑤ y절편과 한 점   ⑥ x절편과 y절편

  ⑦ 보통인 점 두 개

간혹 'x절편과 y절편'이 주어질 때, 직선의 기울기를 구하는 방법으로 $-\dfrac{(y\text{절편})}{(x\text{절편})}$ 을 외우라는 사람도 있다.

그런데 그래프를 많이 그려야 된다는 관점에서 권하지 않는다. 중학교에서는 충분히 그래프를 그리는 연습을 하고 나서, 나중에 고등학교에서 더 빠르게 구하는 '$\dfrac{x}{(x\text{절편})}+\dfrac{y}{(y\text{절편})}=1$'이라는 공식이 있다.

빨리 뭔가를 하려는 것이 아니라 항상 실력을 기르려는 것이 우선이다.

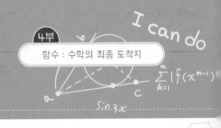

79 특수한 직선

일차함수는 모두 직선이다. 그러나 직선이 모두 일차함수인 것은 아니다.

🧑 조안호쌤: '$x=3$'란 식을 보고 어떤 생각이 드니?

👓 학생: 'y의 값이 뭘까?'란 생각이 들어요.

🧑 조안호쌤: '$x=3$'은 방정식이니?

👓 학생: 예. x가 변수이고 등호가 있으니 방정식이네요.

🧑 조안호쌤: 몇 차 방정식이니?

👓 학생: 일차방정식이요.

🧑 조안호쌤: 모든 일차방정식은 직선이야.

🧑‍🎓 학생: '$x=3$'도 직선이란 말이에요?

🧑‍🏫 조안호쌤: 그래. 직선이야. 많은 학생들이 '$x=3$'을 방정식인 줄도 모르는 경우가 많아. 그러면 3학년의 포물선의 대칭축으로 이런 직선의 방정식이 나오는데 잘 이해가 안 되는 경우가 많지. 기울기가 있는 직선도 알아야겠지만 이런 특수한 직선도 많이 나오니 잘 기억해야 돼!

🧑‍🎓 학생: 그런데 '$x=3$'도 함수예요?

🧑‍🏫 조안호쌤: '$x=3$'는 함수가 아냐. 그런데 '$y=2$'와 같은 방정식은 함수야.

🧑‍🎓 학생: 헷갈려요, 선생님.

🧑‍🏫 조안호쌤: 설명해 줄게.

• $x=a$, $y=b$의 그래프에서

(1) $x=a$의 그래프는 점 $(a,0)$를 지나고, y축에 평행한 직선이다.

(2) $y=b$의 그래프는 점 $(0,b)$를 지나고, x축에 평행한 직선이다.

'기울기'란 '기울어진 정도'라고 하였다. 평평한 것의 기울기는 0이니 직선의 관계식 $y=ax+b$에서 기울기 $a=0$ 이면, $y=0 \times x+b$ 즉 $y=b$가 된다. $y-0 \times x+b$에서 x가 어떤 값을 갖더라도 $y=b$이니 다대일대응이며 함수이다.

다음은 $y=2$ 의 대응관계이다.

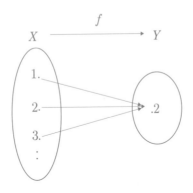

위 대응 관계에서 '존재성과 유일성'(반드시 한번 장가/시집간다.)
에 위배되지 않으며 이런 함수를 특히 상수함수라고 한다.

그러면 $x=a$ 에 대해서 보자. 이는 y 가 어떤 값을 갖더라도 $x=a$ 이
니 $x=0 \times y+a$ 과 같다. $x=a$ 와 같은 방정식은 x 에 대응하는 y 의 값
이 무수히 많으며, 일대다대응으로 함수가 되지 않는 대응이다. 다
음은 $x=3$ 의 대응 관계이다.

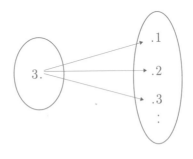

$x=0\times y+3$에서 편의상 y의 값에 자연수를 대응시켰지만, 이외에 분수 등 모든 수가 대응된다. x에 대응하는 y의 값이 반드시 한 개 존재하여야 한다는 함수의 정의에 어긋난다. 따라서 $x=3$이 직선의 방정식이지만 함수는 아니다.

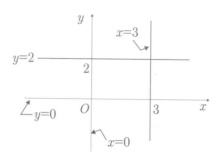

y축은 $x=0$이고, x축은 $y=0$이란 직선이다.

I can do

80 미결정직선

고등수학의 90%는 함수이고 많은 고등학생들이 함수가 어렵다고 하는 것이 수학 어려움의 본질이다. 그러니 수학의 단원으로 볼 때, 무엇보다 중학교에서 함수를 튼튼히 하는 것이 올바른 고등 준비라 할 것이다. 그런데 현실은 학생들이 함수가 무엇인지도 모르고 상위권조차 함숫값이 무엇인지를 모른다. 개념은 알려주지 않고, 학생은 함수를 방정식으로 인지하여 문제를 풀어버리는데 급급했기 때문이다. 많은 고등학생들이 함수를 어려워하는 것에는 특히 지금 설명하고자 하는 '미결정직선'에 대한 개념의 부재가 상당 부분 차지한다. 아래 내용을 완벽하게 체화하여 중학교의 어려운 문제나 고등에서 사용하기를 고대한다.

- 조안호의 직선의 결정 조건 : 기울기와 한 점
- 조안호의 미결정직선 정의 : 직선의 결정조건을 완성하지 못하고 기울기나 한 점만 주어진 직선
- 기울기만 주어진 미결정직선 : 그 기울기인 채 위 아래로 움직이는 직선 예) 기울기가 5인 직선: $y=5x+k$
- 한 점만 주어진 미결정직선 : 그 점에서 돌고 있는 직선
  예) $(5,6)$을 지나는 직선: $y=m(x-5)+6$

함수를 배우면 가장 먼저 기본형을 배우고 그다음으로 평행이동을 하여 표준형을 만든다. 여기까지를 어려워하는 학생은 많지 않으나 그다음으로 응용하는 문제가 어렵다고 한다. 응용문제가 어려운 것은 원래 함수에 미결정직선이 들어와서 그들 간의 관계를 묻는데 이해가 되지 않아서이다. 그런데 원의 방정식을 배워서 처음에는 그런대로 하다가 응용에 들어가서 미결정직선이 들어오면 원의 방정식이 어렵다고 한다. 무리함수를 배우면 처음에는 그런대로 하다가 응용에 들어가서 미결정직선이 들어오면 또 무리함수가 어렵다고 한다. 아마 모든 함수에서 이런 일이 벌어질 것이다. 응용이 어렵다는 이런 학생들에게 직선이 어렵냐고 물어보면 아무도 직선을 어렵다는 학생이 없다. 직선이 부족 부분이라는 진단이 내려지지 않으니 올바른 처방을 기대할 수 없다. 사실 이것이 학생 탓이 아니라 가르치는 사람이 알고 가르쳐야 하는 문제이다. 미결정직선은 필자가 만든 말이니 개념은커녕 대부분의 학생들은 이름조차 들어보지 못했

다. 미결정직선을 이해하는 것은 어렵지 않으나 이것을 활용하여 문제에 적용할 수 있는가는 훈련이 필요해서 중2의 직선을 배우고 나서는 미결정직선을 어려운 문제에서 연습이 되게 활용하기 바란다.

📌 다음 직선의 움직임을 설명하고, 그 관계식이 없다면 구하시오.

(1) $(3,8)$을 지나는 직선

(2) 직선 $mx-y-3m+8=0$

(3) x절편이 4인 직선

(4) 기울기가 -5인 직선

(5) $y=k$라는 직선

📝 (1) $(3,8)$에서 돌고 있는 직선이며, 관계식은 $y=m(x-3)+8$이다. (2) $mx-y-3m+8=0$를 y에 대하여 정리하면 $y=m(x-3)+8$이니 $(3,8)$에서 돌고 있는 직선이다. (3) x절편을 x축을 끊는 점이라고 보면, $(4,0)$에서 돌고 있는 직선이라고 볼 수 있으며, 관계식은 $y=m(x-4)$이다. (4) 기울기가 -5인 채 위아래로 움직이는 직선이며, 관계식은 $y=-5x+k$이다. (5) $y=k$는 특수한 직선에서 다룬 바가 있는데, 기울기가 0인 채 위아래로 움직이는 직선이다.

모르는 기울기를 m, 모르는 y절편을 k라고 하였다. 미결정직선의 함수식을 만드는 부분에 대한 이해가 어렵다면 아마 평행이동에 대한 개념이 부족할 가능성이 크다. 그 부분을 먼저 공부하고 해도 좋다.

81 이차함수

일차함수가 x와 y의 관계로 관계식이 $y=ax+b$이었듯이 이차함수도 x와 y의 관계로 되어있다. 다음은 이차함수의 정의이다.

• y는 x의 함수이고 $y=ax^2+bx+c$ (a, b, c는 상수, $a\neq0$)와 같이 y가 x에 관한 이차식일 때, 이 함수를 이차함수라 한다.

$y=ax^2+bx+c$에서 a가 0이 아니어야 하는 이유는 0이면 $y=bx+c$로 일차함수가 되기 때문이다. 그래서 '이차함수 $y=ax^2+bx+c$'와 'x에 대한 함수 $y=ax^2+bx+c(a\neq0)$'는 같은 말이 된다. 정의에 어긋나지 않으며 간단하도록 $b=c=0$으로 놓으면 $y=ax^2(a\neq0)$이 되는데

그중 $a=1$인 함수 $y=x^2$의 그래프부터 보도록 하자. 모든 그래프는 점으로 나타나니 먼저 순서쌍을 만들어 보면 다음 표와 같다.

x	$\cdots$	-3	-2	-1	0	1	2	3	$\cdots$
y	$\cdots$	9	4	1	0	1	4	9	$\cdots$

이 점들을 좌표평면에 표시하고 정의역을 좀 더 촘촘하게 하면 매끈한 곡선이 되는 데 이 곡선을 포물선이라고 한다. 아르키메데스는 포물선을 원뿔의 모선과 평행하게 잘랐을 때 생기는 모양이라고 하였는데 현실 속에서도 많이 볼 수 있다. 플래시를 벽면에 비스듬하게 비추었을 때나 파라볼라 안테나 또는 돌팔매를 할 때도 그려지게 된다. 먼저 포물선 내의 명칭과 특징을 보자.

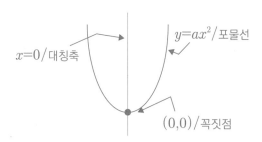

$x=0$/대칭축
$y=ax^2$/포물선
$(0,0)$/꼭짓점

- 폭: $y=ax^2$에서 a가 결정.

    a의 절댓값이 클수록 좁아지고 작을수록 넓어진다.
- 대칭축: 선대칭도형에서의 대칭의 기준이 되는 직선.
- 꼭짓점: 포물선과 대칭축의 교점.

미술시간에 '데칼코마니'라고 해서 도화지의 한쪽 편만 물감을 칠한 뒤 반을 접어 문지르고 펴서 나비 모양 같은 것을 만든 적이 있을 것이다. 이때 접은 도화지에 나타나는 선을 대칭축이라고 한다. 참고로 꼭짓점은 평면도형에서는 변의 교점, 입체도형에서는 모서리의 교점, 축과 포물선의 교점 등으로 매번 가르치기가 번잡해 나는 '방향을 바꾸는 지점'이라고 가르치고 있다. 아직까지는 모순이 없었다.

82 대칭이동

크기와 모양이 바뀌지 않는 이동에는 평행이동, 대칭이동, 회전이동이 있는데, 중고등학교의 교과서에서는 회전이동은 다루지 않는다. 따라서 대칭이동과 평행이동만을 다룬다. 간혹 회전이동이라는 표현이 있는 문제가 있는데, 그것은 대칭이동으로 문제를 풀 수 있을 것이다. 대칭에는 선대칭과 점대칭이 있다. 선대칭에는 선대칭도형과 선대칭의 위치에 있는 도형이 있고, 점대칭에는 점대칭도형과 점대칭의 위치에 있는 도형이 있다. 이런 것들을 구분할 수 있는 실력을 갖추어야 한다. 수학에서 극강의 난이도 문제들은 대칭성을 다루는 경우가 많기 때문이다. 어렵지만, 학생들이 어려운 줄을 모르고 대충 하는 경우가 많다. 평행이동은 다음 파트에서 다루고 이번에는 대칭만 다룬다.

- x축에 대하여 대칭이동시키려면, y대신에 $-y$를 대입한다.
- y축에 대하여 대칭이동시키려면, x대신에 $-x$를 대입한다.
- 원점에 대하여 대칭이동시키려면, x대신에 $-x$를, y대신에 $-y$를 대입한다.

위 대칭이동에 대한 것들은 길더라도 정확하게 외워서 사용해야 한다. 사실 평행이동과 대칭이동에 관련된 것들을 모두 외워야 한다. 그런데 많은 학생들이 이해하면 되는 줄 안다. 고등학교에서 무척 많이 사용할 것이며 그때는 거꾸로 사용해야 할 것이라서 외우라는 것이다. 대칭이동의 예를 들어본다. 좌표평면에서 점 $(2,3)$을 x축에 대하여 대칭이동시키면 점 $(2,-3)$이 된다. 이처럼 x좌표는 그대로인데 y의 좌표만 음수를 붙인 꼴이 된다. 이처럼 x축에 대하여 대칭이동시키려면 기존 함수에서 y대신에 $-y$를 대입하면 된다. $y=x^2$을 x축에 대하여 대칭이동시키면 $-y=x^2$ ⇨ $y=-x^2$라는 함수가 된다. 또 $y=3x^2-2$를 x축에 대하여 대칭이동시키면 $-y=3x^2-2$ ⇨ $y=-3x^2+2$ 가 된다. 이제 y축에 대하여 대칭이동시키는 것을 보자. 점 $(2,3)$을 y축에 대하여 대칭이동시키면 점 $(-2,3)$이 된다. 이처럼 y좌표는 그대로인데 역시 x의 좌표만 음수를 붙인 꼴이 된다. y축에 대하여 대칭이동시키려면 기존 함수에서 x대신에 $-x$를 대입하는 정식의 방법을 택하기 바란다. $y=x^2$을 y축에 대하여 대칭시키면

$y=(-x)^2 \Rightarrow y=x^2$가 되어 원래 함수와 같다. 이것은 $y=x^2$의 그래프가 y축을 대칭축으로 하는 선대칭도형이기 때문이다. $y=3(x-3)^2+4$를 y축에 대하여 대칭이동시키면 $y=3(-x-3)^2+4 \Rightarrow y=3(x+3)^2+4$로 바뀌게 된다. 원점에 대하여 대칭이동시키려면, x와 y대신에 $-x$와 $-y$를 각각 대입하면 된다. 학생들 중에는 별것도 아닌데 귀찮게 한다고 하는 학생들도 있겠다. 그런데 대칭이동은 지금 외우라는 x축, y축, 원점에 대하여 대칭이동하는 것에 덧붙여 고1에서는 좀 더 다양한 대칭이동을 배우게 될 것이고 역시 모두 외워야 한다. 그때 중학교의 것까지 외우는 부담을 주어서는 안 된다. 그때 외운 대칭이동을 고2~3의 미적분에서 사용하면서 잊어버린다면 수학을 잘하는 사람이 될 수는 없을 것이다.

자! 이제 $y=ax^2 (a \neq 0)$에 대해 정리해 보자.

이차함수 $y=ax^2 (a \neq 0)$의 그래프

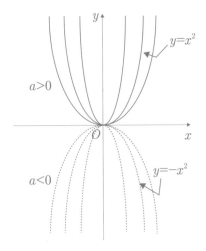

• 이차함수 그래프의 특징: 한 번 꺾였고 대칭이다.

(1) y는 x의 제곱에 비례한다.

(2) 원점을 꼭짓점, y축을 대칭축으로 하는 선대칭도형이고 포물선이다.

(3) $a>0$일 때에는 아래로 볼록, $a<0$일 때는 위로 볼록하다.

(4) a의 절댓값이 클수록 폭이 좁아진다.

(5) $y=-ax^2$의 그래프와 x축에 대하여 대칭이다.

'$y=ax$'를 y는 x에 비례한다고 하였으니, $y=ax^2(a \neq 0)$를 y는 x의 제곱에 비례한다고 표현할 수도 있다. x에 0을 넣으면 y도 0이 되니 원점을 지난다고 표현한 것이다. 그런데 $a>0$일 때 정의역의 $x \leq 0$인 범위에서 함숫값이 감소하고 있고, $x \geq 0$인 범위에서 함숫값이 증가하고 있다. $a>0$일 때 제1, 2사분면에, $a<0$일 때 제3, 4사분면에 포물선이 그려진다. 또한 a의 절댓값이 클수록 y의 절댓값 역시 커지기 때문에 폭이 좁아진다는 것을 나타내니 a만 살피면 폭을 알 수 있다.

포물선에서의 폭과 대칭을 이해하였다면 위 정리가 이해될 것이다. 이제 평행이동만 이해하면 이차함수의 그래프는 거의 이해하였다고 볼 수 있다.

83 평행이동

평행이동은 초등학교에서 배운 '밀기'와 같다. 너무나 당연하지만 어떤 물건이든 옆이나 앞으로 밀어도 모양이 바뀌지 않듯이 도형 역시 민다고 모양이 바뀌지는 않는다.

이차함수의 모든 모양은 $y=ax^2 (a \neq 0)$의 그래프를 밀어서, 즉 평행이동을 시켜서 만든 것이다. 평행이동을 하여도 모양은 같다. 한 가지 다른 것이 있다면 그래프의 위치가 달라진다는 것이다. 복잡한 이차함수는 그래프가 어디에 있는지 위치를 알려주기 위해서 길어진 것일 뿐이다. 그런데 평행이동은 아무리 바빠도 비스듬하게 움직일 수는 없고 항상 x축과 y축의 방향으로 각기 따로따로 움직여야 한다.

- x축의 방향으로 p만큼 평행이동을 시키려면, x대신에 $x-p$를 대입한다.
- y축의 방향으로 q만큼 평행이동을 시키려면, y대신에 $y-q$를 대입한다.
- 평행이동을 시키는 방향은 x축과 y축의 방향밖에 없다.

평행이동을 시키는 방법을 외워야 한다. 그런데 외우기 전에 이해를 시켜야 하는데, 이해를 시키기 어렵다. 평행이동을 정식으로 다루려면 좌표축의 이동을 먼저 가르쳐야 하는데, 좌표축의 이동을 가르치기는 더 어렵다. 다행인 것은 평행이동이 워낙 많이 나와서 저절로 외워질 정도로 많이 나온다. 지금부터 이해를 시킬 것인데, 설사 이해가 안된다 해도 그것은 학생들의 탓이 아니다. x에 p를 더한 것을 X(신 x좌표) 즉, $x+p=X$라 하면 $x=X-p$가 된다. X를 새로운 좌표축의 중심으로 하면 $x-p$가 된다. 마찬가지로 y에 q를 더한 것을 Y(신 y좌표) 즉, $y+q=Y$라 하면 $y=Y-q$가 된다. Y를 새로운 좌표축의 중심으로 하면 $y-q$가 된다.

다음은 $y=ax^2(a \neq 0)$의 그래프를 평행이동시키면서 이들의 특징을 다루었다. 포물선에서 중요한 것은 대칭축과 꼭짓점이다. 포물선의 많은 점이 모두 평행이동하겠지만 이동의 특징이나 위치를 지정하기 가장 좋은 지점이 꼭짓점이기 때문이다.

• y축의 방향으로 이동한 그래프: $y=ax^2+q$

(1) $y=ax^2+q$는 $y-q=ax^2$로 볼 수 있으며 이것은 y대신에 $y-q$를 대입한 것이니 이차함수 $y=ax^2$의 그래프를 y축의 방향으로 q만큼 평행이동시킨 것이다.

(2) y축 ($x=0$)을 축으로 하고, 꼭짓점이 $(0, q)$인 포물선이다.

• x축의 방향으로 이동한 그래프: $y=a(x-p)^2$

(1) x대신에 $x-p$를 대입한 것으로 보아 이차함수 $y=ax^2$의 그래프를 x축의 방향으로 p만큼 평행이동한 것이다.

(2) 직선의 방정식 $x=p$를 축으로 하고, 꼭짓점이 $(p,0)$인 포물선이다.

• x축과 y축의 방향으로 이동한 그래프: $y=a(x-p)^2+q$

(1) $y=a(x-p)^2+q$는 $y-q=a(x-p)^2$라고 볼 수 있으며 이것은 x대신에 $x-p$를 대입하고 y대신에 $y-q$를 대입한 것이니 이차함수 $y=ax^2$의 그래프를 x축의 방향으로 p만큼, y축의 방향으로 q만큼 평행이동시킨 것이다.

(2) 직선 $x=p$를 축으로 하고, 꼭짓점이 (p,q)인 포물선이다.

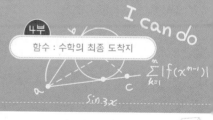

이차함수와 세 점

84

직선인 일차함수에서는 두 점만 있으면 관계식을 구할 수 있었다. 그러나 이차함수는 곡선이기에 최소한 세 점이 있어야 한다. 표준형에서는 a, p, q, 일반형에서는 a, b, c 처럼 모르는 수가 세 개라는 점은 같다. 모두 세 점만 있으면 관계식을 구한다는 말이다. 물론 기본형은 모르는 것이 a뿐이니 한 점만 있으면 되고, 한 쪽 방향으로만 이동한 $y = a(x-p)^2$와 $y = ax^2 + q$는 각각 a, p나 a, q로 두 점만 있으면 된다. 일반적으로는 이차함수는 세 점이 있으면 어떠한 관계식도 구하게 되며, 꼭짓점은 두 점의 값어치가 있다.

• 기본형: 이차함수 $y = ax^2$

- 표준형: 이차함수 $y=a(x-p)^2+q$
- 일반형: 이차함수 $y=ax^2+bx+c$
- 절편형: 이차함수 $y=a(x-\alpha)(x-\beta)$

일반적으로 쓰고 있는 $y=ax^2+bx+c$를 일반형이라 하고, 꼭짓점의 좌표를 알 수 있는 $y=ax^2$은 기본형, $y=a(x-p)^2+q$를 표준형이라고 한다. 절편형은 필자가 이름을 붙인 것이다. 교과서에서는 정식으로 다루지는 않으나, 인수분해가 되는 일반형은 그래프를 그리기 쉽고 x축과의 위치 관계를 정리하기 좋아서 방정식과의 연결에 유용하다. 게다가 이것은 이차식뿐만 아니라 고차식의 식 작성을 위해서 반드시 필요하게 된다. 고등수학의 어려움을 분산할 필요성을 위해서도 지금부터 연습을 해야 할 필요가 있고 절편형을 사용하면 간편한 중3의 문제도 많은 것으로 보인다.

- 일반형과 표준형의 공통점: 미지수 세 개, 폭을 알려주는 a가 같다면 모양은 모두 같다.
- 일반형의 장점: y절편 c를 알 수 있다.
- 표준형의 장점: 축의 방정식 $x=p$ 그리고 꼭짓점 (p, q)를 알 수 있다.
- 절편형의 장점: 일반형을 보통 표준형으로 고쳐서 그래프를 그리는데, 절편형은 인수분해를 이용하여 좀 너 빠르고 x축과의 위치 관계를 알 수 있다.

일반형은 그래프의 개형을 알 수 없어서 절편형이나 표준형으로 바꾸어야 할 필요성이 있는 경우가 많다. 일반형 중에서 인수분해가 되는 것은 표준형으로 고치는 대신에 절편형으로 고치면 되는데, 이 것은 인수분해만 하면 되어서 설명을 안 한다. 대신에 일반형을 표준형으로 고치는 방법을 설명한다. 꼭짓점은 표준형에서 두 점의 값어치가 있기에 꼭짓점을 알려준다면 폭을 구하기 위한 한 점만 필요하게 된다. 다음은 일반형을 표준형으로 바꾸는 방법이다.

$$y = ax^2 + bx + c \, (a \neq 0)$$

$$y = a\left(x^2 + \frac{b}{a}x\right) + c \, (\because x^2 \text{의 계수를 1로 바꾸기 위해})$$

$$y = a\left(x^2 + \frac{b}{a}x + \frac{b^2}{4a^2} - \frac{b^2}{4a^2}\right) + c$$

$$y = a\left(x^2 + \frac{b}{a}x + \frac{b^2}{4a^2}\right) - \frac{b^2}{4a} + c$$

$$y = a\left(x + \frac{b}{2a}\right)^2 - \frac{b^2}{4a} + \frac{4ac}{4a}$$

$$y = a\left(x + \frac{b}{2a}\right)^2 + \frac{-b^2 + 4ac}{4a}$$

축의 방정식: $x = -\dfrac{b}{2a}$, 꼭짓점: $\left(-\dfrac{b}{2a}, \dfrac{-b^2 + 4ac}{4a}\right)$

85 이차방정식과 함수의 만남

방정식은 특정한 값을 구하기에 적합하고 함수는 그래프라는 선을 이용하여 직접 구하지 않아도 예측이 가능하다는 장점이 있다. 그래서 방정식과 함수는 결국 통합의 과정을 거치게 되어 방정식을 함수의 그래프로 만들어 이해하고 특정한 값을 방정식으로 푸는 무수히 많은 고등학교의 문제를 접하게 된다.

그래서 고등학교 문제의 8~90%가 함수라는 말을 하게 된다. 방정식과 함수의 통합과정을 일일이 언급할 수는 없지만 핵심이 되는 연결고리는 이해해야 한다고 생각한다. 이 부분을 대부분 '대입'이나 '상식'에 의존하고 기존의 책에서 언급하고 있지 않으니 기회에 정확하게 이해하는 계기가 되길 바란다.

• 조안호의 방정식 정의: 두 함수의 교점의 x좌표

앞서 중1에서 필자가 방정식을 '변수가 있는 등식'이라고 생김새를 가지고 만든 정의를 말했었다. 그러나 점차 방정식이 복잡하거나 고차식이 되면 해석이 필요하게 되어 함수와 관련된 정의가 필요하게 된다. 중2의 연립방정식이나 늦어도 중3의 이차방정식에서 방정식의 정의를 '두 함수의 교점의 x좌표'로 바꾸고 이 관점으로 방정식을 바라보기 시작해야 한다. 앞으로 대학 시험을 볼 때까지 항상 방정식이 나오면 이 정의로 해석해야 한다. 이 정의는 방정식을 두 함수로 분할하고 이들의 관계를 관찰하는 것이다.

우선 중2의 연립방정식의 풀이에서 보듯이 $y=2x+5$와 $y=x+2$의 공통인 해를 구하는 방법을 보자. $y=2x+5$의 y에 $x+2$를 대입하여 $x+2=2x+5$라 놓고 $x=-3$이라는 x의 값을 구하게 된다. 이것을 역으로 보자! $x+2=2x+5$라는 방정식은 두 함수 $y=2x+5$와 $y=x+2$라는 직선이 만나는 교점의 x좌표이다. 마찬가지로 방정식 $x=-3$도 두 함수 $y=x$와 $y=-3$이라는 직선의 교점의 x좌표라고 할 수 있다. 또한 $x=-3$을 $x+3=0$으로 변형했을 때도 두 함수 $y=x+3$과 $y=0$의 교점의 x좌표로 볼 수 있다. 이런 것은 간단한 방정식보다 오히려 복잡한 식의 이해가 더 쉬울 수 있다. 이차방정식을 두 함수의 교점으로 분리하는 과정을 보자.

• 이차방정식을 두 함수의 교점으로 분리하는 세 가지 방법

(1) $ax^2+bx+c=0 \Rightarrow y=ax^2+bx+c$와 $y=0$의 교점

(2) $ax^2=-bx-c \Rightarrow y=ax^2$와 $y=-bx-c$의 교점

(3) $ax^2+bx=-c \Rightarrow y=ax^2+bx$와 $y=-c$의 교점

(1)은 보통 중3에서 사용하고, (1)과 (2)는 중3과 고1에서 사용한다. 고2부터는 (3)의 방법을 사용하는데, 될 수 있으면 중3부터 (3)의 방법을 사용했으면 한다. 간과하기 쉽지만, 이차방정식을 두 함수의 교점으로 분리하는 세 가지 방법의 공통점은 분리했을 때의 한 함수가 일차방정식이라는 것이다. 나중에 가면 이 일차방정식에 미지수를 포함하게 되며 이것이 미결정직선이 될 것이다. 지금 이차방정식에서만 보고 있어서 느낌이 없을지도 모르겠지만, 유리함수도 무리함수도 지수함수도 삼각함수도 모두 이런 관점에서 문제를 다루게 된다. 그래서 미결정직선이 중요하다고 한 것이다. 이해를 돕기 위해 한 문제만 풀어보자.

🖋️ 이차함수 $y=x^2$와 직선 $y=5x-6$ 에 대하여 다음 물음에 답하여라.

(1) 곡선과 직선의 위치관계를 말하여라.

(2) 두 함수의 교점의 x좌표를 구하여라.

(3) 두 함수의 교점을 구하여라.

🔲 (1) 두 점에서 만난다. (2) 2, 3 (3) $(2, 4)$, $(3, 9)$

많은 학생들이 이 문제를 풀기 위해서 대입이라는 과정을 거친다. 그런데 그 이유를 모르는 것 같아서 함수와 방정식의 통합을 다루고 있는 것이다. 이제 대입하는 이유를 알겠는가? (1) 곡선과 직선의 위치 관계는 안 만나거나 만나는데 한 점에서 만나거나 두 점에서 만나는 경우가 있다. 대입이라는 과정을 거치고 정리하여 인수분해 하면 $x^2=5x-6 \Rightarrow x^2-5x+6=0 \Rightarrow (x-2)(x-3)=0$으로 x의 값이 두 개이니 두 점에서 만난다고 할 수 있다. 그런데 이차방정식의 풀이 방법은 인수분해도 있지만 근의 공식도 있다. $x^2-5x+6=0$의 근의 공식 중 루트 안에만 살펴봐도 된다. 루트 안은 $b^2-4ac=25-24$로 루트 안이 양수이다. 근의 공식에서 루트 안이 양수이면 두 개의 근, 0이면 중근을 갖는다. 0보다 작으면 허근이라는 것을 갖는데 이것은 고등학교에서 배울 것이고 실수 범위에서는 없다고 한다. 이때, b^2-4ac을 판별식 D라고 하는데 '근'의 개수만을 판별하겠다는 것이다. (3) x의 값 2와 3이 교점의 x좌표이니 주어진 식에 각각 대입하면 (2, 4), (3, 9)이다.

최근 개정 교과서에서는 중학교에서 최댓값과 최솟값을 학생들이 어려워한다는 이유로 중3에서 삭제하고 고1로 올려 보냈다. 학생들이 최댓값과 최솟값을 어려워하는 이유가 함숫값을 모르기 때문이다. 함수를 배우면서 함숫값을 모른다면 함수를 잘못 배웠으니 제대로 가르쳐야 한다는 결론이 나오는 것이 아니라 바쁜 고등학교에 가서 배우란다. 중학교에서 3년을 가르쳐서 함숫값을 인식시키지 못한 것을 고등학교에 가면 저절로 알게 되지는 않는다. 중3에서 포기하지 말고 고등학교에 가서 포기하라는 말이다. 학생들이 모르는 것은 최댓값과 최솟값이 아니라 함숫값을 모르는 것이다. 중학교에서 함숫값을 못 가르쳤다면 고등수학의 어려운 문제는 하나도 못 풀게 된다는 것을 의미한다.

👧 학생: 선생님, 최댓값과 최솟값이 어려워요.

🧑‍🦱 조안호쌤: 최댓값이 뭐니?

👧 학생: 가장 큰 값이요.

🧑‍🦱 조안호쌤: 잘하네. 그런데 뭐가 어려워?

👧 학생: 그런 게 아니고 함수에서 어렵다고요.

🧑‍🦱 조안호쌤: 함수라서 어려운 것이 아니라, '무엇 중에서 가장 큰 값이 뭐예요?'라고 물어야 정상적인 질문이 아니니?

👧 학생: 그러네요. 'y=f(x)의 최댓값'이라면요?

🧑‍🦱 조안호쌤: 이 말은 'f(x) 중에서 가장 큰 값이 뭐니?'라는 것이야? f(x)가 뭐라고 했어?

👧 학생: 'x에 대한 함숫값이 y축에 찍히는 점'이요.

최댓값과 최솟값을 어려워한다는 것은 3년의 함수 교육이 함숫값을 가르치는 데에 실패했다는 것을 의미한다. 근본적으로 함숫값을 모르고 정의역과 공역, 치역의 관계가 선명하지 않기 때문이다. 이 부분을 좀 더 이해해 보자!

🧑‍🦱 조안호쌤: 이차함수 'y=(x−3)²+2'의 그래프를 그릴 수 있니?

👦 학생: 그럼요.

🧑‍🦱 조안호쌤: 그럼, 그려봐라.

학생: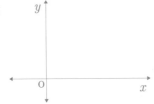

조안호쌤: 뭐하는 중이니?

학생: 그래프를 그리라면서요.

조안호쌤: x축과 y축이 갖는 의미를 물어본 거였어.

학생: x축과 y축의 의미는 모르겠어요. 다만 그래프를 그리려면 이것부터 해야 하잖아요?

조안호쌤: 잘 모르는 모양인데, 네가 지금 한 것이 정의역과 공역을 표시한 것이야. x축이 정의역이고 y축이 공역이며 선으로 그은 것은 실수 전체를 의미하는 거지.

학생: 그러네요. 항상 그리면서도 그런 생각 안 한 것 같아요.

조안호쌤: 그럼 나머지도 그려보자.

학생: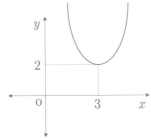

조안호쌤: 잘 그렸다. 그런데 최솟값은 어디지?

학생: (꼭짓점을 가리키며) 여기요.

😊 조안호쌤: 그렇게 그림을 따라다니니까 최댓값이나 최솟값이 어려운 거야. 함숫값의 범위가 치역이고 치역은 공역 안에 있다는 것을 몰라?

😊 학생: 알아요.

😊 조안호쌤: 그럼 공역인 y축에서 찾아야지!

😊 학생: 알았어요. 2죠?

😊 조안호쌤: 그래.

정의역, 공역에 대한 특별한 말이 없으면 정의역과 공역은 실수 전체의 집합으로 본다. 그런데 함수의 그래프를 그려라 하면 대부분의 학생들이 x축과 y축을 그린다. 하지만 그것이 정의역과 공역을 그린 것이라고 생각하지 않는다. 또 그래프를 그리다 보면 그림만 눈에 들어오고 정의역, 공역, 치역의 범위에 대해서는 크게 신경이 가지 않는다. 위 그래프의 정의역, 공역, 치역을 집합으로 나타내면, 정의역과 공역은 모두 실수 전체이고 치역은 $y \geq 2$ 이다. 최댓값이나 최솟값은 치역의 범위인데, 이 그래프는 최솟값만 존재하고 최솟값은 2이다. 그래프에 나타나는 직선이나 곡선은 정의역, 공역, 치역들의 줄에 이끌리어 움직이는 '꼭두각시 인형'쯤으로 생각해야 최댓값이니 최솟값이 쉽게 눈에 들어온다.

👉 실수 x에 관한 이차방정식 $(x-3)(x-5)-8=0$에서 x의 최솟값을 구하여라.

🔲 1

위 문제는 이차함수와 이차방정식을 구분하는 문제로 중학교의 문제집들에서는 보이지 않는 문제이다.

식을 정리하면 $x^2-8x+7=0 \Rightarrow (x-1)(x-7)=0$으로 x의 값은 1 또는 7이다. 문제가 1과 7 중에서 최솟값, 즉 가장 작은 수가 무엇이냐고 물었으니 당연히 답은 1이다. 혹시 최솟값이 -9가 나왔다면, 이런 문제일 리가 없다고 스스로 판단하고 위 식을 함수로 본 것이다.

만약 위 식이 $y=(x-3)(x-5)-8$이었다면 정리한 식은 $y=x^2-8x+7$로 표준형으로 바꿨을 때, $y=(x-4)^2-9$로 y의 최솟값은 -9가 된다. '실수 x, y에 관한 이차방정식 $(x-3)(x-5)-y-8=0$에서 y의 최솟값을 구하여라.'라는 문제였다면 최솟값은 -9가 맞다. 이런 말도 안 되는 것을 얘기한다고 할지도 모르겠다. 정의들을 모르고 문제만 풀다 보면 방정식과 항등식, 방정식과 함수 등을 구분하지 못하는 일이 고등학교에서 심심치 않게 나타난다.

"우와! 문제를 푸는 것은 굉장히 재밌어!"

05 _부

방정식
고등학교를 위해 필요한 개념

87 수열의 항을 표시하는 방법

수들을 나열하여 쓴 것을 수열이라 한다. 수열의 항을 표시하는 방법은 당연히 수열을 배우면서 가르친다. 그런데 정식으로 배우기 전에 중등의 심화 문제집이나 고1의 선생님들이 수열의 항을 표기하는 방법을 사용한다. 사실 선생님들이 그렇게 하는 것은 그때 배우더라도 특별히 더 설명하는 것도 없고, 당장 요긴하고 간단하니 설명하고 사용하는 것이다. 그런데 학생들은 표기가 이상하니 생각도 굳어지는 경우가 많다. '그런 것이구나!', '별거 아니구나!' 하는 정도로 가볍게 알아두는 것이 좋아서 다룬다.

이쁜 수열: 2, 4, 6, 8, …

이상한 수열: 3, 1, 7, 11, …

수열은 수들을 나열한 것인데 '2, 4, 6, 8, …'과 같이 규칙성 있게 2
씩 커지는 이쁜 수열이 있고, '3, 1, 7, 11, …'과 같이 규칙성이 없이
아무 숫자나 써 놓은 수열이 있다. 그런데 규칙성이 없는 수열은 규
칙이 없으니 우리는 다룰 수가 없다. 그러니 앞으로도 규칙성 있는
것만을 다루게 된다.

수열의 각 수들을 항이라고 한다. '2, 4, 6, 8, …'이라는 수열에서 볼
때, 첫 번째 항은 2, 두 번째 항은 4, 세 번째 항은 6, …이 된다. 이
것이 번거롭기 때문에 첫 번째 항 2를 a_1, 두 번째 항 4는 a_2, 세 번
째 항 6은 a_3, …이라고 표현한다. 즉, $a_1=2$, $a_2=4$, $a_3=6$, …처럼 사
용한다. 예를 들어 a_{18}이면 18번째 항을 의미한다. 그런데 이런 표
시 방법이 처음에는 매우 낯설어 보인다. a_n의 모양은 이진법이나
십진법에서 사용했다. 이것들과의 구분은 이진법에서는 아래 첨자
에 괄호가 쳐져 있었다. 수열들 간의 비교를 위해서 특정한 문자를
사용한 것이고 다음처럼 다른 수열에는 다른 문자를 사용하게 된다.

a_1, a_2, a_3, a_4, a_5, a_6, …
b_1, b_2, b_3, b_4, b_5, b_6, …
c_1, c_2, c_3, c_4, c_5, c_6, …

수열의 중학교에서의 예를 들면 '1부터 40까지의 자연수를 4로 나눈 나머지가 0, 1, 2, 3인 수들의 모임을 각각 A_0, A_1, A_2, A_3라 할 때, ~'처럼 사용된다. 수열의 표시 방법을 모른다면 집합 A_0를 나머지가 0인 수, 즉 4의 배수임을 안다 해도 4, 8, 12, …, 32, 36, 40으로 놓고 풀기가 망설여질 것이다. 이 밖에도 좌표평면의 두 점을 (x_1, y_1)과 (x_2, y_2)로 놓고 이 두 점을 지나는 직선의 기울기를 $\frac{y_2 - y_1}{x_2 - x_1}$처럼 표현하는 것을 중학교의 선생님들로부터 보거나 수열을 아직 안 배운 고1에서 사용하고 있다.

규칙적인 수의 일반항

'2, 4, 6, 8, …란 수열에서 n번째 항은 무얼까요?'는 a_n이 무엇이냐는 질문이다. 짝수는 2의 배수이니 n번째 항은 $2n$이니 $a_n = 2n$이며 이것을 일반항이라고 한다. 그래서 보통 짝수는 $2n$, 홀수는 $2n-1$로 표현한다. 조금 더 진척해 볼 텐데, 이런 것은 증명이나 더 상위의 수학을 위해서는 필수이다. 만일 5, 9, 13, 17, …과 같은 수들이 있다고 하자. 처음의 수가 5이고 그다음은 4씩 커지고 있음을 알 수 있다. 이 수들은 4씩 커지고 있으니 4의 배수는 아니지만 $4n$을 일반화된 식에서 갖게 된다. 그런데 처음 수가 5이니 $4n$에서 n이 1일 때 4가 되니 1을 더해주어야 5가 된다. 따라서 일반화된 식은 $4n+1$이라고 할 수 있다. $a_n = 4n+1$의 n에 1, 2, 3, … 을 대입해보면 $a_1 = 5$, $a_2 = 9$, $a_3 = 13$, … 등이 됨을 확인할 수 있다. 만약 11, 15, 19, 23, …

이라면 $4n$에서 n이 1일 때 4가 되니 7을 더해주어야 첫째항인 11이 된다. 따라서 일반화된 식은 $4n+7$이 된다. 이렇게 하는 방법이 고등학교에서 정식으로 등차수열의 일반항을 구하는 공식보다도 더 빠르게 구할 수 있다.

🖌 다음과 같은 규칙으로 숫자를 늘어놓았다. 100번째에 있는 숫자는 무엇인가?

$$1,\ 4,\ 7,\ 10,\ 13,\ \cdots$$

답 298

3씩 커져가니 $3n$을 식에서 가질 것이다. 그런데 첫 번째 항이 1이니 $3n-2$가 일반항이 된다. $a_n=3n-2$으로부터 $a_{100}=3\times100-2=298$ 이다.

역으로 항의 개수 구하기

수열의 항의 개수를 구하는 문제는 고등학교에서 많이 사용하지만, 필자로부터 수세기를 못 배운 학생들이 많이 당황한다. 심지어 많은 고등학생들이 손가락이라는 원시적인 방법을 사용하기도 한다. 다음의 문제도 비교적 간단한 문제이지만 역으로 묻는 질문이라 정확하게 이해해 놓지 않으면 문제를 풀다가 시간을 낭비하거나 포기하는 일이 벌어진다.

✎ 20, 21, 22, 23, … 이 되는 수가 있다. 44번째의 수는 무엇인가?

📑 63

수세기를 정확하게 이해하지 못했다면, 아마도 20에 44을 더한 64의 언저리에 있는 수일 거라는 생각이 들 것이다. 정확하게 어떤 수인지를 모르는 것인데, 44개이니 수를 헤아릴 수도 있을 것이다. 만약 456번째 수라고 묻는다면 짜증이 제대로 날 것이다. 이런 수열은 일반항을 구하는 고등학교의 방식인 첫째항과 공차(얼마씩 커지거나 작아질 때의 그 수)를 이용하는 공식으로 푸는 것이 더 번거로운 작업이 된다. 이것은 수를 조작하는 것이 아니라 순서수를 조작하여야 한다. 44번째라는 것은 1, 2, 3, 4,…, 42, 43, 44라는 수들에서 마지막 수이다. 이 수들을 20, 21, 22, 23, … 아래에 나란히 쓰면 1이 20이 되기 위해, 2가 21이 되기 위해, … 모두 19를 더하면 된다. 당연히 44에 19를 더하면 44번째의 수인 63이 된다.

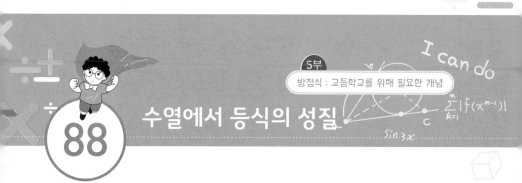

88 수열에서 등식의 성질

같은 수의 더하기로 만들어지는 것을 등차수열, 같은 수의 곱하기로 만들어지는 수열을 등비수열이라고 한다. 고등학교에서도 위 두 수열이 기본이다. 더하더라도 음수를 더하면 작아지고 양수를 곱하더라도 1보다 작은 수를 곱하면 작아진다. 규칙은 크게 보면 단순히 커지거나 작아지거나 계속 같은(또는 반복되는) 규칙이 있고 이것이 다이다. 커지거나 작아진다는 것은 기준이 필요하다. 그래서 처음에 어떤 수가 있느냐가 규칙에서는 제일 중요하다. 그다음 커지고 있느냐, 커진다면 얼마씩 커지고 있느냐, 작아진다면 얼마씩 작아지느냐가 규칙을 바라보는 첫 번째 시각이어야 한다.

다음은 어느 중학교 2학년의 학교 시험에서 나온 것을 일부 변형한 것이다.

✏️ 다음과 같은 규칙의 수가 있다. $a_1 = 3$일 때, a_{19}는 얼마인가?
(단, a_1은 첫 번째 항, a_2는 두 번째 항, …)

$$a_2 = a_1 + 2$$
$$a_3 = a_2 + 2$$
$$a_4 = a_3 + 2$$
$$a_5 = a_4 + 2$$
$$a_6 = a_5 + 2$$
$$\vdots$$
$$a_{19} = a_{18} + 2$$

답 39

어렵지 않은 문제인데 'a_n'의 꼴에 익숙하지 않아서 어려워 보이는 것이다. 여러분이 잘하는 대입만 해도 답이 나온다. $a_1 = 3$이라고 했으니 두 번째 항 $a_2 = a_1 + 2$에 대입하면 된다. 규칙을 찾기 위해 계산하지 말고 하나하나 써보자!

$a_2=3+2$

$a_3=(3+2)+2$

$a_4=(3+2+2)+2$

$a_5=(3+2+2+2)+2$

$a_6=(3+2+2+2+2)+2$

$$\vdots$$

규칙을 찾아보면 19번째 항인 a_{19}는 3에다가 2를 18번 더한 수가 될 것이다. 즉 3+2×18=39이다. 그런데 일일이 직접 대입하여 규칙을 찾는 것이 어렵게 느껴질 것이다. 모든 등식은 등식의 성질로 푼다고 했다. 등식의 성질을 이용한다면 좀 더 식을 간단히 할 수 있다. 연립방정식을 설명하면서 등식의 성질을 확장하여 '좌변은 좌변끼리 우변은 우변끼리 더해도 된다는 것'도 등식의 성질이라고 하였다.

$a_2+a_3+a_4+\cdots+a_{18}+a_{19}=a_1+a_2+a_3+\cdots+a_{17}+a_{18}+2\times18$

(양변에 $a_2+a_3+a_4+\cdots+a_{18}$을 빼면)

$a_{19}=a_1+2\times18$(여기에 $a_1=3$을 대입하면)

$\therefore a_{19}=39$

89 반복되는 규칙 찾기

이제 반복되는 규칙을 보자. 반복되는 규칙의 원리를 찾아서 푸는 문제는 시험의 출제자들이 좋아하는 유형이다. 겉으로 보기에 복잡하지만 원리를 찾아서 문제를 풀면 간단한 문제는 좋은 문제로 평가받기도 한다. 짧은 시간 내에 풀어야 하는 대부분의 시험에서 문제를 전체적으로 보는 시각이나 원리를 묻는 문제는 앞으로도 지속적으로 많이 출제될 것이다.

먼저 반복되는 것이 하나인 것을 보자! 예를 들어 2, 2, 2, 2, …인 규칙에서는 100번째도 2, 999번째도 2가 되어 몇 번째 항이든 2가 되니 문제에서는 잘 출제되지 않는다. 2개가 한 마디를 이루고 반복되는 것도 마찬가지다. 3, 4, 3, 4, …인 규칙에서는 홀수 번째는 3이고 짝수 번째는 4이니 직관적이어서 초등 1~2학년 수준의 문제이다. 중학교 때까지는 한 마디 안의 숫자가 7개 정도까지 규칙으로 나온다.

마디 찾기

마디 찾기는 대부분 쉬운 편이다. 반복되는 마디 내에 같은 숫자가 없다면 처음에 나온 수가 다시 나오기 전까지가 한 마디이다. 그러나 같은 마디 내에 같은 숫자가 여러 개 있을 때에 찾기가 어려워진다.

$$0, 1, 1, 0, 0, 1, 1, 0, 0, 1, 1, 0, \cdots$$

전체적으로 0과 1이 여러 개라서 혼동을 일으키게 된다. 적어도 마디의 개수가 1~2개가 아닌 것은 확실하다. 그러면 마디가 3개, 4개, 5개로 끊어가며 확인하면 된다. 그렇지 않고 직관적으로 보일 수도 있다. 전체적으로 볼 때 1100이 반복되는 것이 보이는데, 여기서 생각이 멈추면 위험해진다. 4개가 반복되는 것은 맞지만, 첫 부분이 포함되어야 하니 전체적으로 한 칸씩 옮기면 '0, 1, 1, 0'이 한 마디인 것이 보이게 된다.

마디와 나머지와의 관계

규칙을 통해서 나오는 문제는 '몇 번째 항 찾기', '몇 번째까지 특정 숫자의 개수 구하기', '몇 번째 항까지 합 구하기'의 세 종류가 있다. 직접 문제로 보자!

👉 다음 규칙의 수열이 있다. 물음에 답하여라.

5, 0, 1, 2, 3, 5, 5, 0, 1, 2, 3, 5, 5, 0, 1, 2, 3, 5, …

(1) 100번째 항을 구하여라.

(2) 100번째 항까지 숫자 5의 개수를 구하여라.

(3) 100번째 항까지의 합을 구하여라.

답 (1) 2 (2) 33개 (3) 264

(1) 가장 먼저 순환마디를 찾으면 '5, 0, 1, 2, 3, 5'로 한 마디의 개수가 6개이다. 보통 위와 같은 문제에서 많은 해설서들이 100번째 항은 100을 마디의 수인 6으로 나누라고 한다. 그리고 나머지가 4이니 순환마디의 4번째 수인 2가 답이라고 설명하는데, 그렇게 되면 개념이 들어가지 않아서 나머지가 0이면 어쩔 줄 모른다든가 끝까지 나누고 반올림하는 등 오답의 원인이 된다. 나누었을 때의 몫과 나머지의 관계를 아는 것도 또 왜 6으로 나누어야 하는지도 알아야 한다.

5, 0, 1, 2, 3, 5, 5, 0, 1, 2, 3, 5, 5, 0, 1, 2, 3, 5, …에서 1번째 수
는 5, 2번째 수는 0, 3번째 수는 1, 4번째 수는 2, 5번째 수는 3, 6번
째 수는 5, 7번째 수는 5, 8번째 수는 0, 9번째 수는 1, 10번째 수는
2, 11번째 수는 3, 12번째 수는 5, … 이다. 6의 배수 번째 자리가 5
인거 보이나요? 이렇게 간단하게 이해하면 좋겠지만 그렇지 않고 아
직 이해가 안 되는 학생들이 많다. 6개가 반복되는 것은 알고 있으
나 몫이 0이고 나머지가 나오도록 하는 작은 수의 나누기를 해 본 적
이 없기 때문이다. 초등학교에서 무수히 많은 나누기를 했지만,
'1÷6'과 같은 나눗셈에서 나머지가 있도록 나누어보는 문제를 푼 적
이 없었다. 먼저 이것부터 해보자. 나누기의 정의대로 한다면 아래
의 식을 이해할 것이다.

$$1(번째) \div 6 = 0 \cdots 1$$
$$2(번째) \div 6 = 0 \cdots 2$$
$$3(번째) \div 6 = 0 \cdots 3$$
$$4(번째) \div 6 = 0 \cdots 4$$
$$5(번째) \div 6 = 0 \cdots 5$$
$$6(번째) \div 6 = 1 \cdots 0$$
$$7(번째) \div 6 = 1 \cdots 1$$
$$\vdots$$
$$96(번째) \div 6 = 16 \cdots 0$$
$$97(번째) \div 6 = 16 \cdots 1$$

$$98(번째) \div 6 = 16 \cdots 2$$
$$99(번째) \div 6 = 16 \cdots 3$$
$$100(번째) \div 6 = 16 \cdots 4$$

6의 배수인 항은 모두 마디의 마지막 번째인 5가 된다. 6, 12, 18, …으로 가면 100을 넘지 않는 마지막 6의 배수, 96번째 항까지가 6의 배수이다. 97번째는 5, 98번째는 0, 99번째는 1, 100번째는 2이다. 그런데 '100에서 가장 가까우면서도 100을 넘지 않는 6의 배수인 '96'을 어떻게 빨리 구하느냐?'가 문제다. 그나마 할 줄 아는 아이들도 $100 \div 6 = 16 \cdots 4$ 처럼 나누고 다시 16×6을 하여서 96이란 수를 얻는다. 좀 더 쉽게 식을 변형하면 $(100-4) \div 6 = 16$'이고 이것을 다시 $(100-4) = 16 \times 6$ 로 만들 수 있다.

(2) 한 마디 내에 5의 개수는 2개이니 96번째 항까지의 마디는 16마디이다. 그러니 96번째 항까지의 5의 개수는 $16 \times 2 = 32(개)$이다. 그런데 나머지 4개의 항 중에도 5가 1개 있다. 그러니 전부 합치면 33개가 된다.

(3) 한 마디의 합은 16이고 이런 마디가 16개 있으니 96번째 항까지의 합은 $16 \times 16 = 256$이고 나머지 4개의 항을 더하면 $5+0+1+2=8$이다. 전부 합치면 $256+8=264$이다. 고등학교에서는 '7, 2, 8, 9, 4, 7, 2, 8, 9, 4, …'란 수열에서 100번째 항까

지의 합을 구하여라.'와 같은 문제가 출제된다. 한 마디가 5개로 마디 내의 합이 7+2+8+9+4=30이고 마디가 20개이니 답은 30×20=600이다. 함수라는 관점으로 볼 때는 고등학교에서 주기함수란 이름으로 이를 이용한다. 수열을 직접 만드는 다음 문제를 풀어보자.

🖋 2에 3을 110번 곱해서 나온 수의 일의 자리의 수는?

답 8

이번에는 나열되는 수를 직접 구하기까지 해야 하니 조금 귀찮게 느껴질 것이다. 더욱이 '2에 3을 110번 곱해서'라는 단서가 붙었으니 더욱 머리가 아프다. 수학에서 큰 수는 규칙을 찾으라는 문제이므로 규칙만 찾으면 쉽다는 생각을 해야 한다. 문제에서 물어보는 것은 일의 자리의 수만이므로 두려워할 필요가 없다. 어떤 두 수의 곱에서 1의 자리의 수는 일의 자리의 수끼리의 곱으로 만들어진다는 것을 알아야 한다. 예를 들어 27×78에서 다른 수는 모르더라도 그 곱의 1의 자릿수는 7×8=56을 통하여 6이 된다. 즉, 위 문제도 일의 자릿수만 곱해 가면 되는 문제이다. 첫 번째 수는 2가 아니라 2×3=6이다. 이것만 조심하면 된다. 두 번째 수는 6×3=18에서 8, 세 번째 수는 8×3=24에서 4, 네 번째 수는 4×3=12에서 2, 다섯 번째 수는 2×3=6에서 6이다. 네 번째 수까지, 즉 6, 8, 4, 2가 반복된다. 답은 110÷4=27…2이므로 두 번째 수인 8이다.

규칙을 통한 합 구하기

시험 문제를 출제하는 사람들은 직접 하나하나 계산하면서 풀기는 어렵지만 규칙을 찾아서 풀면 쉽게 풀리는 다음과 같은 문제를 좋아한다.

🖍️ $(100-99)+(99-98)+(98-97)+ \cdots +(3-2)+(2-1)$을 계산하여라.

답 99

두 가지 방법으로 풀어보자. 먼저 괄호는 하나의 항으로 보라고 했다. 각 항 안의 값을 계산하여 보면 모두 1이 되어 '같은 수의 더하기'인 곱하기를 이용하면 된다. 따라서 항의 개수만 구하면 된다. 괄호 안의 첫 번째 항만을 늘어놔 보면 100, 99, 98, $\cdots$, 4, 3, 2가 된다. 수가 거꾸로 되어 있지만 각 항에서 1을 빼면 99, 98, $\cdots$, 3, 2, 1이 되어 항의 개수는 99개가 되는 것을 알 수 있다. 괄호를 하나의 항으로 각 항이 1이고 항의 개수가 99개이니 곱하기로 바꾸면 답은 $1×99=99$이다.

괄호를 푸는 두 번째 방식으로 접근해 보자. 괄호 앞의 부호가 +이니 괄호는 무시해도 된다. 괄호를 푼다면 물론 $100-99+99-98+98-97+ \cdots +3-2+2-1$로 항의 개수는 99개가 아닌 198개가 된다. 첫째항을 제외하고 보면 두 번째와 세 번째의 항의 합은 0이 된다. 마찬가지로 네 번째와 다섯 번째 항의 합도 0이 된다. 이런 식으로 더해 가면 중간의 항들이 모두 0이 되고 처음의 항 100과 맨 마지막 항인 −1만 살아남게 된다. 당연히 100−1이므로, 구하는 답은 99이다.

대부분의 학생들이 첫 번째 방식으로 문제를 풀게 되겠지만, 이것은 항의 개수를 구하는 어려움이 따르기 때문에 두 번째 방법을 사용해야 한다. 위 문제는 '부분분수의 문제'들을 푸는 데 도움이 되라고 만들어 본 것이다.

90 수열의 합

수열에는 크게 등차수열과 등비수열이 있는 데, 이 중에서 등차수열의 합은 모두 다음의 가우스가 만들어낸 기발한 아이디어에 근거하고 있다. 물론 고등학교에 가서 공부하겠다고 할지도 모르지만, 충분한 연습이 되어야 하기에 초등학교나 중학교에서 원리 자체는 익혀두는 것이 좋겠다. 이것을 초등학교에서 삼각수와 사각수의 문제로 풀어본 학생들이 많았을 것인데, 많은 학생들이 중학교에 와서도 모르는 것이 현실이다. 그래도 시간이 있는 중학교에서 원리를 연습하지 않으면 시간이 없는 고등학생들이 공식만을 외워서 사용하게 되는 것을 보았던 안타까움에서 다룬다.

'1+2+3⋯⋯+98+99+100을 계산하여라.'란 문제가 있을 때, 그 개수가 100개이니 일일이 더하여 구할 수는 없다. 많은 수의 더하기를 빨리 구하는 방법은 고등학교에 가더라도 변하지 않고 오로지 '같은 수의 더하기인 곱셈'과 '소거'의 경우밖에 없다. 소거는 뺄셈이 있어야 하니, 이 문제는 '어떻게 하면 같은 수의 덧셈으로 만들 수 있을까?'란 생각만 하면 된다. 덧셈은 교환법칙에 의하여 차례대로 계산하지 않아도 된다. 같은 수의 더하기가 되기 위해 다음과 같이 짝을 지어 두 수씩 더하면, 짝지은 두 수의 합은 101로 일정하다. 그리고 짝지었기에 101의 개수는 전체의 절반인 $\frac{100}{2}$개가 된다.

그래서 답은 $101 \times \frac{100}{2} = 5050$이다.

50개라고 하지 않고 $\frac{100}{2}$개라고 한 것은 총 항의 개수를 식에서 사용하라는 뜻이다. 이 문제는 웬만한 수학책에는 대부분 소개될 정도로 많이 나오지만, 이를 중요하게 생각하고 연습하지 않아서 모르는 학생이 많다. 이 문제는 등차수열의 합의 근본 개념을 포함하였기에 충분히 많은 시간을 투자하기 바란다.

$$1 + 2 + 3 + \cdots\cdots + 98 + 99 + 100$$

이제 일반화하여 1부터 n까지의 자연수의 합을 구하여보자!

$$1 \quad + \quad 2 \quad + \quad 3 \quad + \quad \cdots\cdots \quad + (n-2) + (n-1) + \quad n$$

$$(n+1)$$
$$(n+1)$$
$$(n+1)$$

1부터 n까지의 자연수의 총 개수는 n개이고, 둘씩 묶어서 $n+1$ 을 만들었으니 개수는 $\frac{n}{2}$개이다. 이렇게 $(n+1) \times \frac{n}{2}$이라는 공식을 만들면, n이 어떤 수이든지 그 합을 구할 수 있게 된다. 또한 1부터 출발하지 않는 수도 항의 개수만 구할 수 있다면 상관없다. 예를 들어 '5+6+7+8+ ⋯ +(n−2)+ (n−1)+ n'의 경우에 항의 개수는 수세기 정의를 통해서 구하면 된다. 정의대로 하면, 각 항에서 4를 빼서 총 개수가 $n-4$ 개이다. 첫째항과 끝항을 더한

$(n + 5)$가 $\frac{n-4}{2}$개 더하고 있으니 총합은 $\frac{(n+5)(n-4)}{2}$이다.

2의 배수들의 경우도 항의 개수를 구할 수 있다면 얼마든지 구할 수 있다. '2+4+6+8+⋯+(2n−4)+(2n−2)+2n'의 경우에 첫째항과 끝항을 더한 $2n+2$가 같은 수의 더하기가 된다. 이제 각 항을 2로 나누면 '1+2+3+ ⋯ +(n−2)+(n−1)+n'으로 항의 총 개수가 n개임을 알 수 있다.

따라서 총합은 $(2n+2) \times \frac{n}{2} = n(n+1)$이다.

홀수들이나 그 밖의 수열에서 그 항의 개수를 구하는 것을 헷갈려 하는 경우가 많다.

'1+3+5+⋯+(2n−5)+(2n−3)+(2n−1)'에서 첫째항과 끝항을 더하면 2n이고 이 수가 같은 수의 더하기가 되고 있다. 이제 항의 개수를 구하면 된다. 각 항에 1씩을 더하면

2+4+6+8+⋯+(2n−4)+(2n−2)+2n이고

여기에 다시 각 항을 2로 나누면

1+2+3+ ⋯ +(n−2)+(n−1)+n 으로 n개다.

따라서 총합은 $2n \times \dfrac{n}{2} = n^2$이다.

또 헷갈려 하는 것 중에 '2+4+6+8+ ⋯ +(2n−4)+(2n−2)+2n'과
'1+2+3+4+ ⋯ +(2n−2)+(2n−1)+2n'이 있는데,
앞의 것은 항의 수가 n이지만 뒤의 것은 $2n$이다.

91 방정식을 비례식으로 만들기

비례식은 초등학교에서 배웠다면서 방정식을 만드는 과정의 연습 없이 중학교에서 바로 사용된다. 초등학교에서 배운 것은 '내항의 곱과 외항의 곱은 같다.'는 비례식의 성질이 있었다. 기억이 나는 학생이면 방정식을 만들 수 있겠지만, 이렇게 해서 만든 방정식으로 다시 비례식을 만드는 것은 어려울 것이다.

방정식을 비례식으로 만드는 문제는 오히려 초등학교의 문제집에는 나오고 중학교는 건너뛰고 주로 고등학교에서 사용된다. 고등학생들이 어려워하는 이유는 바로 여기에 있다. 예를 들어 $2y = 3x$라는 방정식을 $x : y = 2 : 3$ 에서 만들어졌다. 조금 귀찮더라도 정식으로 해보자.

$2y=3x$에서 y에 대하여 정리하면 $y=\dfrac{3x}{2}$

$y=\dfrac{3x}{2}$를 $x:y$에 대입하면 $x:y=x:\dfrac{3x}{2}=2x:3x=2:3$

$\therefore\ x:y=2:3$

무조건 x의 계수와 y의 계수가 바뀐다고 외우지 말고, 비를 구하는 절차를 정식으로 연습해 보아야 한다. 여기서 조금만 더 나아가보자. $x:y=2:3 \Rightarrow \dfrac{x}{y}=\dfrac{2}{3}$이다. 여기서 $x=2$, $y=3$이라고 '분수의 위대한 성질' 때문에 사용할 수는 없다. 그러나 분모와 분자에 0이 아닌 수를 곱한 것이라고 $\dfrac{x}{y}=\dfrac{2k}{3k}$는 가능하다. 따라서 $x=2k$, $y=3k$를 사용할 수 있어야 방정식을 비례식으로 바꾸는 이유를 알게 될 것이다. 다음은 고등학생들이 많이 틀리는 유형 중의 하나이다.

✏️ $2\sqrt{x}=3\sqrt{y}$에서 $x:y$의 비를 구하면?

① $2:3$　　② $3:2$　　③ $4:9$　　④ $9:4$　　⑤ $16:27$

▮④

$\sqrt{x}:\sqrt{y}=3:2$이다. 그렇다고 ②가 답이 아니다. 왜냐하면 구하려는 답이 $x:y$지 $\sqrt{x}:\sqrt{y}$가 아니기 때문이다. 그럼에도 불구하고 ②를 고집하는 이유는 비의 성질과 등식의 성질을 혼동하기 때문이다. 혼동이 된다면 중2에서 배운 닮음에서 길이의 비와 넓이의 비를 생각해 보자. 처음부터 $\sqrt{x}:\sqrt{y}=3:2$로 가서 비의 성질을 사용하려

하니 할 수 없어서 찍은 것이다. $2\sqrt{x}=3\sqrt{y}$는 무엇보다 등식이고 등식의 성질이 먼저이다.

등식의 성질에 따라 양변에 제곱하여 $4x=9y$라고 놓으면 오답을 피하기 쉽다.

92 문제를 풀기 전에

수학 문제를 풀 때, 제대로 문제를 읽지 않는 학생들이 많다. 읽어보아도 무슨 뜻인지 모르거나 읽어보더라도 외워지지 않아서 당장 문제 풀이에 도움이 안 된다고 생각하기 때문이지만 이보다는 빨리 풀겠다는 생각이 앞서기 때문이다. 이렇게 자꾸 풀다 보면 문제를 제대로 읽지 않는 버릇이 든다. 문제에서 제시한 수의 범위 등의 조건을 보아도 그 의미가 무엇인지를 모르는 것은 개념이 부족해서이다.

문제를 읽고 이해를 하지 못하는 대표적인 예로 주어진 식의 종류, 미지수나 식의 개수, 수의 범위 등이 한눈에 보이지 않기 때문이다. 여기에 좀 더 어려워지면 조건이 집합의 조건제시법으로 제시되거나 함수의 그래프를 그릴 것을 요구하게 된다. 문제를 풀든, 풀지 못하든 문제에 무엇이 주어져있고 무엇을 풀라는지를 명확히 알아가는 것이 중요하며 이것을 위해서 개념을 공부하는 것이다. 답만을 찾아내겠다고 달려들지 말고 설사 답을 찾지 못하더라도 문제만큼은 이해하겠다는 자세로 문제를 읽어야 한다. 조건이나 식을 바라보는 방법에 대해 각각 한 가지씩 설명하기로 한다.

음과 음이 아닌 수

교과서에서는 실수를 보통 유리수와 무리수로 나눈다. 그러나 수를 구분하는 것은 임의의 수, 즉 자신이 생각하는 수로 얼마든지 분류가 가능하다. 수를 분류하는 것은 수학자들만이 할 수 있는 것이 아니라 우리도 얼마든지 능동적으로 분류할 수 있다. 단, 빼먹은 영역이 있어서는 안되는 것만 주의하면 된다.

예를 들어 임의의 수 3과 3이 아닌 실수로 나누어도 된다는 것이다. 그러나 3보다 큰 수와 3보다 작은 수로 나누어서는 안된다. 왜냐하면 3이 빠졌기 때문이다. 실수를 나누는 것에 유용한 방법으로 음수, 0, 양수로 나누어야 하는 경우가 종종 있지만, 이 역시 교과서에서 다루지 않고 스스로 구분해 보기를 원하는 것 같다. 이럴 때 '음이 아닌 수'는 0과 양수인데. 양수만 생각하는 학생이 의외로 많다. 이번 기회에 음이 아닌 수의 성질을 몇 가지 다루어보자.

- 실수의 절댓값: $|a| \geq 0$ (a는 임의의 실수)
- 실수의 짝수 제곱: $a^{2n} \geq 0$ (a는 임의의 실수 / n은 자연수)
- 음이 아닌 수의 거듭제곱근: $a^{\frac{1}{n}} \geq 0$ ($a \geq 0$ / n은 정수)

음이 아닌 수의 중요한 성질은, 여러 개의 '음이 아닌 수들의 합'이 0이라면 모든 음이 아닌 수들은 모두 0이라는 것이다. 예를 들어 $|a| + |b| = 0$ (a,b는 실수)이라면 $a = 0$ 그리고 $b = 0$이라는 것이다. 마찬가지로 $a^2 + b^2 = 0$ (a,b는 실수)일 때도 $a = 0$ 그리고 $b = 0$이어야 한다. 물론 앞서 다룬 것처럼 두 수의 합이 0이면 둘 다 0이든지 아니면 절댓값은 같고 부호가 다른 수라고 했는데, 음이 아닌 수는 부호가 다를 수 없기 때문이다.

방정식을 보는 눈

수학의 문제는 개념이나 성질을 깊이 이해하고 제대로 습득했는가를 묻는다. 그래서 문제를 푸는 목적은 개념을 강화하는 데에 있다. 따라서 개념이 부족하다는 것이 곧 실력이 부족하다는 것이다. 문제가 어렵다고 느끼는 이유는 지금 배운 개념에 이전에 배운 개념을 동시에 묻기 때문이다. 그러니 계속 개념을 튼튼히 해나가는 것이 수학을 잘하는 유일한 방법이라고 할 수 있다. 수학의 문제를 보면서 갖추어야 할 기본적인 순서를 보자.

- '이차방정식 $(x-3)(x-5)-a=0$'을 보면서 다소 바보처럼 보이는 다음의 질문을 해보자!

(1) 항이나 등호는 있는가?

(2) 미지수와 식의 개수는 몇 개인가?

(3) 위 식의 이름은 무엇인가?

(4) 방정식인 것을 알았다면, 변수는 무엇인가?

(5) x가 변수인 이유는 무엇인가?

$(x-3)(x-5)-a=0$이란 식을 보자마자 아래와 같은 것이 동시에 떠올라야 한다.

"항이 3개이고, 등호가 있으니 등식이며 등식의 성질로 풀릴 것이다. 그런데 미지수가 2개이고 식도 1개이니 미지수를 직접 구할 수 없을 것이다. 방정식이라 했으니 등식 중에서 항등식이나 말도 안 되는 등식은 아니다. 방정식에는 변수가 있어야 한다. 변수가 될 수 있는 것은 x와 a인데, 이차방정식이라 했으니 변수는 x이고 a는 상수이다. 방정식이니 등식의 성질로 풀려고 하겠지만, 어려워서 안 된다면 방정식의 정의로 문제를 풀 것이다."

학생들에게 식을 보고 이런 것들이 떠올라야 한다고 하면 매번 그럴 수는 없지 않냐고 한다. 아니다. 식을 보자마자 이런 것들이 동시에 떠올라야 하는 것이 맞다. 처음에는 이런 것이 한꺼번에 보이지는 않을 것이다. 그런데 모든 식에서 이런 작업을 한다면, 점차 보자마자 한꺼번에 보인다. 그러려고 개념을 공부하는 것이다. 이렇게 배경지식을 정리하고 문제를 접해야 다른 개념과 혼동하는 일을 예방할 수 있다.

93 가상의 질문

다음의 몇 개의 질문은 학생들로부터 직접 받은 것이 아니라 학생들로부터 이런 질문을 받았으면 하는 마음에서 만든 가상의 질문이다.

방정식이나 함수에서 다루는 미지수는 당연하지만 수이다. 수는 수의 범위를 생각해야 하고 수의 범위를 다루어야 한다면 수직선과 부등식을 생각해야 한다. 그런데 수 중에서 가장 다루기 어려운 수는 0이다. 또 부등식에서 특히 어려운 문제들은 그 수의 포함 여부를 마지막 고민으로 삼아야 한다. 다음의 몇 개의 문제들은 0을 다루고 있다. 다음의 예시에서 들고 있는 문제들은 늘 혼동되기 쉬운 개념을 사용하기도 하지만 일부 조건이나 관계를 빠뜨리거나 가림으로써 혼동하게 된다. 이미 알고 있겠지만 항상 염두에 두라는 뜻으로 다루어 본다.

- $\dfrac{x^2}{x} = x$라는 식은 맞는 것인가?
- $x^0 = 1$이라는 식은 맞는 것인가?

답은 '둘 다 틀렸다.'이다. 왜냐하면 x가 될 수 있는 수는 모든 수인데, $\dfrac{x^2}{x}$는 분모가 0이면 안 되니 이때의 x는 0이 아닌 모든 수가 된다. x^0에서 $x=0$이면 0^0은 0을 한번 곱한 다음 다시 0을 나누어야 하는데, 이렇게 되면 '0÷0'이라는 부정의 문제가 발생한다.

- $\sqrt{x^2 - 1} = \sqrt{x+1} \times \sqrt{x-1}$이라는 식은 맞는 것인가?

중3에서 무리수의 곱의 정의는 루트 안이 음이 아닌 수이어야 한다. 위 식은 틀린 식이며 맞으려면 $x \geq 1$이라는 조건이 필요하다.

- 양초가 0cm가 탔다면 탄 것이 아니지 않나요?

예를 들어 '길이 10cm인 양초에서 탄 길이를 x, 타고 남은 길이를 y라고…'에서 전부 다 탄 길이로서 $x=10$은 생각할 수 있으나 하나도 타지 않은 상태인 $x=0$은 망설이게 되는 것이다. 이처럼 함수에 대한 문제에서도 정의역이나 치역을 정할 때, 0을 넣을 것인지가 혼동된다. 0을 어떻게 다룰 것인가? 특별한 단서를 제공하지 않는 한 0도 범위에 넣어서 다루는 것이 원칙이다.

• 홀수를 표현할 때, 어떤 때는 $2n+1$, 다른 책이나 다른 부분에서는 $2n-1$로 되는 경우가 있는데 어느 쪽의 표현이 맞는 것인가요?

홀수와 짝수를 처음 배울 때는 초등학교였는데 그때는 자연수만 다루었다. 그래서 짝수와 홀수를 자연수에 국한시키는 경향이 높다. 이제 정수로 확대되었기에 홀수도 양의 홀수와 음의 홀수까지 생각한다면, n이 정수일 때 '$2n+1$'이나 '$2n-1$'도 모두 홀수로 사용이 가능하다. 그런데 수의 범위를 양의 홀수로 한정하여 n을 자연수로 보면 '$2n-1$'을 사용해야 1, 3, 5, …가 된다. 그런데 만약 '$2n+1$'로 보면 3, 5, 7, …처럼 1이 빠지게 된다. 따라서 양의 홀수가 되려면 n이 자연수일 때, $2n-1$로 해야 한다.

• 함수 $y=f(x)$, 함수 $f(x)=2x+1$, 함수 $y=2x+1$에서 식들의 의미가 다른 점은 무엇인가?

우선 설명해야 하는 것이 있다. $f(x)$를 함수라고 생각하는 학생들이 많다. $f(x)$는 x에 관한 식이라는 뜻이고, x가 변수인지 상수인지 아직 모른다. 그런데 '함수 $f(x)$'는 함수라고 했으니 당연히 함수이고 함수는 변수가 필요하니 x가 변수라는 말도 된다. '함수 $f(x)$'는 두 변수가 없어서 다항식일 뿐이란 사람도 있다. 그렇게 볼 수도 있지만, x에 관한 식 자체를 변수로 보면 두 개의 변수가 된다.

$y=f(x)$가 함수의 일반식이지만, 구체적인 관계식이 없어서 $y=f(x)$만으로는 어떤 함수인가를 나타낼 수 없다.

대응규칙이 '2배 하여 1을 더한다.'라는 경우라면 $f(x)$는 $2x+1$로 나타내어지므로 '$y=f(x)$에서 $f(x)=2x+1$이다.'와 같이 나타내게 된다. 결국 $y=f(x)$에서, $f(x)=2x+1$이면 $y=2x+1$로 표현되므로 보통 이와 같은 함수는 $y=2x+1$로만 나타내게 된다. 그러나 y가 x의 함수라 할지라도 반드시 y가 x의 식,

즉 $y=2x+1$, $y=2x^2+3x+4$등과 같이 나타낼 수 있는 것은 아니다. 예를 들어 '자연수 x에 대하여 $f(x)=(x$의 양의 약수의 개수$)$'라는 함수가 있을 때, $f(1)=1$, $f(2)=2$, $f(3)=2$, $f(4)=3$, $f(5)=2$, $f(6)=4$, …등의 관계가 성립하는 함수가 된다. 함수가 x에 관한 식이어야 한다는 고정관념이 오히려 생소하고 어렵게 느껴져서 이미 가지고 있는 실력을 제대로 발휘하지 못하는 경향이 높다.

원래 지식이 짧을수록 전문용어를 사용하고 말을 어렵게 하는 법입니다. 이 글을 읽는 독자가 만약 이 책이 어려웠다면 그것은 여러분의 실력이 떨어져서가 아닙니다. 그 책임은 전적으로 필자인 저에게 있습니다. 아직 제가 지식이 확실하지 못해서 쉽게 풀어내지 못했다는 증거입니다. 그러나 저도 계속 수학을 공부하고 있으므로 언젠가는 수학을 소설처럼 쉽고 재미있게 쓸 수 있는 날도 오지 않을까 하는 근거 없는 바람을 가져봅니다.

저는 중학교 2학년 때 충남 예산에서 서울로 전학을 갔습니다. 모든 것이 낯설고 대부분의 것을 혼자 처리해야 했습니다. 집에서 학교까지는 버스로 11개 정거장을 가야 했습니다. 처음에는 일일이 정거장을 세는 방법을 사용해서 학교 앞 정거장에 내렸지만, 때로는 버스가 사람이 없는 정거장을 그냥 지나치는 경우가 있었기 때문에 종종 내려야 할 정거장을 지나쳐야만 했습니다. 그래서 저는 하루 날을 잡아서 학교에서 집까지 걸어오면서 주변의 건물과 지리적인 특징 등을 살펴보았습니다. 그 뒤로는 불안감 없이 학교에 다닐 수 있었습니다. 버스를 타지 않고 직접 걸어본 것이 버스를 여러 번 타는 것보다 더 빨리 지리에 익숙하게 된 원인이라고 생각합니다.

수학에서 기본을 기른다는 것은 낯선 곳에서 목적지를 찾는 일과 비슷하다고 생각합니다. 처음 가는 길은 낯설고 익숙하지 않으며 시간도 훨씬 오래 걸립니다. 하지만 자주 다니다 보면 처음에는 보이지 않던 여러 가지 사물들도 보이게 되고 시간도 훨씬 빨라지는 것을 느낄 수 있습니다.

요즈음의 수학책들은 기술들이 군더더기 없이 깔끔하게 정리되어 있습니다. 참고서나 문제집을 보더라도 먼저 공식이 정리되어 있고 이것을 대입하여 문제를 풀도록 유도하고 있습니다. 정리가 되어 있으면 문제 풀기는 쉬워질지는 몰라도 공식에 대입하여 빨리 푸는 수학 문제에서 무엇을 배울 수도 없고 당연히 응용문제를 풀 수도 없게 됩니다. 버스를 여러 번 타는 것보다 한 번이라도 걸어보는 것이 나은 것처럼 깔끔하게 정리된 것보다는 어려운 문제를 파고들어 해결해 보거나 개념이 만들어지기까지의 과정을 생각해 보는 것이 나중을 생각하면 더 의미가 있는 일이라 생각합니다.

공식이 아니라 개념으로 접근하는 것은 버스를 타지 않고 집까지 걸어가는 것과 같은 귀찮음을 동반합니다. 물론 쉬운 문제는 공식만으로도 문제를 풀 수 있습니다. 그러나 수학은 한 번 배운 개념은 다시 가르치지 않고 재사용하며 점점 더 여러 개의 개념과 혼합됩니다. 어려운 문제는 어려운 개념이 들어간 것이 아니라 여러 개의 개념이 혼합된 것입니다. 이 여러 가지 개념 중에 학생이 모르는 개념이 하나라도 포함되어 있는 경우에는 문제 전체가 어렵게 느껴집니다.

많은 고등학생들이 개념은 아는데 응용력이 부족히여 수학을 잘하지 못한다고 생가하는데, 사실은 응용력이 부족한 것이 아니라 개념이 부족한데 인식하지 못하는 것입니다. 또 많은 학생들이 설명을 들으면 알겠는데 막상 풀려고 하면 안 된다는 말을 합니다. 하나하나의 개념은 쉽기 때문에 누가 설명하더라도 알아들을 수 있지만, 막상 풀려고 하였을 때 풀리지 않는 것은 이전에 배운 개념이 정리되지 않았고 사용하지 못할 만큼이기 때문입니다.

수학 개념의 습득은 충분한 시간을 필요로 합니다. 중학교에 비해 고등학교는 수업의 진도나 과정이 광속에 가깝습니다. 다른 과목도 마찬가지겠지만, 수학은 특히 시간이 없는 상황일수록 잘못된 공부 방법을 택할 확률이 높아집니다. 모든 수학 문제는 개념을 가지고 푸는 것이기 때문에 개념이 명확하게 잡혀있지 않으면 많은 시간을 투자해도 효과를 거둘 수 없습니다. 개념이 없으면 응용이 되지 않고 결국 자신감을 잃게 됩니다.

수학 문제를 바라보는 눈을 딜리해보세요.

수학 문제를 풀 때는 항상 출제자의 의도를 파악하라는 말을 합니다. 출제자의 의도를 파악할 수 있을 정도면 이미 수학을 잘하는 사람이고, 출제자가 파놓은 함정에 빠지지 않고 문제를 잘 풀 수 있을 것입니다. 그러나 출제자는 이미 상위의 수학 실력을 갖추고 있기 때문에 완전하게 출제자의 의도를 파악하기란 불가능에 가깝습니다. 그렇지만 수학은 일반화의 학문이라서, 개념을 충실히 파악하고 개념을 따라간다면 출제자의 의도를 짐작할 수는 있습니다.
또 하나의 방법이 있습니다. 출제자가 어디에 함정을 팠을 거란 것을 미리 예견하고 그 부분에서 주의를 기울인다면 그 역시 함정을 피해 갈 수 있을 것입니다. 중학 수학은 음수, 절댓값, 거듭제곱, 등식의 성질이라는 큰 줄기의 개념에 초등학교 때 배웠던 분수와 괄호가 도입되었을 뿐이기 때문에 대개는 이 부분에 함정이 있을 확률이 높습니다. '보는 눈이 다르면 얻는 것도 다르다.'는 말이 있습니다.
이 책을 읽는 동안, 이들 개념이 어떻게 도입되고 있는가라는 문제의식을 가지면서 읽기를 권합니다. 시험을 본다거나 문제집을 풀 때도 이들 개념을 염두에 둔 상태에서 함정을 예측하는 것이 틀리는 것을 예방하는 한 방법이 될 것입니다.

어느 사과 과수원 주인이 사과나무에 자꾸 병이 들어서 농약을 많이 사용하였지만, 여전히 나아지지는 않았다고 합니다. 나중에 알고 보니 원인은 사과나무가 아니라 땅에 있었다고 합니다. 물론 이 사실을 알게 되기까지 수 년의 세월이 지난 후였고요. 문제만 많이 푸는 일은 사과나무의 병을 없애기 위해 농약을 치는 것과 같습니다. 근원적인 치료를 위해서는 수학의 근원이 되는 개념을 잡아야 합니다. 광속에 가까운 진도를 나가는 고등학교에 비한다면 중학교의 시기는 상대적으로 시간이 많다고 할 수 있습니다. 개념을 잡는 일이 아직은 서툴겠지만 꾸준한 노력을 기울여 개념과 함께 논리를 성취하여 여러분이 원하는 목표를 반드시 달성하기를 바랍니다.

조안호 씀

"우연히 문제를 푸는 것은 거부한다." **필연!**